NOUVELLE BIOGRAPHIE

DES

HOMMES VIVANTS

NOTICE SUR LES HOMMES ÉMINENTS

DE LA POLITIQUE, DE L'ÉGLISE, DE L'ARMÉE DE TERRE ET DE MER, DE L'ADMINISTRATION, DE LA MAGISTRATURE, DU BARREAU, DES LETTRES, DES SCIENCES, DES ARTS, DE LA PRESSE, DE L'ENSEIGNEMENT, DE L'INDUSTRIE ET DU COMMERCE

POUR SERVIR A L'HISTOIRE DU XIXe SIÈCLE

PAR UNE SOCIÉTÉ D'HOMMES DE LETTRES, DE SAVANTS, D'ARTISTES, ETC., ETC.

SOUS LA DIRECTION

DE M. A. C. BOUYER.

Cet ouvrage n'a pas été continué et s'arrête à la feuille 10.
M.

PARIS

LIBRAIRIE DE A. COURCIER, ÉDITEUR

Successeur de L. DE BURE

9, RUE HAUTEFEUILLE

1852

PUBLICATIONS NOUVELLES

DE

A. COURCIER, ÉDITEUR.

Nouvelle Biographie des Hommes Vivants. Notice sur les hommes éminents de la politique, de l'Église, de l'armée de terre et de mer, de l'administration, de la magistrature, du barreau, des lettres, des sciences, des arts, de la presse, de l'enseignement, de l'industrie et du commerce, pour servir à l'histoire du XIXe siècle, par une société d'hommes de lettres, de savants, d'artistes, etc., etc., sous la direction de M. A. C. BOUYER; ouvrage imprimé à deux colonnes, sur papier glacé, format grand in-8°, jésus, illustré de magnifiques portraits gravés par nos meilleurs artistes, paraissant par livraison d'une feuille. Chaque livraison forme un tout complet et se vend séparément. 15 séries formeront un beau volume de 500 pages.

Prix de la livraison,	» fr.	20 c.
Prix de la série avec couverture,	»	50
Prix du volume,	7	50

Droit civil ecclésiastique français, ancien et moderne, ou recueil général et selon l'ordre chronologique, depuis le commencement de la monarchie jusqu'à nos jours, etc., avec notes historiques et de concordance, etc., ouvrage indispensable aux ecclésiastiques, magistrats, jurisconsultes, préfets, sous-préfets, maires, etc., publié sous les auspices du plus savant prélat de notre époque en droit ecclésiastique, Monseigneur AFFRE, archevêque de Paris, etc. : cette deuxième édition a été augmentée de la législation religieuse depuis Clovis jusqu'à saint Louis, et mise au niveau de la jurisprudence actuelle, par G. DE CHAMPEAUX, avocat. 2 forts vol. in-8°. Prix réduit, 12 fr.

Histoire de la Lutte des Papes et des Empereurs de la maison de Souabe. De ses causes et de ses effets, par C. DE CHERRIER, ouvrage complet. 4 vol. in-8°. Prix, 30 fr.

Dictionnaire Français-Arabe. Idiome parlé en Algérie, sans mélange des mots inusités; leur prononciation indiquée en caractères français d'après le mode adopté par la commission scientifique de l'Algérie, leur pluriel, leur genre, par AD. PAULMIER, ancien conseiller à la cour d'appel d'Alger, ouvrage composé à Alger et vérifié par plusieurs savants indigènes, 1 fort vol. in-12 de plus de 900 pages. Prix, 7 fr. 50 c.

L'Arabe sans Maître, en 17 leçons. Traduction, dans l'idiome parlé en Algérie, des 17 chapitres composant le premier livre de l'*Histoire de Gil Blas de Santillane*, avec le texte français, le mot à mot en regard et la prononciation des mots arabes indiquée à l'aide d'une nouvelle méthode, par AD. PAULMIER, ouvrage composé à Alger, et vérifié par Mouh'ammed-noudja-ben-h'affal, assesseur près la cour et les tribunaux, 1 beau vol. in-8°.

Ces deux ouvrages ont été approuvés par une commission spécialement chargée de leur examen par M. le ministre de la guerre.

Prix, 7 fr. 50 c.

Dissertation historique sur les origines de la ville de Bordeaux, par M. le chevalier MICHEL-ANATOLE SIMÉON, docteur en médecine de la Faculté de Paris, et médecin honoraire de la société Asiatique, 1 vol. in-8°. Prix, 1 fr. 50 c.

CHOIX D'OUVRAGES D'ÉDUCATION.

Format in-12, avec gravures et couvertures illustrées, destinés à être donnés en prix :

1. LE MENTOR DE L'HOMME, par M. l'abbé LACAS. 1 vol.
2. L'ÉCHELLE DU CIEL. —
3. LE MOIS DES RELIGIEUX ET DES RELIGIEUSES. —
4. LE TRÉSOR DES GRACES. —
5. LE MOIS DE DÉCEMBRE. —
6. LE TEMPLE DE LA GLOIRE. 1 vol.
7. LE SENTIER DU PARADIS. —
8. LETTRES A EUGÉNIE, OU AVIS D'UN PÈRE A SA FILLE. —
9. PROMENADES AU JARDIN DES PLANTES, par M. L. GUÉRIN. —

PRIX DE CHAQUE VOLUME, 1 FRANC.

Poissy. — Typographie ARBIEU.

BONAPARTE (Louis-Napoléon), naquit à Paris, le 20 avril 1808, de Louis, roi de Hollande, frère de l'empereur, et d'Hortense-Eugénie de Beauharnais, fille de l'impératrice Joséphine.

Sa venue au monde fut un événement national. Des Pyrénées à la Baltique, de la Méditerranée au Danube, cent vingt millions d'hommes la saluèrent de leurs patriotiques acclamations. C'est que, dans la pensée de tous, ce royal enfant pouvait être appelé à perpétuer la dynastie napoléonienne, dont le glorieux chef n'avait pas encore d'héritier de son sang. Il fut tenu sur les fonts par l'empereur et par l'impératrice, et solennellement baptisé par le cardinal Fesch, son oncle, au milieu des pompes de l'église métropolitaine de Notre-Dame. Paris l'adopta par des fêtes magnifiques.

Mais tout à coup la scène change : Moscou s'allume ; la neige et la faim se liguent avec l'incendie contre cette dynastie de la guerre qui ne pouvait être abattue de main d'homme ; par un suprême effort l'Europe, tant de fois vaincue, se redresse en armes ; le champ de bataille porté au cœur de la Russie en 1812, recule vers Dresde en 1813, autour de Paris en 1814, tant est rapide ce retour de fortune ; le nombre, la trahison et l'ingratitude triomphent enfin de l'héroïsme et du génie ; et l'astre impérial, après avoir, pendant quinze ans, rempli le monde de l'incomparable éclat de ses rayons, va trislement s'éteindre, à deux mille lieues de sa France bien-aimée, dans les sables brûlants de Sainte-Hélène, roc sauvage dont sa sublime agonie fait un temple !

Alors commença, sur la terre étrangère, pour la famille du nouveau César, une vie de persécution et de deuil. La reine Hortense se retira à Augsbourg. Cette affectueuse et ravissante femme, qui, suivant l'expression de l'un de ses biographes, s'échappa des mains de Dieu toute pétrie de grâces et de beauté, avait été d'une adorable simplicité sous le diadème ; elle se montra pleine de majesté et de courage au milieu des douloureuses épreuves de l'exil. Dans la pieuse exaltation de sa tendresse, elle n'eut plus qu'une pensée : rendre, par une éducation forte, populaire, en rapport avec les idées du siècle, son fils adoré digne et du grand nom qu'il porte et des hautes destinées qu'elle entrevoyait pour lui dans l'avenir. M. Vieillard, ancien officier d'artillerie, aujourd'hui membre du sénat, fut admis par elle à l'honneur de l'aider dans cette douce et noble tâche. Forcée de quitter la Bavière, elle vint, en 1824, s'établir en Thurgovie, sur les bords du lac de Constance, dans le château d'Arenemberg, où son fils compléta son éducation par une étude sérieuse des mathématiques et de l'histoire.

Vaillant de corps et d'esprit, enthousiaste et généreux de cœur, sous des dehors calmes et sévères, Louis-Napoléon dont l'éducation militaire, scientifique et littéraire était terminée, venait de publier deux ouvrages remarquables : *Considérations politiques et militaires sur la Suisse* et un *manuel de l'artillerie*, qui lui valurent, outre les suffrages de tous les hommes éclairés, le titre honorifique de citoyen de Thurgovie et le grade honorifique aussi de capitaine de l'artillerie de ce canton, lorsqu'au milieu de ses méditations et de ses rêves, éclata, comme un coup de tonnerre, la nouvelle de la révolution de Juillet.

Cette révolution si pure d'excès et si riche de promesses, l'exalta. Il crut que les portes de cette France tant aimée et tant pleurée allaient se rouvrir pour sa famille. Mais ses espérances furent cruellement déçues. Ce drame, qui s'était annoncé avec tant de grandeur, tourna bientôt à la parodie ; et tous les bénéfices de cette glorieuse insurrection du droit contre la force, de la liberté contre l'absolutisme, se trouvèrent, par un habile tour de main, ravis au peuple qui, cette fois encore, avait vaincu pour une autre cause que celle de la patrie. L'ostracisme continua donc à peser sur la famille de Napoléon.

Cependant la révolution de Juillet avait eu son contre-coup en Europe. Au cri de liberté parti des barricades, la Belgique, les États-Romains et la Pologne se soulevèrent successivement. La Belgique tira l'épée la première et triompha après une lutte sanglante. Au moment où la Romagne entra en lice contre ses oppresseurs, Louis-Napoléon était à Rome. Avec la généreuse témérité de la jeunesse, il se jeta, tête baissée, dans l'insurrection. Cette cause de l'Italie combattant pour son indépendance était si belle, surtout pour un Bonaparte ! Il était sur le point d'enlever la forteresse de Civita-Castellana lorsqu'il reçut l'ordre de suspendre l'attaque. Il se porta alors sur Bologne que menaçaient les Autrichiens, et après avoir tout disposé pour la défense de cette place, il se remit en campagne. Plusieurs combats d'avant-postes lui fournirent l'occasion de déployer son courage. Il se distingua notamment à Forli où, suivi de quelques cavaliers qu'enflammaient son exemple et sa parole, il exécuta contre l'ennemi plusieurs charges audacieuses. Cette furieuse mêlée fut la dernière protestation de la liberté italienne contre le despotisme autrichien. Traîtreusement abandonnée par la royauté de Juillet qui lui avait mis les armes à la main, l'Italie devait succomber. La mort n'avait pas voulu de Louis-Napoléon sur le champ de bataille ; le Spielberg ou les plombs de Venise l'attendaient, si, par une prompte fuite, il ne parvenait à se dérober à la vengeance de la cour de Vienne. Mais un malheur plus terrible planait sur sa tête ; son frère Napoléon-Louis, qui avait vaillamment combattu à ses côtés, mourut presque subitement dans ses bras. Épuisé de douleur et de fatigue, et toujours traqué par la police, il tomba lui-même dangereusement malade à Ancône. C'en était fait de sa liberté, de sa vie peut-être, si sa courageuse mère, qui de loin veillait sur lui au milieu de ses larmes, ne fût accourue pour le sauver. Pendant que, par ses soins, le bruit était partout répandu qu'il avait cherché un refuge en Grèce, elle lui fit rapidement traverser l'Italie sous un déguisement et le conduisit à Paris. A peine arrivé sur cette terre de salut, il écrivit à Louis-Philippe pour réclamer le droit de citoyen et l'hospitalité de la patrie. Cette hospitalité fut durement refusée au proscrit et au malade : il se rendit alors à Londres, et de là il revint en Suisse. Il n'était pas remis de tant d'émotions et de souffrances, qu'il reçut, dans sa retraite d'Arenemberg, une dépêche du gouvernement national de la Pologne dont l'héroïque lutte contre la Russie n'était pas encore terminée. Voici un passage de cette dépêche : « A qui la direction de notre entreprise pourrait-elle « être mieux confiée qu'au neveu du plus grand capitaine de tous les siècles. Un jeune Bonaparte « apparaissant sur nos plages, le drapeau tricolore « à la main, produirait un effet moral dont les suites « sont incalculables. Venez donc, espoir de notre pa« trie, porter à des populations qui reconnaîtront votre « nom, la fortune de César, et, ce qui vaut mieux, « la liberté ! Vous aurez la reconnaissance de vos « frères d'armes et l'admiration de l'univers. » Mais il était trop tard. Avant que ce jeune Bonaparte, qu'elle appelait à son secours, pût arriver jusqu'à elle, la vaillante et malheureuse Pologne, foudroyée par le colosse moscovite, était tombée, le fusil à la main, en s'écriant : le Ciel est trop haut, et la France est trop loin !

L'ordre régnait à Varsovie !

Sur ces entrefaites, le duc de Reischstadt meurt. Héritier de l'empereur par sa mort, Louis-Napoléon tourne dès ce moment toutes ses pensées vers la France. Objet désormais des inquiétudes de l'Europe, il redouble de circonspection et de réserve, afin de mieux cacher les rêves éclatants qu'il nourrit au fond de son âme, et il se plonge avec ardeur dans l'étude de toutes les grandes questions politiques qui agitent le monde. Un trône lui est offert en Portugal, il le refuse dédaigneusement. Il veut et vaut mieux que cela. Bâclé par quelques députés sans mandat, subi et non accepté par la nation, le gouvernement bourgeois qui pèse sur la France, doit tomber tôt ou tard devant l'opinion publique outragée. C'est sa conviction. L'insurrection de juin, celle plus terrible d'avril à Lyon et à Paris, le soulèvement de la Vendée, les attentats de Fieschi et d'Alibaud sont pour lui les signes précurseurs de la révolution qui, dans un temps plus ou moins éloigné, remettra le pays en possession de ses droits si indignement méconnus après avoir été si hautement proclamés. Il sonde les esprits, et il les trouve remplis de trouble ; les douloureux mécomptes du peuple, il les connaît ; le mécontentement de l'armée, il ne l'ignore pas. Il se met en relations avec un grand nombre d'officiers généraux de l'empire, avec les hommes d'État les plus éminents, avec les publicistes les plus écoutés ; et il s'efforce, par ses correspondances et par ses écrits, de raviver dans le cœur de ses compatriotes, la foi Napoléonienne. Lafayette, avec lequel il a de longues conférences en 1833, l'engage à se placer à la tête des idées démocratiques de la France, lui promettant, à ce prix, le concours de son nom et de sa vieille influence. Armand Carrel incline vers ses idées et s'exprime ainsi sur son compte : « Les ouvrages politiques et mili« taires de Louis-Napoléon annoncent une forte tête « et un noble caractère. Le nom qu'il porte est le « plus grand des temps modernes. C'est le seul qui « puisse exciter fortement les sympathies du peuple « français. Si ce jeune homme sait comprendre les « intérêts nouveaux de la France ; s'il sait oublier les « droits de légitimité impériale pour ne se souvenir « que de la souveraineté du peuple, il peut être « appelé un jour à jouer un grand rôle. » Cette révolution qu'il regarde comme inévitable, pourquoi n'essaierait-il pas d'en précipiter l'explosion ? Est-ce donc un crime de tenter le renversement d'un pouvoir qui n'a sa racine ni dans l'hérédité, ni dans l'élection populaire, quand ce pouvoir est devenu à charge au pays auquel il s'est imposé par surprise ? Sans parler de ses droits comme héritier de l'empereur, la gloire et la popularité de son nom ne le désignent-elles point fatalement pour cette généreuse entreprise ? Toutes ces pensées se heurtent dans son cerveau qu'elles exaltent et qui ne peut bientôt plus les contenir. Il faut que la foudre sorte du nuage. A l'œuvre donc !

Après avoir, dans le plus profond mystère, préparé ses moyens d'exécution, Louis-Napoléon, confiant dans son étoile, parut tout à coup à Strasbourg (30 octobre 1836). Le brave colonel Vaudrey, commandant le 4e régiment d'artillerie, qu'il avait gagné à sa cause, mit aussitôt son épée et ses canons à ses ordres. Un instant il fut maître de cette importante place de guerre. Par quelle fatalité cette journée si heureusement commencée, se décida-t-elle contre lui ? on le sait. Vaincu et arrêté, il assuma toute la responsabilité de ce hardi coup de main. « Je suis prisonnier, s'écria-t-il, tant mieux, je ne mourrai pas dans l'exil. » Mis au secret, amené à Paris, le cabinet des Tuileries, dans sa surprise et dans son effroi, n'osa point lui donner de juges. Un moment enfermé au Fort-Louis, une frégate vint l'y prendre pour le conduire aux États-Unis. C'est en vain qu'on essaya de lui arracher la promesse qu'il ne tenterait plus rien contre la royauté de Juillet. Il se réserva l'avenir. Ceux qu'on appelait ses complices, traduits devant la cour d'assises de Colmar, furent absous à l'unanimité par le jury. La France applaudit à cet arrêt. Pouvait-on frapper le bras, quand on avait craint de toucher à la tête?

Louis-Philippe n'était pas encore revenu de son saisissement, lorsque Louis-Napoléon reparut en Suisse. En fils pieux, il venait recueillir le dernier soupir de sa mère bien-aimée. A cette nouvelle, les alarmes du vieux roi furent si grandes qu'il chargea le duc de Montebello, alors ambassadeur près de la diète helvétique, d'obtenir, à tout prix, son expulsion du territoire de la république. Louis-Napoléon protesta énergiquement contre cette prétention que le gouvernement fédéral, qui était pénétré d'estime pour lui, repoussa avec indignation. La formation d'un corps de vingt mille hommes sur la frontière de la confédération, fut aussitôt décidée; la Suisse arma, de son côté, pour repousser l'invasion dont elle était menacée. M. F. de Persigny se trouvait à Lucerne le jour même où la diète se prononça pour la résistance; ce fut lui qui, par ordre, demanda au Vorort les passeports du prince. Ému des malheurs qu'il pouvait attirer sur cette digne et forte nation, Louis-Napoléon s'était résolu à lui dire adieu. Le gouvernement français avait commis une faute capitale en faisant de Louis-Napoléon un prétendant assez considérable pour justifier une guerre. Quant à lui, il montra autant d'habileté que de convenance en s'éloignant.

Retiré en Angleterre, il se rejeta dans l'étude. C'est là qu'il écrivit son livre des : *Idées napoléoniennes*. Exposé clair, précis, éloquent de ses doctrines politiques, cet ouvrage est une apologie bien sentie de la monarchie de Napoléon, représentée comme une émanation directe de la souveraineté du peuple et comme la régularisation des faits, des intérêts et des idées consacrés par la révolution de 1789. Il vivait à Londres, entouré des prévenances de l'aristocratie et des sympathies populaires, lorsque le sanglant conflit survenu entre Méhémet Ali et la Porte amena l'insolente coalition à la suite de laquelle la France fut mise hors du concert européen. Personne ne ressentit plus vivement que lui cet outrage si lâchement subi par nos gouvernants, rivés à leur honteuse devise : La *paix à tout prix, partout et toujours*. Personne aussi ne fut plus heureux au fond du cœur de l'éclatante réception faite, à cette même époque, par la France, aux cendres de son grand empereur. Ce fut sous l'impression de cet outrage à la fois et de ce triomphe, qu'il débarqua à Boulogne, à la tête de quelques amis courageux et dévoués, dont le cœur saignait, comme le sien, de l'abaissement de la France.

On connaît les détails et l'issue de cette expédition si digne, par son but, de toutes les sympathies nationales. Que voulait, en effet, Louis-Napoléon? Tenter, par ambition personnelle, malgré le pays, une restauration impériale? Non; mais servir de point de ralliement à tout ce qu'il y avait de généreux et de national dans tous les partis, et rendre à la France sa dignité sans la guerre, sa liberté sans la licence, sa stabilité sans le despotisme. Traduit devant la chambre des Pairs, constituée en cour de justice, son calme, sa dignité, son abnégation ne purent trouver grâce devant des juges qui, s'il eût réussi dans son entreprise libératrice, eussent été pour la plupart, les premiers à acclamer sa victoire. Il fut condamné à un emprisonnement perpétuel dans une citadelle de l'État.

Plus heureux de souffrir dans une prison française, que de vivre libre loin de sa patrie, il passa près de six ans au château de Ham, en compagnie du général Montholon et du docteur Conneau; et durant ces six années, aucune plainte ne sortit de sa bouche, aucun acte de faiblesse n'échappa à son cœur. Avec le nom qu'il porte, il lui fallait *l'ombre d'un cachot ou la lumière du pouvoir*.

Dans sa prison, l'espoir ne l'abandonne pas. Il a plus que jamais foi, au contraire, dans son étoile et le prestige de son nom. Il sait que la France le plaint et le regarde. La culture des fleurs et l'étude adoucissent ses ennuis. Il écrit un fragment sur l'histoire d'Angleterre et ses *Études sur le passé et l'avenir de l'artillerie*. En 1846, il apprend que son père mourant ne forme qu'un vœu, le serrer dans ses bras avant de quitter la vie. Il demande l'autorisation d'aller recevoir ses derniers adieux, promettant de revenir se constituer prisonnier. Il est refusé : c'en es trop. Le 26 mai il se déguise en ouvrier, s'évade et revient à Londres, où il reprend ses études de prédilection. Deux ans après, la révolution de février, cette révolution du *mépris* qu'il avait prévue, éclate. Il accourt à Paris, espérant qu'il pourra enfin servir la France. Le gouvernement provisoire s'alarme; il reprend volontairement le chemin de l'exil. Mais la nation proteste contre cette proscription par deux cent mille suffrages, deux fois jetés dans l'urne électorale. Il revient alors à Paris. La sensation que produit sa présence dans l'Assemblée est vive, profonde, générale; tous les yeux sont tournés vers lui. Avant six mois il sera à la tête du gouvernement; il l'a promis à ses amis, maintenant il en est sûr. N'ayant pu l'éloigner, les républicains de la veille intriguent et s'agitent pour le perdre dans l'opinion. Il reste sourd à toutes leurs calomnies, à toutes leurs provocations, et poursuit imperturbablement son but. Il s'abouche avec les hommes les plus considérables de tous les partis, et pose enfin sa candidature à la présidence de la République, dans un manifeste aussi remarquable par la netteté du style que par l'élévation des idées et des sentiments. Le 10 décembre, la France répond à son appel par six millions de suffrages; elle a compris que *l'avenir de la république, c'était Louis-Napoléon Bonaparte*.

Officiellement proclamé le 20 décembre, Louis-Napoléon fut, le même jour, installé par le président de l'Assemblée, au palais de l'Élysée, qui avait été choisi pour sa résidence, et où rien cependant n'avait été préparé pour le recevoir. Malgré l'auréole ou plutôt à cause de l'auréole qu'avait laissée à son front le sacre populaire, sa position était pleine de difficultés, d'embûches et de périls. Après un serment loyalement prêté, il indiqua tout d'abord au pays, par la composition de son ministère, la ligne politique d'abnégation personnelle et de conciliation qu'il voulait suivre. Ce ministère, dans lequel se trouvaient représentées toutes les nuances du parti modéré, était de nature à rassurer la France. En effet, violentée par les républicains de la veille dans ses croyances et dans ses mœurs, frappée par eux dans ses intérêts les plus vitaux et livrée aux tiraillements de leur incapacité et de leur ambition, la France alors aspirait, de toutes ses souffrances et de toutes ses inquiétudes, à se rasseoir enfin sous l'égide protectrice d'un pouvoir fort et obéi. Mais au lieu de se retirer, son œuvre accomplie, pour faire place à une Assemblée nouvelle qui fût l'expression des vœux que la nation venait de manifester avec tant d'unanimité, l'Assemblée, soutenue dans son hostilité par la démagogie de la rue, des clubs et de la presse, allait, par une audacieuse usurpation, proroger son mandat et se mettre systématiquement en travers du pouvoir exécutif, afin, si elle ne pouvait l'absorber ou le perdre en le poussant à quelqu'extrémité, afin, disons-nous, de le dépopulariser en le mettant dans l'impuissance de faire le bien du pays. Heureusement que la Providence avait mis la main dans l'urne du scrutin de décembre, et que, sans souffrir un seul instant qu'elle le traitât comme si la fameuse constitution de Siéyès eut été en vigueur, Louis-Napoléon eut la sagesse, nonobstant les odieuses calomnies dont il était chaque jour abreuvé, de ne point heurter de front sa souveraineté, bien sûr qu'il était de la vaincre, sans combattre, dans la prochaine campagne électorale. Une occasion s'offrit, toutefois, où, par un sentiment de dignité nationale qui l'honora devant la France et devant l'Europe, il crut devoir, sous sa responsabilité, substituer, dans une circonstance décisive, sa volonté à celle de l'assemblée. Notre armée, après s'être emparée de Civita-Vecchia, s'était, sur la foi de fallacieuses promesses, présentée en amie sous les murs de Rome, et elle y avait été reçue à coups de fusil. Quoique notre honneur militaire fut engagé, un vote de l'assemblée commanda à nos troupes de rétrograder; indigné, il envoya, lui, sur-le-champ, au général Oudinot qui les commandait, l'ordre d'entrer dans Rome par force. A cette nouvelle, une partie de l'Assemblée et la presse socialiste crièrent à la *violation de la constitution!* à la *trahison!* et quelques représentants poussèrent le délire jusqu'à proposer de le mettre en accusation avec son ministère. Mais toutes ces fureurs ne l'intimidèrent pas; et soit crainte, soit pudeur, la majorité consultée eut le bon esprit, se déjugeant elle-même, de s'arrêter sur la pente fatale où l'avait placée son vote du 7 mai.

Ainsi que Louis-Napoléon l'avait prévu, les élections générales du 13 mai réduisirent ses irréconciliables ennemis à l'état de minorité dans la représentation nationale; mais cette minorité ne laissait pas que d'être encore redoutable. En l'envoyant à l'Assemblée, la France avait voulu protester contre toute tendance vers le retour d'un passé qu'elle repoussait. C'était sa réponse aux chefs des anciens partis politiques qui se dessinaient déjà ouvertement sous la bannière du grand parti de l'ordre, et à l'influence desquels avait été imprudemment abandonnée la direction des élections. Croyant s'être emparée de l'esprit de l'armée et représenter celui des classes ouvrières, la nouvelle *montagne* arrivait à l'Assemblée avec la résolution arrêtée de pousser la France vers une autre révolution. Pressée d'agir, l'expédition de Rome, sans cesse offerte à l'opinion comme un désastre et comme une honte pour le pays, lui parut être un levier assez fort pour soulever les pavés de la capitale, et jeter les masses dans la rue. L'orateur de la montagne, M. Ledru-Rollin, fut chargé de mettre le feu aux poudres. La mine fit explosion le 13 juin. Il est inutile de rappeler qui fut enterré sous ses débris; il est inutile aussi de dire que Louis-Napoléon prit, avec autant d'habileté que de décision, dans cette menaçante conjoncture, toutes les mesures que commandait le danger du pays. Après avoir investi le général Changarnier du double commandement de la garde nationale et de l'armée, décrété la mise en état de siége de Paris et la dissolution de l'artillerie de la garde nationale, il monta à cheval et parcourut toute la ligne des boulevards et les principales rues de la capitale, au moment où les barricades commençaient à s'élever, afin de montrer à la population parisienne qu'il veillait à sa sécurité, et qu'il était prêt à lui faire le sacrifice de sa vie.

Cette fois, les républicains de la veille étaient décidément vaincus. Mais débarrassé de ses ennemis, Louis-Napoléon devint bientôt suspect à ses alliés. Ceux-ci ne s'étaient jusque-là serrés autour de lui qu'avec l'arrière pensée d'arriver sans secousse, une fois l'ordre rétabli, à une restauration monarchique. L'élu du 10 décembre, ainsi que le dit M. de la Guéronnière dans le portrait plus pittoresque que ressemblant qu'il a tracé de lui, était considéré par eux comme un factionnaire ayant pour mot d'ordre de garder la place jusqu'à ce qu'un roi vînt l'occuper. Dès le lendemain de son avénement au pouvoir, le 29 janvier 1849, ils lui avaient tendu un piége à l'appât duquel un ambitieux vulgaire se fût facilement laissé prendre. Ce piége, il l'avait éventé, et il s'en ressouvenait. Le général Changarnier était, dans leur pensée, le Monck désigné de cette restauration vers laquelle ils commençaient à marcher à visage découvert. Mais le rôle de Richard Cromwell, ne pouvait convenir au neveu de l'empereur. Une rupture entre Louis-Napoléon et la majorité de l'Assemblée était donc tôt ou tard inévitable.

Ce fut l'expédition de Rome, cause déjà de tant d'orages, qui la provoqua. Cette expédition avait atteint son but. Pie IX avait été rétabli par nos armes dans la plénitude de son autorité. La France s'était souvenue qu'elle est la fille aînée de l'Église; c'était au mieux. Mais le clergé romain avait vite oublié les conditions imposées par elle à la restauration pontificale, et commettait chaque jour, à l'ombre du drapeau tricolore et sous la protection de nos baïonnettes, des actes d'intolérance religieuse et de vengeance politique qui dénaturaient complétement le caractère de notre intervention. Louis-Napoléon l'apprit, s'en émut et finit par s'en plaindre avec amertume et hauteur. La lettre qu'à cette occasion il écrivit, le 18 août 1849, au colonel Edgard Ney, fut un coup de foudre pour la majorité. Blessée au cœur par cet éclatant désaveu de sa politique, humiliée et frappée dans toutes ses espérances de domination par le message du 31 octobre qui, pour nous servir d'une expression encore empruntée à M. de la Guéronnière, fut la sortie énergique d'un général assiégé par des ennemis masqués et cachés, elle se retira, sans trop de bruit d'abord, sous sa tente, et se recueillit un moment dans l'ombre de ses conciliabules, pour concerter son plan d'attaque contre l'*ingrat* qui n'avait pas voulu se laisser escamoter par elle.

La première machine de guerre qu'elle fit jouer contre lui, fut la loi du 31 mai; machine terrible, car elle supprimait la moitié des électeurs qui avaient écrit son nom sur leur bulletin, en même temps qu'elle fermait la porte de la révision, et par conséquent celle de la réélection. S'il ne dénonça pas au pays le piége caché avec tant de perfidie sous cette audacieuse confiscation de la souveraineté populaire; s'il fit mieux, s'il parut y tomber, faute de l'avoir découvert; ce fut un coup de maître. Deux choses, en effet, lui étaient nécessaires pour vaincre: du temps; — il le gagna en laissant croire à la majorité qu'après avoir été sa dupe, il était son prisonnier; une arme; — il n'aura, le jour venu, qu'à ramasser, pour les en frapper, celle avec laquelle ses ennemis, qui étaient ceux de la République, se flattaient de l'avoir mis hors de combat.

Mais n'anticipons pas.

Le cadre que nous nous sommes tracé, ne nous permet pas d'entrer dans le détail de la lutte, plus vive de jour en jour, que nous allons voir s'engager entre les deux pouvoirs. Nous nous bornerons donc à en rappeler, au courant de la plume, les plus importants épisodes.

Aussitôt que la loi du 31 mai est rendue, la majorité, qui ne doute plus de son triomphe, jette le masque et sonne la charge. Ses trames s'ourdissent, ses espérances se révèlent; son cri de guerre est *royauté*; Son mot de ralliement, *fusion*. Le président, dont la main est ouverte à toutes les infortunes, lui demande un subside pour frais de représentation : elle se consulte, elle hésite, elle va le refuser; mais M. Thiers fait un signe; le Monk de la coalition s'élance à la tribune, et d'un coup de son éloquence, nous allions dire d'un coup de son épée, il tranche, nouvel Alexandre, le nœud de la question. La majorité atteint, par cette comédie, un double but : elle rend la donation outrageante en même temps qu'elle force Louis-Napoléon à maintenir, par reconnaissance, dans son commandement, le général qui l'a sauvé de l'affront d'un refus. Peu de jours après, l'Assemblée se proroge. Une commission de permanence est nommée. Quels noms vont sortir de l'urne du scrutin? les plus notoirement hostiles au pouvoir exécutif et à la république. Alors commencent, à grand bruit de réclames, les pèlerinages à Wiesbaden où trône le comte de Chambord, à Claremont où agonise Louis-Philippe. Pendant ce temps, Louis-Napoléon passe des revues ou parcourt la France, faisant partout entendre de patriotiques paroles. Mais les chevaliers errants de la royauté errante sont de retour. Entendez-vous quelles clameurs poussent ces ardents républicains sur les dangers qu'a courus la République pendant leur absence? Ovations faites par l'armée à Louis-Napoléon dans les plaines de Satory, trahison! Acclamation de Louis-Napoléon par les départements, trahison! Société du 10 décembre, compagnie de coupe-jarrets aux gages de Louis-Napoléon! l'irascible M. Baze ne vient-il pas déclarer sans rire à ses collègues qui feignent de le croire, que deux des membres de cette société infâme se sont engagés par serment à poignarder, l'un, le commandant de l'armée de Paris, l'autre, le président de l'Assemblée? Cependant toutes ces accusations, tous ces scandales jettent l'alarme dans le pays; il est temps que Louis-Napoléon le rassure. Il brise enfin l'épée du général Changarnier, cette épée sans cesse suspendue sur sa tête et sur celle du pays comme une menace et comme un défi. La majorité redouble de fureur; le ministère tombe et est remplacé par un ministère pris en dehors de l'Assemblée. Louis-Napoléon demande une nouvelle dotation; plus de dotation, répond la majorité par l'organe de M. Thiers qui ne veut pas que *l'empire se fasse*. Deux millions de pétitionnaires et quatre-vingt-quatre conseils généraux manifestent le vœu que la constitution soit révisée. C'est une question de vie ou de mort pour la France. Qu'importe! la révision est rejetée. Louis-Napoléon riposte à cette nouvelle attaque de la majorité par le coup le plus terrible qu'il pût lui porter. Il réclame le rétablissement du suffrage universel qui n'a jamais cessé d'être pour lui un dogme. La majorité, dans le délire de sa colère, ne parle de rien moins que de l'envoyer à Vincennes et de s'ériger en convention..... monarchique. En attendant, les trois questeurs déposent une proposition tendante à obtenir pour le président de l'Assemblée ou ses délégués le droit de réquisition directe, c'est-à-dire de commander à l'armée active et à la garde nationale de Paris. Que fût-il résulté de l'adoption de cette proposition qu'un discours de M. Michel de Bourges fit repousser? on frémit d'y penser.

La bataille est perdue pour la coalition; elle le sent et se ravise. Comment? en faisant faire des ouvertures au président et en se mettant à sa disposition pour un coup d'État contre le parti socialiste de l'Assemblée dont le vote vient de lui ravir sa dernière chance de victoire. Ne faut-il pas une hécatombe à ses haines? Mais Louis-Napoléon ne l'écoute pas; sa pensée est ailleurs; et pendant qu'elle s'agite et se tord dans son impuissance, — calme comme l'empereur, la nuit que dissipa le soleil d'Austerlitz, il mûrit dans le silence du cabinet, et arrête enfin le plan de son coup d'Etat libérateur de décembre.

Avec quelle force de tête, quelle vigueur et quelle fermeté d'âme, quelle sûreté de coup d'œil et quel bonheur fut exécuté ce coup d'État, l'histoire le dira, et elle y reconnaîtra comme nous le doigt de Dieu. Humble biographe, nous n'avons pas à raconter dans ses détails si pleins d'enseignements, cet autre 18 brumaire, dont la miraculeuse réussite nous a sauvés de l'anarchie pour nous reporter aux beaux jours du consulat. Qu'il nous suffise de constater l'immense acclamation qui en a salué dans le pays l'heureux dénouement. C'est par huit millions de suffrages spontanés et libres, que ce noble pays, si cruellement éprouvé depuis soixante ans, vient de protester et contre les tendances des uns vers un passé qui ne saurait renaître, et contre les aspirations des autres vers un avenir qui ne pourrait luire un moment sur nous, au vent de nouveaux orages, — comme luisent les incendies, — que pour bientôt s'éteindre sous une pluie de larmes et de sang. C'est par huit millions de suffrages spontanés et libres, qu'il vient, dans un élan d'enthousiaste reconnaissance et de sympathique admiration, de remettre ses destinées aux mains de l'homme providentiel dont l'énergique initiative l'a arraché aux étreintes sauvages du socialisme et aux embrassements perfides des anciens partis. Quel sacre pourrait se comparer à ce baptême populaire! Quel trône vaut ce pavois? La France a vu Louis-Napoléon à l'œuvre au milieu des difficultés et des embarras de la situation intolérable que lui avait faite une constitution absurde; elle l'a vu à l'œuvre depuis le jour où, sorti de la légalité pour rentrer dans le droit, il a, de la seule inspiration de son patriotisme, momentanément substitué, au nom du peuple, sa dictature à tous les pouvoirs; et elle sait ce qu'elle peut attendre de sa sagesse, de sa modération, de son inébranlable fermeté. C'est parce qu'elle a enfin compris, après tant de secousses douloureuses, que les gouvernements forts font, seuls, les peuples heureux, qu'elle l'a investi de la force nécessaire à l'accomplissement de sa mission qui est de fermer l'ère des agitations stériles, pour remettre la société en marche vers une ère de paix, d'ordre, de bien-être et de sécurité. Le moment approche où cesseront les pouvoirs extraordinaires que la nation lui a confiés, et où sa dictature aboutira à un gouvernement régulier. Jamais, il faut le reconnaître, gouvernement n'aura commencé sous des auspices plus favorables, car jamais chef d'État n'aura reçu, à deux reprises, un aussi éclatant témoignage de la confiance de tout un peuple; et jamais homme, non plus, ne se sera montré, par sa volonté persévérante, inflexible, par son indomptable énergie, par ses rares qualités d'esprit et de cœur, plus digne de commander à une grande nation que celui qui peut dire: *Mon pouvoir repose sur le droit qui vient du peuple, et sur la force qui vient de Dieu.*

Salut donc à l'avenir et longue vie à Louis-Napoléon Bonaparte!

Nous pourrions clore ici cette biographie, mais un scrupule nous arrête: Nous avons fait connaître autant qu'il a été en nous, l'homme politique, l'homme de gouvernement: un mot sur l'homme privé, sur l'orateur, sur l'écrivain, serait-il donc un hors d'œuvre? Nous ne le pensons pas.

Louis-Napoléon Bonaparte est de taille moyenne. Une grande distinction respire dans toute sa personne; ses manières sont simples et nobles. La bienveillance et la finesse sont les traits distinctifs de sa physionomie. Son regard et son sourire disent la bonté de son cœur. Qui l'approche se sent attiré vers lui; qui le connaît l'aime. Son calme n'est pas de l'impassibilité, mais de la force; il a rompu sa nature passionnée au joug de sa volonté. Il avance sans s'agiter; il voit vite et clair au fond des hommes et des choses. Il revient rarement de sa première impression. Ses souvenirs sont très-vivaces. Sa religion, comme on l'a prétendu, n'est pas un masque. Sa foi en Dieu est vive et profonde; sa confiance dans son étoile ne l'a jamais abandonné. Sa vie est sobre et très-occupée; comme l'empereur, il ne donne au sommeil que le temps qu'il ne peut lui dérober; le jour l'a plus d'une fois surpris dans son cabinet de travail. Tous les actes du coup d'État et la plupart des décrets qui l'ont suivi ont été dictés ou écrits par lui. Le mot de M. Boulay (de la Meurthe): *C'est le plus honnête homme que je connaisse*, est aujourd'hui le mot de la France.

Sa parole est simple, ferme, précise, rapide, plus nourrie d'idées que d'images, c'est celle d'un penseur plus que d'un poëte. Son style se recommande par les mêmes qualités; il ne peint pas, il grave; ou s'il peint, c'est d'un trait. Il a horreur de la rhétorique. Son pittoresque est toujours sobre et vrai. Tous ses *messages* sont écrits au burin.

Pour ne parler ici que de *Ses études sur le passé et l'avenir de l'artillerie*, nous dirons, en terminant, que cet ouvrage, par la science et l'esprit d'analyse qu'il révèle, par la profondeur de vues et l'élévation de pensée qui le distinguent, lui assigne un rang très-élevé parmi les écrivains militaires de tous les pays et de tous les temps.

SIBOUR (Marie-Dominique-Auguste), archevêque de Paris, membre du sénat, naquit le 4 avril 1792, à Saint-Paul-Trois-Châteaux (Drôme), d'une ancienne famille de négociants. L'importance de cette petite ville ayant été considérablement amoindrie par la suppression de l'évêché dont elle était le siége depuis le 4e siècle, — suppression qui fut l'une des conséquences du concordat conclu en 1801, entre le pape Pie VII et Bonaparte, premier consul, — la famille Sibour vint, au commencement de l'empire, se fixer dans le département du Gard. Pont-Saint-Esprit, ville du diocèse de Nîmes, très-commerçante en raison de sa situation sur le Rhône, devint sa nouvelle résidence. Le jeune Sibour y fit ses études classiques avec un grand succès, sous l'habile et paternelle direction de M. l'abbé Ram, homme de bien et de savoir, qui fut depuis recteur de l'Académie de Bruxelles. Grâces à la précocité de son intelligence et à une constante application, il avait terminé ses humanités à l'âge de quatorze ans. Dévouée à la cause de la révolution, qui était devenue la cause de la France presqu'entière, comme elle était celle de l'humanité, mais demeurée profondément religieuse, au milieu des erreurs, des crimes, des scandales de cette orageuse période de notre histoire, sa famille l'éleva dans la pratique de toutes les vertus chrétiennes, si bien que les exemples de piété qu'il trouva au foyer domestique rendirent invincible la vocation qu'il avait sentie de bonne heure pour l'état ecclésiastique. Le jeune Sibour prit donc congé d'Homère et de Cicéron, de Thucydide et de Virgile, ces Pères du paganisme, pour aller humblement s'incliner devant les Pères de l'Église, ces rudes et magnifiques jouteurs, si peu connus des lettrés eux-mêmes, et si dignes pourtant de l'admiration de tous par la puissance, par la splendeur de leur génie. Ses cours de philosophie et de théologie commencés au grand séminaire de Viviers, s'achevèrent à Avignon. Il eut pour condisciple dans cette ville un jeune homme d'une haute intelligence, que l'Institut s'honorerait depuis longtemps de compter au nombre de ses membres, s'il ne se fût laissé détourner par la politique militante de sa voie qui était la science; nous avons nommé M. Raspail.

Ses études théologiques terminées, M. l'abbé Sibour, n'ayant pas encore l'âge voulu pour être promu aux ordres, vint retrouver à Paris M. l'abbé Ram qui lui avait voué le plus tendre attachement; et par son conseil, il accepta une chaire au petit séminaire de Saint-Nicolas-du-Chardonnet, où il eut pour élèves plusieurs des curés actuels de Paris. Il y professa successivement la troisième et la seconde, et, jaloux de se perfectionner dans les sciences et dans les lettres, il profita de son séjour dans la capitale pour suivre la plupart des cours du collége de France.

Arriva l'immense naufrage de l'empire: la France se trouva partagée en deux camps; et le clergé, au lieu d'intervenir en modérateur entre ceux qui prétendaient remonter le cours du temps, comme si l'ancienne organisation politique pouvait désormais être autre chose qu'un souvenir, et ceux qui ne voulaient perdre aucune des légitimes conquêtes de la révolution, le clergé, soit manque de lumières, soit ressentiment, commit, au grand préjudice de son autorité morale et spirituelle, la faute cruellement expiée en 1830, de se jeter dans la lutte, le visage tourné vers le passé. M. l'abbé Sibour qui, dans la persuasion que les révolutions rentrent dans l'ordre des desseins providentiels de Dieu, acceptait les événements présents, sous toute réserve pour l'avenir, eut la sagesse de se tenir à l'écart des deux partis, de peur d'être pour l'Église une occasion de trouble et de ruine; et le cœur rempli d'une amère tristesse, il résolut de s'éloigner de la France pour aller demander à la ville éternelle, à la ville du capitole et des catacombes, les hauts enseignements qui surgissent, pour ainsi dire, à chaque pas, du pavé de ses rues.

Après un an passé dans l'étude et la prière à Rome où il fut ordonné prêtre, il revint à Paris avec le dessein de se vouer à la prédication; mais il fut attaché par l'autorité diocésaine, en qualité de vicaire, à la paroisse Saint-Sulpice, puis, plus tard, à celle des missions étrangères. En 1822, M. l'abbé de Chaffoy, qui avait eu l'occasion d'apprécier son mérite, lui proposa de le suivre à Nîmes, dont il venait d'être élu évêque. Les heureux résultats qu'obtint dans ce diocèse l'abbé Sibour, par l'onction pénétrante de sa parole, furent la digne récompense de la vie véritablement apostolique par laquelle il se préparait, sans s'en douter, à l'épiscopat. Nommé chanoine titulaire du chapitre de Nîmes, ses vertus modestes et son éloquence facile, brillante, nourrie de la moelle des livres saints et des Pères de l'Église, avaient jeté déjà un si pur, un si vif éclat qu'il fut longtemps à l'avance, désigné pour prêcher, en 1831, le carême à la cour, devant Charles X. Mais en 1830, le vieux roi qui n'avait rien oublié ni rien appris dans son long exil, fut emporté avec sa dynastie par le flot d'une révolution nouvelle. Confirmé, par l'écroulement de ce trône de quatorze siècles, dans la pensée que si parfois l'humanité s'arrête, jamais elle ne recule dans sa marche vers le progrès, M. l'abbé Sibour, écrivit dès cette époque sur son drapeau pour toute devise: *Dieu et la liberté!* la part qu'il prit à la rédaction du Journal l'*Avenir*, qu'avaient fondé MM. Lacordaire, de Lamennais et de Montalembert, ne fut ni sans courage, ni sans éclat. Nul ecclésiastique n'avait alors, par sa science et par ses vertus, autant de titres que lui aux honneurs de l'épiscopat; mais ses opinions politiques trop avancées pour le roi des barricades firent ajourner son élévation. Enfin, au mois de septembre 1839, Louis-Philippe, à bout de raisons, consentit à le nommer évêque de Digne.

Monseigneur Sibour, en prenant possession de son évêché de Digne, se proposa pour modèle monseigneur Miollis, son prédécesseur, qui parcourait son diocèse, en véritable apôtre, un bâton à la main et un sac de provisions sur l'épaule; et il trouva dans son dévouement sans bornes et sa charité pastorale, le difficile secret de rappeler aux pauvres habitants de ce pays de neige et de montagnes, qu'il allait catéchisant, consolant, secourant, le modeste et vénérable prélat, que dans leur pieuse reconnaissance, ils avaient surnommé le *Saint*. Mais s'il avait fait de ses diocésains des campagnes l'objet de sa plus tendre, de sa plus constante sollicitude, il n'avait pas pour cela renoncé à peser de l'autorité de sa parole, de sa plume, de ses actes, dans les graves questions qui passionnaient alors tous les esprits. Son *mémoire* sur la liberté d'enseignement causa dans le monde universitaire et dans le monde religieux une profonde sensation. Dans les discussions relatives au rétablissement des *officialités* et de la liturgie romaine, il se prononça pour l'affirmative, et développa avec une victorieuse puissance de logique, dans un ouvrage intitulé : *Institutions diocésaines*, les principes qu'il n'avait pas craint de mettre en pratique, en établissant dans son diocèse un tribunal d'officialité. « Les évêques, dit-il, dans l'ouvrage que nous venons de citer, comprennent que moins un pouvoir est limité, plus il s'use vite ; ils comprennent surtout la vraie nature du gouvernement ecclésiastique, non-seulement toujours paternel, mais essentiellement tempéré. Ils savent que si, dans certaines circonstances, il a été plus utile à l'Église que les évêques exerçassent toute leur autorité par eux-mêmes, d'une manière absolue, les temps actuels sont bien peu favorables à un tel exercice de la puissance épiscopale. La société religieuse et la société civile, quoique fondées sur des principes différents, ne pourraient pourtant pas demeurer dans un tel désaccord, que lorsque l'une offrirait partout des libertés et des garanties, l'autre semblât les redouter et les exclure. » Puis l'illustre prélat à qui nulle illusion n'était permise sur le danger de sa position comme réformateur, ajoute avec une dignité de langage et de cœur qui l'honorent : « La discipline de l'Église peut être utilement réformée, nous le pensons et nous le disons hautement, bien qu'il puisse arriver que des esprits disposés à abuser de tout, abusent de nos paroles ; car si la prudence a ses règles, la vérité a ses droits ; et, selon nous, c'est trop se préoccuper de soi, que de renfermer au fond de son âme un sentiment dans la seule crainte de le voir odieusement défiguré et travesti par les passions humaines. »

La création de ce tribunal d'officialité, ne laissa pas, en effet, de causer un vif déplaisir à quelques-uns de ses collègues, qui le blâmèrent de prendre l'initiative de mesures qui n'avaient pas l'assentiment de la majorité, et mécontenta particulièrement Louis-Philippe qui avait une aversion prononcée pour toute espèce de réformes. Mais monseigneur Sibour se réfugia contre toutes ces récriminations dans le sanctuaire de sa conscience ; et il maintint généreusement son œuvre, encouragé qu'il fut par monseigneur Affre, qui, la jugeant bonne et salutaire, se proposait à son tour d'en doter son diocèse. La lettre remarquable qu'il adressa à son collègue l'archevêque de Paris, au sujet des articles organiques, lettre qui parut dans les journaux, acheva de le perdre dans l'esprit de Louis-Philippe qui déclara avec humeur ne plus vouloir entendre parler de lui, un jour qu'un membre de son conseil le proposait pour un siége plus important que celui de Digne. Une autre lettre qui a laissé dans notre pensée un long sillon de lumière que rien ne saurait effacer, est celle qu'il écrivit en 1847, au R. P. Ventura, à l'occasion de l'oraison funèbre d'O'Connel prononcée à Rome par ce grand orateur chrétien. Cette lettre admirable que nous regrettons vivement de ne pouvoir reproduire même en partie, vu les limites dans lesquelles l'exiguïté de notre cadre nous force de nous renfermer, peut être considérée comme le programme de ses idées politiques. Monseigneur Sibour dont les regards sont sans cesse tournés vers l'avenir, y émet la ferme conviction que nous sommes arrivés à l'époque d'une transformation dans la constitution politique des nations européennes ; et avec tous les esprits que la passion n'aveugle point, il fait honneur de cette transformation qui s'effectue ici, qui, là, se prépare, à la civilisante influence du christianisme, si largement compris aujourd'hui dans sa divine essence par le grand pontife qui occupe la chaire de saint Pierre.

La révolution de février que les moins clairvoyants sentaient venir, mais dont nul, si profonde que fût sa pénétration, ne pouvait même entrevoir les radicales conséquences, ne le surprit, ni ne l'effraya. D'ailleurs le religieux respect hautement manifesté par le peuple, au milieu de ses plus grands écarts, pour l'Église et pour ses ministres, l'eut vite rassuré. Ennemi du faste par élévation d'esprit et de cœur et parce qu'il se rappelle que c'est une croix de bois qui a conquis le monde, simple dans ses mœurs comme un apôtre, plein de charité pour les pauvres qui le bénissaient, de bienveillance pour les ouvriers qui le vénéraient et l'aimaient, il n'eut rien à changer dans sa conduite ni dans ses paroles. Ainsi qu'autrefois saint François de Salles, il continua à dire en commun, matin et soir, la prière à l'évêché. La révolution avait émancipé le peuple ; il organisa des comités électoraux, dits *comités catholiques*, afin que tous ses diocésains prissent part à la vie politique, leur demandant du patriotisme, non en théorie, mais en action, *res non verba*.

Appelé par le pouvoir exécutif à l'archevêché de Paris, après la mort glorieuse de monseigneur Affre qui ne pouvait trouver un plus digne successeur, il fit, le lundi 16 octobre 1848, son entrée solennelle dans l'église métropolitaine où se trouvaient réunis le chapitre, les curés et les vicaires du diocèse, les séminaires, les communautés ecclésiastiques et une foule immense de fidèles. En réponse au compliment que lui adressa à la porte de l'église M. l'abbé Jacquemet, premier vicaire général, archidiacre de Notre-Dame et doyen du chapitre, il déclara qu'il était disposé au même sacrifice que son vénérable prédécesseur, si Dieu l'exigeait de son cœur plein d'amour et de dévouement pour ses brebis.

Après le service solennel célébré, le 23 octobre, pour le repos de l'âme de monseigneur Affre, monseigneur Sibour revêtu du *costume qu'il avait pour se rendre chez le président du conseil*, sortit à pied, en compagnie de ses deux grands vicaires et de son secrétaire, pour visiter, dans le faubourg Saint-Antoine, les lieux où l'illustre martyr de Juin avait trouvé la mort. Entouré par la foule qui le suivait avec une religieuse émotion, il s'arrêta en face de la maison devant laquelle le saint prélat avait été atteint, et adressa aux assistants qui lui répondirent, les yeux pleins de larmes, par les cris répétés de : Vive notre archevêque! ces nobles et touchantes paroles : « Je cède à « celui que vous pleurez en science et en vertus, « mais je ne lui cède pas en amour pour vous, mes « enfants bien-aimés. A Dieu ne plaise que j'aie l'oc-« casion de verser mon sang comme lui, puisqu'a-« lors de nouveaux malheurs seraient tombés sur « vous! Mais je suis prêt à mourir de fatigue au mi-« lieu des travaux de la charité. »

Un autre jour, à huit heures du matin, il partit de l'archevêché pour aller processionnellement au quai Saint-Bernard, bénir un convoi de colons se rendant en Algérie, et appeler sur eux la protection du ciel.

Le dimanche 12 novembre, qui avait été fixé pour la promulgation de la Constitution, il entonna le *Te Deum*, sur la place de la Concorde où un magnifique autel avait été préparé, puis célébra une messe basse, et donna ensuite, au son des tambours, la bénédiction pontificale au peuple et à l'Assemblée nationale.

A la suite de cette cérémonie, l'une des pages les plus touchantes et les plus belles qu'il y ait dans l'histoire de l'Église de Paris, il fut nommé chevalier de la Légion d'honneur.

Les documents nous manquent pour apprécier avec toute l'étendue désirable la vie de monseigneur Sibour depuis cette époque. Nous nous renfermerons donc, pour terminer cette esquisse biographique, dans des limites que nous ne pourrions franchir sans risquer de nous égarer.

Monseigneur Sibour a créé à Paris un tribunal d'officialité sur le modèle de celui qu'il avait institué dans son évêché de Digne. Il ne pouvait, sans démentir son passé, priver son nouveau diocèse de ce bienfait.

Dans la ferveur toujours active, toujours brûlante de son amour pour les pauvres, il a largement accru leur trésor, en même temps qu'il a conquis ou plus fermement attaché à la croix par les liens de la charité, beaucoup d'âmes ou tièdes ou rebelles, en créant l'*œuvre des familles* et en instituant l'*exposition du saint sacrement*. Il est seulement à regretter, pour ce qui est de l'*œuvre des familles*, qu'elle ne soit pas restée, dans la pratique, telle qu'il l'avait conçue et comprise. MM. les curés en se l'appropriant, à l'exclusion de leurs vicaires, dans l'ardeur de leur zèle, au lieu de se borner à la diriger, se sont privés d'un concours qui, sans aucun doute, l'aurait rendue plus efficace encore.

En décidant que le saint sacrement serait, à des époques différentes, exposé pendant trois jours, dans chacune des églises de Paris, et en entourant cette solennité religieuse de toutes les pompes propres à la rendre plus féconde, monseigneur Sibour a ravivé la foi dans bien des cœurs et fait, nous l'avons dit, tomber bien des aumônes dans la bourse des pauvres, ses enfants bien-aimés.

Comme autrefois, dans son évêché de Digne, ses pauvres diocésains des campagnes, les ouvriers de Paris qui *se laissent facilement égarer, mais qui ont le cœur droit et bon*, sont aujourd'hui ses enfants de prédilection. Il n'est point un grand atelier de la capitale qu'il n'ait honoré de sa visite; et ses pieuses exhortations, ainsi que sa charité d'apôtre, n'ont pas peu contribué à la pacification des esprits. Les maisons d'éducation ont eu aussi une large part dans sa sollicitude pastorale. Ce n'est pas sans émotion, qu'à deux ans de distance, nous nous rappelons sa visite à *l'école supérieure du commerce* de M. Blanqui, et les nobles, les affectueuses paroles qu'il fit entendre aux élèves, de toutes nations et de toutes religions, qui se pressaient autour de lui avec une vénération profonde, heureux de le voir, plus heureux de l'écouter.

EXELMANS (Remy-Joseph-Isidore, comte), maréchal de France, grand chancelier de l'ordre de la Légion d'honneur, l'un des glorieux débris des immortelles phalanges de la République et de l'empire, naquit à Bar-le-Duc, le 13 novembre 1775. Entraîné par une vocation irrésistible vers la carrière des armes, il n'attendit pas qu'il eût terminé ses études pour répondre à l'appel de la *patrie en danger*. A seize ans, il s'enrôla dans le 3e bataillon des volontaires de la Meuse que commandait un de ses compatriotes, comme lui destiné à devenir l'une des illustrations de nos grandes guerres, le jeune Oudinot. Il fit les campagnes de France, de Belgique et d'Allemagne, et passa successivement par tous les grades secondaires, en servant dans les diverses armes, afin d'acquérir des connaissances plus générales dans l'art de la guerre. Son intelligence et son courage l'élevèrent rapidement au grade de lieutenant, et fixèrent sur lui l'attention des généraux d'artillerie Broussier et d'Eblé qui le prirent tour à tour pour aide de camp. En 1799 il fit partie, de l'armée qui conquit, sous Championnet, le royaume de Naples, et il se signala, dans cette campagne : au passage de l'Adda qu'il traversa sous le feu de l'ennemi : à Crémone où, pour prix de sa belle conduite, il fut nommé capitaine; au siége d'Andria et surtout à Trani qu'il emporta d'assaut à la tête d'un détachement de grenadiers. Ce fait d'armes lui valut, avec la croix d'honneur, le grade de chef d'escadron. Murat qui avait remarqué sa rare intrépidité, le choisit l'année suivante, pour aide de camp. Dans la mémorable campagne de 1805, il se distingua au passage du Danube, et, le 8 octobre, il se couvrit de gloire au combat de Wertingen où il eut trois chevaux tués sous lui. L'empereur, en recevant de ses mains, au milieu de son état-major, les drapeaux enlevés aux Autrichiens dans cette chaude affaire d'avant-garde, lui adressa ces flatteuses paroles : « Je sais qu'on ne peut être plus brave que vous; « je vous fais officier de la Légion d'honneur. » Sa conduite dans la forêt d'Amstéreer et à Austerlitz ne fut pas moins brillante. Nommé colonel du 1er régiment de chasseurs à cheval (27 décembre 1805) il soutint dignement sa réputation dans les différents combats livrés par le corps d'armée du maréchal Davoust aux Prussiens et aux Russes pendant la campagne de 1806. Au mois de novembre de cette année, il s'empara de la ville de Posen et y entra au milieu des acclamations enthousiastes des Polonais qui croyaient l'heure venue de la résurrection de leur malheureuse patrie. L'intrépidité qu'il déploya le 26 décembre, au combat de Golymin, lui mérita d'être cité avec éloges au bulletin de l'armée. La campagne de Pologne, ajouta encore à son renom d'habileté et de bravoure. Général de brigade après la bataille d'Eylau, il fit preuve du plus éclatant courage à la bataille de Friedland. Après la paix de Tilsitt, il suivit Murat en Espagne. Il s'était heureusement acquitté de la difficile mission qu'il en avait reçue d'escorter de Madrid à Bayonne, le roi Charles VI, lorsqu'il tomba dans une embuscade, avec les colonels Rozetti et Auguste Lagrange, en se rendant au corps d'armée du maréchal Moncey. Conduit à Valence, puis transféré aux îles Baléares, il fut, de là envoyé, comme prisonnier de guerre, en Angleterre. Il réussit à s'en échapper, en 1811, dans une barque à quatre rames qui le déposa, après mille dangers, dans le port de Gravelines. Aussitôt son retour en France, il partit pour Naples où l'attendait madame Excelmans devenue, depuis la captivité de son mari, l'une des dames d'honneur de la reine Caroline. Murat le revit avec la joie la plus vive, le nomma son grand écuyer, et lui fit, pour l'enchaîner à son service, les offres d'avancement et de fortune les plus séduisantes. Mais il aimait trop sa patrie pour y renoncer. En 1812, il suivit, dans la cavalerie de la garde, Napoléon en Russie. Le lendemain de la bataille de la Moskowa, il fut nommé général de division et baron de l'empire, et remplaça dans son commandement le général Pajol qui avait été grièvement blessé dans cette bataille. Un mois après, une balle qui l'atteignit au genou, le força, à son tour, de prendre du repos. Dans la campagne de 1813, en Saxe et en Silésie, il commanda avec beaucoup de distinction la 2e division de cavalerie légère sous les ordres du général Sébastiani et fut élevé, le 7 novembre, à la dignité de grand officier de la Légion d'honneur. Après la désastreuse bataille de Leipsig, il contint avec les débris de sa division, les masses ennemies, et remporta même sur elles plusieurs avantages. Des insurrections ayant éclaté à Amsterdam et dans quelques autres villes de Hollande, il fut attaché au corps d'armée du duc de Tarente chargé de contenir ce pays dans le devoir, et il occupa avec 6,000 chevaux la ligne de Wesel à Nimègue. L'entrée des alliés en France le rappela sur le sol de la patrie. Chef du 2e corps de cavalerie jusqu'à la bataille de Montereau, il fut, après cette bataille, mis à la tête de la cavalerie de la garde, et se montra, dans l'un et l'autre de ces commandements, général aussi habile que soldat intrépide, devant Châlons et Vitry, à Craonne, sous les murs de Reims, à Lafère-Champenoise, à Plancy, à Méry, à Arcis-sur-Aube et à Saint-Dizier, sanglantes rencontres qui furent les dernières protestations du génie et de la gloire contre la trahison et le nombre. Quand Napoléon eut abdiqué, il fit, non sans que son noble cœur saignât de cette nécessité, sa soumission au gouvernement imposé à la France par l'étranger, et fut coup sur coup nommé chevalier de Saint-Louis et décoré du titre de comte par Louis XVIII. Mais cette faveur dura peu. Une lettre dans laquelle il félicitait Murat d'avoir sauvé sa couronne du grand naufrage de l'empire, fut saisie dans les papiers de M. Andral, médecin du roi de Naples, et occasionna sa disgrâce. Le 12 septembre, il reçut l'ordre de cesser ses fonctions d'inspecteur général et de se rendre à Bar sur Ornain. Sur son refus d'obéir, cinquante gendarmes envahirent sa demeure pendant la nuit et poussèrent la brutalité jusqu'à le chercher dans le lit de sa femme alors en couches. Enfin, fort de son innocence, il se décida à se constituer prisonnier à Lille. Traduit devant un conseil de guerre, présidé par le général Drouet d'Erlon, il fut acquitté à l'unanimité, en janvier 1815. Dans la soirée du 19 mars, un corps d'officiers en disponibilité réuni à Saint-Denis, s'insurgea, réunit quelques troupes de toutes armes et se rangea sous son commandement. Le lendemain, il fit main basse sur les caissons et l'artillerie du corps d'armée du duc de Berry, entra à Paris à la tête d'un détachement de cuirassiers et prit possession, au nom de l'empereur, du palais des Tuileries où il fit arborer le drapeau tricolore, pendant que, par son ordre, le général Eugène Merlin allait s'assurer du château de Vincennes. Chargé par Napoléon de poursuivre les princes fugitifs et la maison militaire du roi, il les suivit de très-près jusqu'à la frontière du nord. Le 24 mai, il assista aux conférences où furent débattues les futures opérations militaires. Le 2 juin, il fut nommé pair de France. Le 15, à la bataille de Ligny, où il commandait deux divisions de dragons, il se montra digne de son glorieux passé et de la confiance de l'empereur, par son élan, par la vigueur et la sûreté des coups qu'il porta aux Prussiens. Le 16, il suivit Blucher dans son mouvement de retraite, et ce ne fut point sa faute si la mission donnée au maréchal Grouchy par l'empereur d'empêcher la jonction des vaincus de Ligny avec Wellington, ne fut pas mieux remplie; ce fut moins encore sa faute, si ce maréchal, avec les 38,000 hommes qu'il commandait, n'intervint pas à Waterloo, car, pendant que grondait le canon, il lui dit, pour le décider à passer la Dyle sur le pont de Moustier, afin de se rapprocher du champ de bataille: « L'empe-« reur est aux mains avec l'armée anglaise; cela n'est « pas douteux. Un feu aussi terrible ne peut être une « rencontre, il faut marcher sur le feu; je suis un « vieux soldat de l'armée d'Italie, j'ai cent fois en-« tendu le général Bonaparte prêcher ce principe. « Si nous prenons à gauche, dans deux heures nous « serons là où se joue la fortune de la France. »

Pendant la retraite du corps d'armée de Grouchy, il rendit les plus signalés services par sa ferme contenance devant l'ennemi avec qui il eut plus d'une occasion de se mesurer. Le 30 juin, il revit près de Meaux son premier aide de camp, le colonel Sencier, qu'il avait dépêché vers l'empereur pour le supplier de se mettre à la tête de l'aile droite. Le colonel Sencier lui dit que l'empereur le remerciait et l'invitait à venir partager sa fortune. « Mon cher Sencier, lui « répondit-il, la patrie avant tout; les ennemis sont « enivrés de leurs succès; ils feront des fautes; tâ-« chons d'en profiter. » C'est ce qu'il fit dès le lendemain même en taillant en pièces devant Versailles, une forte division de cavalerie prussienne. Cette dernière leçon infligée à l'orgueil des alliés, les rendit plus traitables pour la capitulation dont on discutait alors les articles. Quand cette capitulation fut signée, il passa sur la rive gauche de la Loire avec ses troupes qu'il distribua dans les départements de l'Allier et du Puy-de-Dôme. De Riom, il envoya au gouvernement son adhésion en ces termes fort peu enthousiastes : « Le 2e corps de cavalerie de réserve adhère au rétablissement de la maison de Bourbon, puisqu'ainsi l'exige l'intérêt de la patrie. » Il ne voulut pas, en y assistant, se rendre en quelque sorte complice de la dislocation de ce brave corps dont il se sépara avec la plus profonde douleur. Le 24 juillet, il lui fut enjoint de quitter Paris sous trois jours. Le 12 janvier 1816, il fut proscrit, gagna la Belgique, avec sa femme et ses quatre enfants, demeura quelque temps caché à Anvers, à Bruxelles, à Liége, en fut chassé par la police française, puis, toujours poursuivi par les rancunes de la restauration, il erra trois ans en Allemagne. En 1819, les portes de la France se rouvrirent enfin pour lui sous le ministère réparateur du maréchal Gouvion-Saint-Cyr. L'année suivante, il fut rétabli sur le cadre des officiers généraux en disponibilité. En 1828, le ministre de Caux le comprit momentanément au nombre des inspecteurs généraux de cavalerie. Le 29 juillet 1830, au matin, le général de Girardin, son ancien frère d'armes, l'ayant fait appeler aux Tuileries, le pria d'aller dire à Casimir Périer et à Laffitte que le roi retirait les ordonnances. Son seul but en acceptant cette mission fut d'arrêter l'effusion du sang. N'ayant point trouvé Casimir Périer chez lui, il courut chez Laffite à travers la fusillade du boulevard des Italiens, qu'il ne parvint à faire cesser qu'au péril de ses jours, car les combattants des barricades se méprenant sur ses sentiments qui leur étaient tout sympathiques, n'avaient, un moment, voulu voir en lui qu'un émissaire de la contre-révolution. Pendant qu'il parlementait avec eux, vingt canons de fusil, prêts à faire feu, s'étaient tout à coup abaissés sur sa poitrine ; et il aurait péri victime de son généreux dévouement sans la courageuse intervention de son fils aîné qui l'avait suivi à son insu. Après l'évacuation de Paris par les troupes royales, il se mit avec le général Pajol à la tête des volontaires parisiens qui marchèrent sur Rambouillet. Dans les premiers jours du nouveau règne, il fut chargé d'inspecter douze régiments dans le Nord et dans l'Est de la France, et par ses sages et patriotiques discours, il sut maintenir l'ordre et la discipline dans leurs rangs. Louis-Philippe lui rendit en 1831 son siége à la chambre des Pairs dont il fut l'un des membres les plus indépendants, les plus dévoués au pays. La France se souvient de la généreuse protestation par laquelle il vint en aide à la défense d'Armand Carrel que M. Pasquier voulait empêcher de se livrer à l'appréciation rétrospective du procès du maréchal Ney : « Moi aussi, je le pense et je le dis, « s'écria-t-il d'une voix vibrante, ce fut un horrible « assassinat. » L'effet foudroyant que produisit cet anathème tombant de si haut sur les juges qui avaient signé l'arrêt de mort du glorieux martyr de 1815, ne saurait se rendre.

On dit que Louis-Napoléon se préparant à son hardi coup de main de Strasbourg, fit des ouvertures directes au général Exelmans qui, malgré son religieux dévouement au nom et à la famille de l'empereur, refusa de lui livrer son épée. Si ce fait, que nous n'énonçons que sous la garantie de M. de la Guerronnière, est exact, il faut avouer que le président de la République s'est noblement vengé de ce refus. Il a donné au général Exelmans le bâton de maréchal et la grande chancellerie de la Légion d'honneur. Pouvait-il, après tout, avoir la main plus heureuse, faire un choix qui fût plus dans les sentiments du pays? La France consultée, nous en sommes sûr, répondrait : Non!

VERNET (Horace), le plus populaire des peintres contemporains, a mieux fait que de continuer l'illustration de sa famille, — il l'a augmentée. Aussi précoce que Carle Vernet, son père, aussi poëte que Joseph Vernet son aïeul, il unit à la grâce, à l'esprit, à la verve du premier, l'inspiration et la fécondité du second, et les dépasse l'un et l'autre par l'élévation de la pensée, l'harmonie de la composition, la solidité et l'éclat du coloris. Supérieur dans tous les genres, c'est surtout dans les batailles qu'il excelle. Quelle vérité, quel feu, quelle facilité et quelle largeur de pinceau dans les pages, petites et grandes, qu'il a consacrées à la glorification des héros de l'Empire et à la représentation des principaux faits d'armes de notre temps!...

Né à Paris le 30 juin 1789, Horace Vernet étudia dans l'atelier de son père et débuta, en 1817, par les *derniers moments du prince Poniatowsky*. Ce tableau le classa, du premier coup, à un rang élevé parmi les peintres d'histoire.

En 1819, il partit pour l'Italie; il en revint avec une fort belle *course de chevaux* qu'il ne faut pas confondre avec celle, très-remarquable aussi, dont son père est l'auteur. Le *massacre des Mameloucks dans le château du Caire*, vaste et riche composition que tout le monde a admirée au musée du Luxembourg, ajouta, peu de temps après, un nouveau fleuron à sa couronne d'artiste, déjà si brillante. A l'exposition de 1822, le tableau dans lequel il nous a montré son *grand-père attaché au grand mât de son navire et étudiant les effets d'une tempête*, réunit tous les suffrages; et dans la même année, il soumit au jury d'examen plusieurs sujets tirés de l'histoire militaire de la république et de l'empire, qui furent rejetés en raison du rôle trop glorieux qu'y jouait la cocarde tricolore. En 1827, l'administration, devenue plus tolérante, admit à l'exposition sa *bataille d'Arcole*, qui est, à bon droit, regardée comme l'un de ses chefs-d'œuvre. Son *Mazeppa* fut l'une des toiles les plus remarquées de cette même exposition.

De si éclatants, de si légitimes succès lui firent, à cette époque, confier la décoration d'un des plafonds du musée Charles X et des salles du conseil d'État. L'Institut l'avait admis dans son sein en 1827. En 1829, il fut désigné pour aller remplacer à Rome Pierre Guérin, en qualité de directeur de l'école française. C'était un honneur dont n'avaient joui, au milieu de leur gloire, ni son père, ni son aïeul. Aussi bon administrateur qu'artiste éminent, il trouva, malgré ses occupations, le temps de composer à Rome, deux toiles magnifiques que le musée du Louvre s'honore de posséder. L'une représente une *promenade du pape* et rappelle par l'harmonieuse splendeur du coloris le faire des grands maîtres de l'école vénitienne; l'autre nous retrace une *rencontre de Raphaël et de Michel-Ange sur les degrés du Vatican*, et se recommande par une pureté de dessin digne du divin Sanzio lui-même. On admire surtout dans ce tableau, le groupe de Raphaël et de ses élèves, et cette charmante femme italienne qui dort, son enfant dans les bras, et que Raphaël copie pour en faire plus tard une madone.

L'énumération de toutes les œuvres, batailles, portraits, paysages, marines, scènes d'intérieur et de famille, sorties du luxuriant pinceau de ce grand artiste, nous entraînerait trop loin; c'est à peine s'il pourrait la faire lui-même. L'habile burin de Cauché, d'Aubert, de Jazet, de Migneret, de Reynold a reproduit la plupart de ses tableaux. Parmi les plus célèbres, nous citerons: les *batailles de Jemmapes, de Montmirail, d'Hanau, de Tolosa*; les *portraits équestres de l'empereur Napoléon, des ducs de Berry, d'Angoulême, d'Orléans, du colonel Moncey, du maréchal Gouvion-Saint-Cyr*, du *général Gérard*; les *adieux de Fontainebleau*, une *revue de Charles X au Champ-de-Mars*, *l'évasion de M. de Lavalette de la Conciergerie*, la *dernière chasse de Louis XVI*, la *mort d'Harold*, le *portrait du général Foy*, le *chien du régiment*, le *cheval du trompette*, etc., etc. Toutes ces toiles, marquées au coin d'un talent si souple et si distingué, d'un génie si varié et si puissant, sont antérieures à 1830. Les expositions qui se sont succédé depuis cette époque ont mis le sceau à sa réputation. Rappeler *l'arrestation du prince de Conti, du prince de Condé et du duc de Longueville au Palais-Royal*; *Judith et Holopherne*, *la confession d'un brigand*; *le combat entre des dragons du pape et des brigands*. *Le duc d'Orléans se rendant à l'Hôtel de Ville le 31 juillet 1830*; le *portrait du maréchal Molitor*, la *bataille de Fontenoy*, *Juda et Thamar l'enfant adopté*, *la cuisine du soldat*, etc., etc., c'est dire qu'habile à prendre toutes les formes, comme le Protée de la fable, ce merveilleux artiste a remporté autant de victoires qu'il a livré de combats. Hâtons-nous d'ajouter, car c'est peut-être là son plus beau titre de gloire, que toute la salle dite de *Constantine* à Versailles, est son ouvrage, et qu'on lui doit encore *l'inauguration des galeries historiques nationales*, la *bataille d'Isly*, *Saint-Jean d'Ulloa*, la *prise de la smala d'Ab-del-Kader*, etc., etc., et, au salon de cette année, une toile pleine de mouvement et de vie, représentant un épisode du siége de Rome. Il est en outre auteur d'une multitude de vignettes, de lithographies, d'esquisses aussi spirituellement inventées que bien rendues. Son crayon a aussi illustré beaucoup d'ouvrages. L'empereur de Russie et le roi de Prusse l'ont deux fois appelé auprès d'eux. En 1839, sur la demande de Mehemet-Ali, il s'est rendu en Égypte pour y peindre la bataille de Nézib. Comblé de gloire, de considération et de fortune, il est aujourd'hui dans toute la force, dans toute la splendeur de son génie, et son riche pinceau, nous l'espérons, n'est pas de sitôt, près de se reposer.

PIE IX (Jean-Marie Mastaï-Ferretti) est né le 13 mai 1792. Originaire de Crema, en Lombardie, sa famille vint s'établir, à la fin du 14e siècle, à Sinigaglia, ville fort ancienne du duché d'Urbin, qui fut, cent ans plus tard, réunie aux Etats de l'Eglise. Plusieurs de ses membres ont été chefs de la municipalité de cette ville, l'un des ports les plus commerçants de la mer Adriatique. C'était un Mastaï qui en avait le gouvernement, quand, sous le pontificat d'Urbain VIII, elle fut assiégée et bombardée par les Vénitiens. Vers la fin du 17e siècle, le prince Farnèse, duc de Parme et de Plaisance, conféra aux Mastaï le titre de comte, en récompense d'une longue suite d'éclatants services. Jérôme Mastaï-Ferretti était gonfalonier de Sinigaglia à l'époque de l'invasion de l'Italie par les armées de la République française. Un de ses frères, André, évêque de Pezaro et auteur d'un ouvrage fort estimé qui a pour titre : *Unité des évangiles traduits et commentés*, paya d'une longue et dure captivité, dans la citadelle de Mantoue, sa fidélité au vénérable et malheureux Pie VII.

Jean-Marie Mastaï-Ferretti fut, à sa venue au monde, placé par sa pieuse mère sous la protection de la mère de Dieu. La comtesse Mastaï était une sainte femme qui, pour l'éducation de ses enfants, se proposait deux modèles illustres, la comtesse d'Aquin, mère de saint Thomas d'Aquin, et la comtesse de Sales, mère de saint François de Sales. C'est assez dire qu'elle éleva son fils dans les sentiments d'une véritable piété. Le jeune Mastaï, annonça de bonne heure par la pénétration et la solidité de son intelligence, par la trempe vigoureuse de son caractère, ce qu'il devait être un jour. Un inspecteur de l'université impériale étant venu, en 1810, visiter le collége de Volterra où il finissait ses études, fut frappé de l'expression de sa figure sur laquelle ses regards demeurèrent longtemps fixés. *Voilà*, dit-il au principal, quand il fut sorti de sa contemplation et qu'il eut demandé et reçu des renseignements sur l'élève : *Voilà un jeune homme qui ira loin, pour peu que les circonstances le favorisent.* L'inspecteur dont il est ici question, put voir, avant de mourir, sa prophétie à moitié accomplie. Quand il rendit son âme à Dieu, le jeune Mastaï, dont il avait si bien entrevu le glorieux avenir, était déjà archevêque de Spolète. Mais n'anticipons pas. En 1811, le jeune Mastaï, qui venait de terminer ses études, fit partie du contingent fourni par la ville de Sinigaglia pour la formation des *gardes d'honneur*, régiments d'élite dont Napoléon avait décrété le recrutement dans tous les départements de son vaste empire, depuis Hambourg jusqu'à Rome; depuis Amsterdam jusqu'à Venise. Incorporé au 1er escadron du 1er régiment, qui n'était composé que de Français et d'Italiens, il s'y montra aussi vaillant soldat que bon camarade.

La chute de l'empire lui rendit la liberté. Il fallait qu'il fit choix d'une carrière. La comtesse Mastaï souhaitait ardemment qu'il embrassât l'état ecclésiastique; mais ses vœux ne devaient pas être sitôt exaucés. Il avait pris goût, dans les *gardes d'honneur*, à la carrière des armes: il entra dans un régiment autrichien, le gouvernement pontifical n'ayant pu parvenir encore à reconstituer une armée. Le froid accueil qu'il y reçut, en sa qualité d'ancien soldat de Napoléon, abrégea le temps qu'il s'était promis d'y passer, et il en sortit, au bout de quelques mois, pour servir dans la garde noble que Pie VII avait enfin réussi à recréer. Dieu lui envoya, à cette époque, une douloureuse épreuve. Une maladie cruelle le conduisit aux portes du tombeau. Les médecins le condamnèrent. Seul, il ne désespéra pas de sa vie. Il se rappela que sa mère l'avait, à sa naissance, placé sous la protection de la divine mère de Jésus-Christ, et il eut recours par la prière à sa toute-puissante intercession. Il fallait un miracle pour le sauver: le miracle se fit. L'impression profonde que sa guérison laissa dans son âme, le décida à se vouer tout entier au service de Dieu. Ordonné prêtre après l'achèvement de ses cours de théologie qu'il était venu faire à Rome, sous la direction d'un pieux et savant professeur, il passa obscurément les premières années de son sacerdoce dans la société des pauvres et des ouvriers malheureux de cette ville, auxquels, par la ferveur de son zèle et les trésors de son inépuisable charité, il apprit à ne jamais douter de l'infinie miséricorde de Dieu.

En 1821, il s'associa à la bonne œuvre d'un entrepreneur de maçonnerie, qui, en souvenir des souffrances endurées par lui dans sa jeunesse, avait fondé, pour les ouvriers maçons pauvres et malades, l'hospice de *Tata Giovanni*, dans le quartier d'*Argentina* à Rome, sans pouvoir suffisamment le doter. Non-seulement il accepta la direction de cet établissement de charité, mais il consacra généreusement à son entretien une partie considérable de son revenu.

En 1823, il suivit au Chili, en qualité d'auditeur, monseigneur Muzi chargé d'une importante et délicate mission, relative au clergé de cette république dont le gouvernement élevait des prétentions incompatibles avec les droits du saint-siége.

A cette mission se rattache un souvenir que nous sommes heureux de rappeler. Dans un voyage de Valparaiso à Lima, la goëlette chilienne que montait l'abbé Mastaï, assaillie par une violente tempête, ne dut son salut qu'à l'habileté et au dévouement d'un pauvre pêcheur nègre nommé Bako, qui parvint, après les plus grands efforts, à la faire entrer dans le petit port d'Arica. L'abbé Mastaï témoigna sa reconnaissance à son sauveur par le don d'une bourse de quatre cents piastres; et, arrivé au pouvoir suprême, il lui a envoyé, avec son portrait, une autre bourse de même valeur. Mais Bako avait mis à profit le bienfait reçu; et, devenu riche, il a fait construire sur le point le plus élevé de son habitation, une chapelle qui domine la mer et dans laquelle il a religieusement placé l'image vénérée du saint-père.

A son retour à Rome, en 1825, l'abbé Mastaï fut admis dans la prélature : nommé un peu plus tard président de l'hospice de Saint-Michel à *Ripa-Grande*, il administra cette riche et célèbre maison avec une activité, un désintéressement, une bonté, une sagesse au-dessus de tout éloge.

Dans un consistoire tenu en 1827, Léon XII le nomma à l'archevêché de Spolète, capitale de l'ancien duché de ce nom dont Charlemagne fit présent au saint-siége vers l'an 780.

Pendant les cinq années qu'il administra ce diocèse, sa sollicitude pastorale, qui s'étendait à tout et pénétrait partout, lui concilia si bien la confiance et l'affection générales, qu'il put, sans de trop grandes peines, y maintenir le calme et la concorde au milieu des troubles sanglants qui éclatèrent en Italie, après la révolution française de 1830.

En 1832, le pape Grégoire XVI le transféra du siége de Spolète à celui d'Imola, qui conduit directement au cardinalat.

Le bien qu'il fit dans son nouveau diocèse ne saurait être exprimé par la phrase même la plus élogieuse. Quelques détails sont ici nécessaires et ils ont pour nous d'autant plus d'attrait, qu'ils peignent, mieux que ne pourraient le faire toutes les paroles, l'élévation des sentiments, l'évangélique bonté du pieux prélat. Il ouvrit aux jeunes clercs sans fortune un asile gratuit dans le séminaire diocésain; procura aux enfants des classes pauvres le bienfait de l'instruction; mit les sœurs de saint Vincent de Paul à la tête de l'hospice et des établissements de charité d'Imola qui lui durent, dans leurs statuts, de sages réformes, dans leur régime intérieur, de fécondes améliorations; il fonda et dota libéralement sur ses revenus une maison de retraite pour le clergé; institua une académie biblique, dont il rédigea lui-même les règlements et établit le siége dans son propre palais; enfin il créa à Imola une maison de refuge pour les filles repenties, et un asile pour celles dont la vertu pouvait courir des dangers dans le monde; et pour diriger sa maison de refuge, il fit venir quatre sœurs du *Bon pasteur* d'Angers. Sa charité pour les malheureux était si prodigue que souvent il lui arriva de donner jusqu'à son dernier sou, et qu'un jour même qu'il ne lui restait pas la plus mince pièce de monnaie, il remit à une pauvre femme un couvert d'argent, en lui disant d'aller le mettre au Mont-de-Piété d'où il le retirerait dès qu'il aurait de l'argent. Ajoutons qu'il répara le tombeau de saint Cassien et décora, à ses frais, d'une manière splendide, la chapelle de *Notre-Dame des douleurs* dans l'église des Servites.

En 1839, Grégoire XVI l'avait déclaré *in petto* dans le consistoire du 23 décembre, et l'avait proclamé cardinal dans celui du 14 décembre 1840.

Le 1er juin 1846, Grégoire XVI mourut, après une courte maladie, entre neuf et dix heures du matin. Ce Pape, qui avait déployé un zèle plein d'intelligence dans le gouvernement de l'Eglise, s'était montré, à l'endroit des réformes réclamées par ses peuples, d'une inflexibilité plus rigoureuse que celle de l'Autriche elle-même. Sa mort donc, loin d'être un deuil public, ouvrit tous les cœurs à l'espérance.

Le 14 juin, le conclave s'assembla : cinquante-quatre cardinaux étaient présents. La lutte paraissait devoir s'établir entre les quatre cardinaux Gizzi, Mateï, Bernetti et Acton. Parmi les ambassadeurs étrangers et les politiques de Rome, nul ne songeait au cardinal-archevêque d'Imola. Les pauvres et les gens du peuple seuls, qui se souvenaient de l'ancien administrateur de l'hospice de *Tata Giovanni* et de l'hôpital Saint-Michel, souhaitaient son élection qu'ils avaient plus d'une fois prédite, mais à laquelle ils n'osaient croire. Ce fut pourtant après deux jours de conclave et quatre scrutins, sur l'*ami des pauvres* que, le mardi 16 juin, se réunirent les suffrages du sacré collége. Trente-six voix, deux voix de plus que le chiffre rigoureusement exigé pour la majorité, en firent le pasteur de toutes les églises du monde catholique. Le lendemain 17 juin, à neuf heures du matin, le cardinal Riario-Sforza, premier cardinal de l'ordre des diacres, annonça du haut du balcon du Quirinal, à la foule immense qui encombrait la place, l'élection du nouveau pontife dans les termes suivants : *Annuntio vobis gaudium magnum : Papam habemus eminentissimum ac reverendissimum dominum Joannem Mariam Mastaï-Ferretti, sanctæ romanæ Ecclesiæ presbyterum cardinalem, qui sibi imposuit nomen Pius IX : Je vous annonce une grande joie : nous avons pour pape l'éminentissime et révérendissime seigneur Jean-Marie Mastaï-Ferretti, cardinal-prêtre de la sainte Eglise romaine, qui a pris le nom de Pie IX.* Il faut avoir assisté à cette proclamation pour se faire une idée des acclamations et des applaudissements dont elle fut saluée par la foule. Le bruit du canon du château Saint-Ange se perdait au milieu de cette formidable explosion de cris d'allégresse, de *vivat*, de battements de mains. C'est à peine si le tonnerre, cette voix de Dieu, eût pu lui-même se faire entendre. Mais la joie publique devint du délire, quand Pie IX, dont le noble et doux visage portait les traces d'une émotion profonde, se présenta lui-même sur le balcon du Quirinal pour saluer son peuple et lui donner sa première bénédiction pontificale.

Le couronnement du nouveau pontife eut lieu le dimanche 21 juin, après la messe, sur le grand balcon de la basilique de Saint-Pierre, en vue d'un immense concours de fidèles, accourus de toutes parts pour jouir du spectacle de cette magnifique et imposante cérémonie. Ce fut le cardinal Riaro-Sforza qui lui posa la tiare sur la tête. Cette grande solennité fut célébrée par une fête musicale et par un feu d'artifice tiré sur la place du Peuple aux frais du prince Torlonia. Le pape, pour en consacrer le souvenir, distribua six mille écus romains en aumônes; accorda cinquante-trois dots de cinquante écus pour chacune des cinquante-trois paroisses de Rome et des environs; mille dots de dix écus pour les provinces des États pontificaux; et, de plus, fit restituer, à ses frais, beaucoup d'objets engagés au Mont-de-Piété.

Le 16 juillet, un décret d'amnistie inaugura généreusement la politique de réparation et de progrès que le nouveau pontife se proposait de suivre.

Le 8 septembre, la fête de la Nativité de la sainte Vierge fut pour lui l'occasion du plus touchant, du plus glorieux triomphe. « Les populations des villes « et des campagnes, dit M. L. Benoît dans l'intéres- « sante notice biographique qu'il lui a consacrée, « étaient accourues à Rome des diverses parties des « États de l'Église. Des fleurs, jetées successivement « de toutes les fenêtres de la rue du *Corso*, couvraient « la voiture du pape, qui ne s'avançait que très-len- « tement, au milieu des flots pressés de la multitude, « suivie et précédée de nombreux jeunes gens por- « tant des branches d'olivier et des drapeaux aux « couleurs pontificales. La foule qui encombrait les « trottoirs et la chaussée du *Corso* criait, pleurait et « priait tout à la fois. Des masses compactes s'éten- « daient de la vaste place *del Popolo* jusque sur les « hauteurs de la promenade du *Pincio*. La variété in- » finie de costumes qui distingue chaque commune « des environs de Rome; les groupes pittoresques de « *contadini* et de montagnards, échelonnés sur les « larges rampes de la promenade, se dressant sur « les balustrades, s'attachant aux statues de marbre, « aux colonnes rostrales, aux arbres, applaudissant « comme un seul homme, présentaient un tableau « inconnu jusqu'alors dans l'histoire de l'enthousiasme « populaire. Après la grand'messe, à la rentrée du « cortége au Quirinal, Sa Sainteté paraît au balcon du « palais; aussitôt plus de soixante mille personnes « rassemblées sur la place se taisent instantanément, « tombent à genoux, et le saint-père prononce sa « bénédiction, les yeux et les mains levés vers le « ciel. »

Le peuple fit éclater les mêmes transports, le 8 novembre suivant, lors de la prise de possession du siége apostolique par Pie IX, dans la basilique de Saint-Jean-de-Latran, cette église-mère, cette première des églises de Rome et du monde.

Un autre jour que le pape s'était rendu à l'église de la Mission, où l'on célébrait la fête de saint Vincent de Paul, des jeunes gens dételèrent les chevaux de sa voiture et se mirent à la traîner jusqu'au Quirinal, à travers les rues tapissées de feuillages et jonchées de fleurs.

L'enthousiasme et la joie inspirés par l'exaltation de *l'ami des pauvres*, étaient devenus contagieux. Les ovations en son honneur se succédaient partout sans relâche. Il fallut enfin songer à mettre un terme à ces explosions réitérées et coûteuses de l'allégresse publique; et pour arriver à ce but, chose sans exemple dans l'histoire des gouvernements, même les plus populaires, le cardinal ministre Pascal Gizzi se vit obligé d'adresser, au nom de Pie IX, une circulaire aux principales autorités des États pontificaux, pour les engager à refuser toutes les demandes qui leur seraient faites pour des réunions et des célébrations de fêtes.

Pie IX se délassait des graves préoccupations inséparables de ses projets de réformes par de fréquentes visites aux divers établissements de Rome. L'hospice apostolique de Saint-Michel dont Léon XII lui avait confié l'administration dès son entrée dans la carrière ecclésiastique; le cloître du Sacré-Cœur qui possède la respectable mère Makrina, si miraculeusement échappée de sa dure prison de Russie; le séminaire romain, l'Académie de peinture de Saint-Luc, les écoles gratuites de garçons et de filles, dans l'une desquelles il présida un jour à une distribution de prix; l'église de Saint-André Della-Valle où, sans être attendu, il monta, un autre jour, en chaire pour demander à Jésus-Christ de répandre la bénédiction sur Rome, sur toute la chrétienté, sur le monde entier, eurent tour à tour l'honneur et la sainte joie de le recevoir.

Témoin de la misère des populations et préparé de longue main au rôle de réformateur, par les études qu'il avait faites durant son épiscopat, il avait rompu d'une manière éclatante, dès le lendemain de son avénement, avec le système politique de son vénérable mais inflexible prédécesseur. L'espace nous manque pour apprécier comme elles le méritent, les réformes dont il prit, de sa seule inspiration, la courageuse initiative; mais c'est un devoir pour nous de les rappeler, comme des titres impérissables à la vénération et à l'amour de ses sujets. Il a ordonné la prompte exécution des trois lignes de chemins de fer qui doivent relier Rome et Naples, Civita-Vecchia et Rome, Ancône et Civita-Vecchia; il a prescrit la culture du riz dans les vastes plaines qui s'étendent entre Ostie et Porto d'Anzio; il a déclaré libres les ports d'Ancône et de Sinigaglia; il a commencé par l'association douanière, pour l'unité italienne, l'édifice que la Prusse, par le Zollverein, bâtit pour l'unité allemande; il a noué des relations diplomatiques régulières avec les États-Unis d'Amérique qui avaient envoyé une députation lui présenter une adresse, comme un hommage rendu à *l'apôtre du Christ et de la liberté;* avec la Grande-Bretagne qui, malgré une très-vive opposition des anglicans, s'est décidée, par considération pour ses évangéliques vertus, à accréditer près de lui un ambassadeur; avec la Sublime-Porte, qui l'avait fait féliciter de son élévation à la papauté, par Chekib-Effendi, son ambassadeur près de la cour de Vienne, et de laquelle il a obtenu le rétablissement du patriarcat latin de Jérusalem. Il a conclu avec la Russie un concordat en faveur des populations catholiques de cet empire; il a, avec l'aide du célèbre avocat Morandi, introduit un nouveau système dans l'administration de la justice criminelle de ses États; il a doté Rome d'une magistrature municipale sous le titre de *Conseil* et de *Sénat,* dont les attributions sont plus étendues que celles du conseil municipal de Paris et du conseil général de la Seine; il a institué la garde nationale; créé, sous le nom de conseil d'État, une assemblée élective chargée de l'examen des règlements administratifs, des finances et des budgets, de la rédaction des tarifs de douanes et des traités de commerce; il a fondé à Rome, pour les classes pauvres, une école centrale où se forment de bons ouvriers et d'habiles sous-officiers; il a dégagé la presse de ses entraves, favorisé les lettres, les sciences et les arts, propagé l'enseignement, ouvert des salles d'asile et des académies.

Au milieu de quels obstacles et avec quel généreux courage s'opérèrent ces réformes, nul ne l'ignore; car l'immortel pontife eut à lutter à la fois contre les représentations menaçantes du cabinet de Vienne, qui ne cherchait qu'un prétexte pour intervenir militairement dans les États du saint-siége, et contre les sourdes menées du radicalisme italien qui s'efforçait, en suscitant des désordres, d'amener cette intervention, dans l'espoir qu'il en résulterait, dans la Péninsule italique, une révolution qui emporterait la papauté.

Ce redoutable écueil, Pie IX, fort de son droit, appuyé sur le respect et la reconnaissance de la majorité de ses sujets, l'eut évité sans aucun doute par sa modération et sa fermeté; mais l'orage terrible enfanté par la révolution française du 24 février, et l'insurrection du royaume Lombardo-Vénitien contre l'Autriche, vinrent tout à coup l'y pousser, non toutefois pour l'y briser, mais pour mettre mieux à découvert encore par l'épreuve de l'adversité, — cette pierre de touche de l'âme humaine,— tout ce qu'il y a de bonté paternelle, de résignation divine et de royale magnanimité dans le cœur de ce saint et glorieux pontife.

En effet, à peine la nouvelle de la proclamation de la République française parvenait-elle à Rome, qu'une grande manifestation populaire était organisée par les hommes du mouvement radical de la jeune Italie, pour saluer l'avénement au pouvoir du radicalisme de notre pays. Une foule innombrable, réunie comme par enchantement, s'était portée au Monte-Pinciano, musique en tête et dans l'ordre le plus parfait. Pendant des heures entières elle avait fait entendre les acclamations les plus enthousiastes; puis toujours criant, toujours chantant, cette immense colonne était allée se ranger devant le Quirinal. Là, exaltées encore par des orateurs qu'elles ne connaissaient sans doute pas la veille, et qui cependant prenaient sur elles une influence aussi spontanée qu'irrésistible, ces masses, à la fois imposantes et bizarres, suppliaient le saint-père, avec un ensemble formidable, de ne plus retarder la publication du *Statuto-Politico* qui leur avait été promis.

A partir de ce moment, l'agitation fut, pour ainsi dire, en permanence dans Rome, et elle s'étendit avec une rapidité extrême dans les villes, dans les bourgades, et jusques dans les plus humbles villages.

Le succès des républicains de Paris s'affermissant de jour en jour par la confiance et le bon vouloir que la France semblait leur témoigner, les républicains italiens ne craignirent plus de tenter à leur tour une lutte décisive. Leurs émissaires se répandirent habilement de toutes parts, et, en quelques semaines, l'agitation qui avait paru jusque-là pouvoir être dirigée et contenue, se transforma sur plusieurs points en insurrection désordonnée.

Venise et la Lombardie tout entière avaient résolument pris les armes; Naples et la Sicile suivaient leur exemple, et proclamaient leur indépendance respective en attendant, disaient les meneurs, la reconstitution complète de l'unité italienne.

L'Autriche, qui n'entendait pas abandonner ainsi des possessions d'une telle importance, attaqua Venise, fit vigoureusement face à l'insurrection lombarde, et massa promptement des troupes sur toutes les frontières nord des États de l'Église. Les agitateurs révolutionnaires voulurent saisir ce moment pour entrainer Pie IX, dans le mouvement où ils avaient poussé la majeure partie des populations. Ils ameutèrent de nouveau les Romains devant son palais, et lui demandèrent, cette fois avec grandes clameurs et menaces, une immédiate déclaration de guerre à l'empereur d'Autriche. Le saint-père s'efforça de parler de calme et de patience; sa voix ne fut pas écoutée. Dans son enthousiaste délire, le peuple ne se souvenait plus de la faiblesse de ses forces, et de l'exiguité de ses ressources de guerre: comptant peut-être sur les encouragements, sur les promesses de secours qui lui venaient et des États du roi de Piémont et de Paris, il voulait affronter les régiments autrichiens.

Ce fut en vain que Pie IX publia, avec différentes proclamations empreintes de libéralisme, son admirable lettre *aux Italiens* pour les rappeler à la prudence et à la modération qui font la force, à la patience et à la générosité qui donnent toujours la victoire au bon droit; sa voix fut encore méconnue. Ce fut en vain aussi qu'il accorda largement satisfaction à tous les vœux raisonnables de son peuple; ce fut en vain qu'il publia successivement son allocution dans le consistoire du 20 avril et son bref du même mois; ni ses promesses les plus libérales, ni ses actes les plus sages, ni le changement de son ministère ne purent faire naître un moment de calme salutaire au milieu de cette tempête si terrible et si imprévue.

Dans cette extrémité si douloureuse, si cruelle pour lui, le généreux pontife osa prendre une résolution que les esprits superficiels ont pu lui reprocher, mais que les hommes sages, prévoyants et initiés aux dangers des explosions révolutionnaires n'ont pas manqué d'applaudir: il quitta secrètement Rome et alla se réfugier à Gaëte. De là au moins il pouvait négocier, temporiser, sans exposer sa personne sacrée à des violences sacriléges qui auraient scandalisé le monde chrétien, et sans être réduit à essayer de trancher par les armes une question encore mal comprise, à peine posée, et qui, brusquée comme on l'aurait voulu, devait insensiblement occasionner une conflagration européenne.

Cette temporisation sauva la situation générale. L'Autriche, qui semblait vouloir faire une tentative sur Rome, n'eut plus le prétexte de la délivrance du saint-père; elle arrêta ses troupes, au-devant desquelles elle aurait vu du reste apparaître non pas les faibles bandes indisciplinées des États de l'Église, mais le redoutable drapeau français.

On sait maintenant quel fut le résultat de notre intervention dans ce triste conflit. Nos soldats, après bien des hésitations, eurent le regret d'être réduits à faire le siége de Rome pour comprimer l'insurrection, qui avait triomphé pendant quelques mois et s'était constituée en République. Pie IX put enfin retourner à la tête de ses sujets italiens, et il a su les faire repentir, à force de justice et de clémence, de l'aveuglement et de l'ingratitude dont on les avait rendus coupables envers lui. Si des représailles sanglantes ont eu lieu, si des peines terribles ont été prononcées contre quelques-uns des agitateurs, si des persécutions, des vengeances inutiles se sont produites, ce n'est ni le caractère ni le cœur de Pie IX qu'il en faut accuser: il y a près de lui, comme partout, des méchants, des imposteurs, des aveugles et des poltrons, dont les intrigues ou les faiblesses font le mal et qui, une fois préservés des calamités auxquelles ce mal les a exposés, se vengent par de basses cruautés de la peur qu'ils ont eue. Honte aux méchants et aux calomniateurs qui se sont ainsi conduits à Rome; mais respect, gloire et reconnaissance infinie pour le saint pontife qui a préservé l'Europe d'une guerre effroyable!

REILLE (Honoré-Charles-Michel-Joseph, comte), maréchal de France, membre du sénat, naquit à Antibes, en Provence, le 17 septembre 1775. Ses études achevées, il entra, en 1792, comme sous-lieutenant dans le 94e régiment d'infanterie de ligne, et fit dans ses rangs les deux premières campagnes de Belgique. Le courage qu'il montra aux combats de Rocoux et de Liége, et à la bataille de Nerwinde, lui valut le grade de lieutenant et, — récompense bien autrement précieuse, — l'amitié de Masséna qui le prit pour aide de camp. Il assista, en cette qualité, aux différentes affaires qui amenèrent la reddition des forts et de la ville de Toulon, tombés, par trahison, au pouvoir des Anglais. Il suivit Masséna en Italie et se distingua aux différents combats qui précédèrent la prise de Saorgio. Le 2 frimaire, il exécuta, sous Schérer, une charge brillante, et déploya une rare intrépidité à Montenotte, à Dego, à Lodi et à la première bataille de Rivoli, où, enveloppé par les Autrichiens, pendant qu'il reconnaissait le cours de l'Adige, il se fit jour à travers de nombreux bataillons. Il accrut son renom de bravoure à Bassano, à Saint-Georges, sur la Brenta où il fut blessé, à Caldiéro, à Arcole, à la prise de la Corona, à la deuxième bataille de Rivoli, à la Favorite, à Bellune, à Freymar et à Tarvis. Un épisode de cette dernière affaire mérite d'être rapporté. Dans une charge fournie sur la glace par un régiment de cavalerie qu'il dirigeait contre un régiment de cavalerie autrichienne, presque tous les chevaux s'abattirent, et le combat, commencé à cheval, continué à pied, se termina par la prise ou la mort de l'ennemi. A la suite de ce glorieux fait d'armes, il fut nommé — sur le champ de bataille même, — capitaine, puis chef d'escadron; et pendant le reste de la campagne, son nom fut plusieurs fois inscrit avec honneur au bulletin de l'armée.

Après le traité de Campo-Formio, il fut élevé au grade d'adjudant général et attaché à l'armée d'Helvétie, dont Masséna avait pris le commandement. Chargé par lui de reconnaître tous les passages du Rhin depuis les Grisons jusqu'au lac de Constance, ainsi que les positions de l'ennemi, il s'acquitta avec habileté de cette importante mission; et ce fut sur ses rapports qu'on dressa le plan de campagne. Sa conduite à Coire, à Felskirschen, à Luciensteigt près Zurich et à Schwitz, fut des plus brillantes. Il remplaça dans son commandement Oudinot qui avait été blessé; traversa, le premier, la Limat; entra, l'un des premiers, dans Zurich; poursuivit l'ennemi avec vigueur et lui fit un grand nombre de prisonniers. Ce fut lui qui couvrit le mouvement rétrograde de nos troupes lors des attaques contre Suwaroff, dans le Muthenthal; et il prit une part active à la bataille où fut défait le prince Talinsky.

En 1800, le vainqueur de Zurich, ayant été nommé général en chef de l'armée d'Italie, l'adjudant général Reille qu'il honorait, à juste titre, de toute sa confiance, se rendit avec lui à Gênes dont les Autrichiens, qui avaient repris partout l'offensive, se préparaient à faire le siége, pour de là se ruer en masse sur le midi de la France. Après avoir reconnu les positions de notre armée depuis Nice jusqu'au mont Cenis, il fut dépêché vers le premier consul pour lui porter l'intéressant rapport de Masséna et arrêter avec lui le plan de cette belle campagne que devait clore, comme un coup de foudre, l'immortelle victoire de Marengo. Pour rentrer à Gênes, il lui fallut passer la nuit au milieu de la flotte anglaise qui bloquait étroitement cette ville; et ce fut presque miraculeusement qu'il échappa au feu des batteries et à la poursuite des chaloupes qui lui donnèrent la chasse. Il combattit vaillamment, le 21 et le 23 floréal, sur le Mont-Creto; succéda au général Spital grièvement blessé dans la seconde de ces journées, et partagea la gloire de ce mémorable siége de Gênes, dont Masséna, pris par la famine, n'ouvrit, après la plus héroïque résistance, les portes aux assiégeants, qu'en leur annonçant qu'il reviendrait avant peu leur en redemander les clefs. Au mois d'août 1800, il rentra en France, d'où il repartit bientôt pour faire l'expédition de Naples sous les ordres de Murat. Il commanda à Florence, fut chef d'état-major d'une armée d'observation, puis sous-chef-d'état-major général des armées françaises en Italie. Nommé général de brigade en 1803, il servit au camp de Boulogne. De là, le premier consul l'envoya en Bavière et en Autriche pour observer les mouvements de l'ennemi; à Vérone et à Milan, pour objets spéciaux. De retour à Paris, il fut chargé d'inspecter l'organisation des troupes revenues de la désastreuse expédition de Saint-Domingue; et il alla à Nantes, à La Rochelle, aux Sables d'Olonne, à Bordeaux, à Bayonne et à Pau. Il reçut ensuite, sous Lauriston, le commandement en second des troupes embarquées sur la flotte du vice-amiral Villeneuve; assista au combat du Finistère; et quand cette flotte fut revenue de Cadix, il rejoignit la grande armée pour faire avec elle la campagne d'Austerlitz. Durant cette campagne, il commanda dans la basse Autriche une brigade du 5e corps. Dans la campagne suivante, il combattit au premier rang à Saalfeld où fut tué le prince royal de Prusse, à Iéna où fut anéantie la monarchie prussienne, et il se couvrit de gloire à la bataille de Pultusck où il enfonça le centre des Russes. Après cette bataille au gain de laquelle il avait, par sa résolution et sa vigueur, si puissamment contribué, il remplaça, avec le grade de général de division, le général Gudin qui y avait été atteint d'un coup de feu; et quelques jours plus tard, le maréchal Lannes le nomma chef d'état-major de son corps d'armée. Se trouvant à la gauche d'Ostrolenka au moment où les Russes l'attaquèrent, il s'y porta rapidement au bruit de la canonnade, prit le commandement des deux brigades Ruffet et Campana, qu'il trouva engagées contre toute l'armée du général Essen, et par l'habileté de ses manœuvres autant que par l'élan qu'il sut communiquer aux troupes, il parvint à chasser deux fois de cette ville l'ennemi qui avait des forces quadruples des siennes, et qui se retira enfin, en lui laissant 400 morts, 700 blessés et 300 prisonniers.

Napoléon le prit bientôt pour aide de camp. Il assista à ses côtés à la bataille de Friedland et reçut du maréchal Brune la mission de signer la capitulation de la Poméranie. Après la paix de Tilsitt, il se rendit, en qualité de commissaire extraordinaire, en Toscane, et de là en Catalogne, où il fit lever le siége de Figuières et où il s'empara de la ville de Rosas. Il quitta l'Espagne, en 1809, pour passer le Danube avec la grande armée et combattre à Wagram où il commanda la division de la garde chargée de soutenir la batterie de 100 pièces aux ordres du général Lauriston. Quand les Anglais débarquèrent en Zélande, Napoléon lui confia le commandement d'un des trois corps formés de l'armée de Bernadotte. Il fut, peu de temps après, nommé gouverneur civil et militaire de la Navarre. Il y battit au Carascal et à Serin le fameux chef de guérillas Mina, et détruisit avec deux escadrons de hussards, trois bataillons ennemis. Il concourut avec sa division à la prise de Valence qu'assiégeait Suchet, et demeura, jusqu'à la fin de 1812, gouverneur du royaume d'Aragon et de la province de Catalogne. A cette époque, il prit le commandement de l'armée de Portugal, forte de 38,000 hommes. Le roi Joseph ayant ordonné la concentration de toutes ses forces en avant de l'Èbre, il évacua, sans se laisser entamer par l'ennemi, les provinces qu'il occupait; et se retira vers les hauteurs de Pancorbo où les deux armées opérèrent leur jonction. Dans le conseil de guerre qui y fut tenu, il proposa de prendre la ligne d'opération par Logrono et la Navarre; mais l'opinion qui prévalut fut qu'il ne fallait pas quitter la route de France. Après la perte de la bataille de la Victoria où nous étions 33,000 contre 90,000, et où, à la tête de 7,000 hommes, il se maintint contre 20,000 Anglo-Espagnols dans ses positions qu'il ne quitta que par ordre, le maréchal Soult lui confia le commandement de l'aile droite de son armée. Il combattit avec lui sur la Bidassoa, à Saint-Jean-de-Luz, à Orthez et enfin à Toulouse où les glorieux débris de notre armée firent victorieusement face à 100,000 Anglais, Espagnols et Portugais réunis.

Quelques mois après, il épousa la fille du maréchal Masséna. Louis XVIII l'avait nommé chevalier de Saint-Louis et inspecteur général des 14e et 15e divisions militaires. Il salua avec bonheur la rentrée en France de Napoléon, qui lui donna le commandement du 2e corps de l'armée du Nord, à la tête duquel il prit une glorieuse part à la bataille de Waterloo où il eut deux chevaux tués sous lui.

Une ordonnance royale, en date du 5 mars 1819, lui conféra la pairie. En 1820, il entra au conseil supérieur de la guerre, fut décoré des ordres de Saint-Michel et du Saint-Esprit. En 1837, il fut nommé président du comité de l'infanterie et de la cavalerie. Enfin Louis-Philippe l'éleva, le 17 septembre 1847, à la dignité de maréchal de France.

ROUSSIN (Albin-Rémi, baron), amiral, membre du sénat, peut, à juste titre, se glorifier d'être fils de ses œuvres. Né à Dijon, le 21 avril 1781, il débuta dans la marine à l'âge de douze ans. Simple mousse pendant la périlleuse expédition d'Irlande, il était, en 1800, aspirant de première classe à bord de la frégate la *Sémillante*. L'intrépidité qu'il déploya dans les cinq combats auxquels cette frégate prit part dans les mers de l'Inde, lui donna des droits à un avancement rapide. En 1807, il fut nommé lieutenant de vaisseau, et monta, en qualité de second, la corvette l'*Iéna*, destinée à croiser dans les golfes persique et du Bengale. Fait prisonnier à la suite d'un furieux combat contre la frégate anglaise la *Modeste*, forte de 44 canons, il fut conduit à Calcutta, le 28 octobre 1808. Un échange de prisonniers lui rendit bientôt la liberté. En 1810, il se distingua dans la lutte glorieuse que les frégates, la *Minerve* et la *Bellone* soutinrent, aux abords de l'île de France, contre quatre frégates anglaises. Quand il revint de cette longue et honorable campagne, Louis XVIII trônait aux Tuileries. La restauration acquitta envers lui la dette de l'empire. Le grade de capitaine de vaisseau et la croix de Saint-Louis furent la juste récompense de ses brillants services. Néanmoins, après les Cent jours, il faillit être rayé des cadres de la marine, avec six cents autres officiers qui furent remerciés sans recevoir ni solde ni pension. Une courte entrevue avec le ministre, M. de Jaucourt, le sauva de ce malheur. Au mois de décembre 1816, après le naufrage de la *Méduse*, il fut chargé de l'exploration hydrographique des côtes occidentales de l'Afrique. Au retour de cette expédition scientifique, en 1818, il fut nommé officier de la Légion d'honneur. L'année suivante, le gouvernement lui donna mission de soumettre à un travail de même nature les côtes du Brésil, et, en 18 mois, il détermina nettement la position de 300 lieues de côtes de l'Amérique orientale. En 1821, il fut appelé au commandement des forces navales réunies sur les côtes de l'Amérique du Sud. Élevé, dans la même année, au grade de contre-amiral, il fut, le 4 août 1822, nommé membre du conseil d'amirauté qui venait d'être créé. Au premier rang des services qu'il rendit au pays dans ce conseil, sur les décisions duquel son expérience et ses lumières ne pouvaient manquer d'avoir beaucoup d'influence, il faut placer la création, en 1826, du vaisseau-école de Brest, qui fut adoptée sur ses conclusions. En 1828, il fut envoyé, à la tête d'une escadre, demander à l'empereur du Brésil, Pedro Ier, réparation des dommages causés à notre commerce par le blocus de Buenos-Ayres; et il montra, dans cette négociation armée, tant de modération jointe à une si honorable fermeté, que malgré le mauvais vouloir manifeste du gouvernement de Rio-Janerio, il obtint, à son honneur et à l'honneur de la France, toutes les indemnités qu'il avait ordre d'exiger. Au commencement de l'année 1830, l'Académie des sciences, section de géographie et de navigation, l'admit dans son sein. La royauté de juillet lui confia, en 1832, la préfecture maritime de Brest, et le nomma le 26 avril, grand officier de la Légion d'honneur. Mais il dut bientôt reprendre la mer pour aller sommer don Miguel de faire droit aux légitimes réclamations de la France. Ses sommations étant demeurées sans résultat, il força, sous une grêle de boulets et une pluie de mitraille, l'entrée du Tage, réputée infranchissable; et avec les six vaisseaux de ligne, les trois frégates, la corvette, les deux bricks et le bateau à vapeur qu'il commandait, il vint résolument, s'embosser, le long des quais de Lisbonne, en face du palais du gouvernement. Intimidé par ce coup d'audace qu'avait, contre son attente, couronné un si complet succès, don Miguel s'empressa d'accorder toutes les réparations qu'il plut à notre brave amiral d'exiger de lui.

Le baron Roussin reçut, pour prix de ce beau fait d'armes, le grade de vice-amiral, et peu après, le titre de membre du bureau des longitudes. Le 1er octobre 1832, il fut nommé pair de France; et, le 14 du même mois, il partit pour aller, en qualité d'ambassadeur, représenter la France à Constantinople. En 1833, il refusa le ministère de la marine. La paix dont jouissait l'Europe lui permit de s'occuper activement, pendant quelques années, des intérêts de notre commerce: il jeta avec le divan les bases d'un nouveau tarif des Douanes dont notre marine marchande eut fort à s'applaudir. Le 19 janvier 1836, il fut décoré de la grand'croix de la légion d'honneur et vint passer quelques mois en France. Le sanglant conflit survenu entre Méhemèt-Ali et le sultan le rappela, au mois de juillet 1837, à Constantinople. Personnellement hostile au pacha d'Egypte, il s'unit à la Russie et à l'Angleterre pour soutenir contre ses prétentions le nouveau sultan Abdul-Medjid. Sa politique se trouvant en désaccord avec celle que la France, en ce moment, inclinait à suivre dans la question d'Orient, il fut remplacé, en 1839, par M. de Pontois. Le 18 septembre de cette même année, la Chambre des pairs le nomma l'un de ses secrétaires, à l'ouverture de la session; et le 1er mars 1840, il accepta, sous la présidence de M. Thiers, le ministère de la marine. Au milieu des graves difficultés soulevées par l'imminence d'une guerre avec l'Angleterre et par la double question de l'esclavage et des sucres, il apporta, pendant son administration, de fécondes améliorations dans les affaires de son département. C'est à lui qu'on doit l'établissement des grandes lignes de paquebots à vapeur. Le 29 octobre, il quitta le ministère avec M. Thiers et fut nommé amiral. Dans le cabinet du 29 octobre, il consentit, sur la prière du roi, à reprendre le portefeuille de la marine, en remplacement de l'amiral Duperré; et après avoir fait triompher son opinion devant les chambres dans l'orageuse discussion à laquelle donna lieu la question du droit de visite, il se démit du pouvoir, le 24 juillet 1843, pour aller rétablir, sous le ciel du midi, sa santé cruellement compromise par les fatigues et les travaux de sa longue carrière militaire, diplomatique et administrative.

La nouvelle organisation du sénat l'appelle dans ce corps éminent: il en sera l'une des lumières, comme il en est une des gloires.

ARGOUT (Antoine-Marie-Apollinaire comte d') gouverneur de la Banque de France, descend d'une très-ancienne famille du Dauphiné. Il est né, le 27 août 1782, au château de Weisselieux, arrondissement de la Tour-du-Pin (Isère). Quoiqu'indépendant par sa fortune, il entra, à l'âge de 20 ans, dans la carrière administrative où son intelligence, son application, et, disons-le aussi, sa naissance, lui valurent un avancement rapide. En 1806, il était receveur principal des contributions indirectes à Anvers. En 1810, il fut nommé auditeur au conseil d'État; en 1811, inspecteur général; et, de 1812 à 1814, directeur général de la navigation du Rhin. La Restauration le trouva sur ce premier échelon du pouvoir qu'elle lui fit presqu'aussitôt franchir. Maître des requêtes surnuméraire, aux comités des finances et du commerce, en 1814; il fut appelé, en 1815, à l'administration supérieure du département des Basses-Pyrénées; et, de la préfecture de Pau, il passa, au bout de quelques mois, à celle beaucoup plus importante de Nîmes. Dans ce poste, fort difficile, il déploya autant d'habileté que de vigueur, et parvint, non sans de grands efforts, à mettre enfin un terme aux voies de fait scandaleuses et trop longtemps impunies dont les protestants, traités de Bonapartistes par leurs adversaires, étaient chaque jour victimes de la part d'une population qu'enfiévrait le double fanatisme de l'autel et du trône. Aussi laissa-t-il à Nîmes les plus honorables regrets. Conseiller d'État en service extraordinaire en 1817, conseiller d'État en service ordinaire en janvier 1819, il fut élevé à la pairie, le 5 mars suivant, nommé, en 1826, membre de la commission de liquidation de l'indemnité de Saint-Domingue, et, en 1828, rapporteur de l'enquête sur les colonies et la production du sucre indigène.

Après la révolution de juillet durant laquelle il avait, de concert avec M. de Sémonville, grand référendaire de la chambre des pairs, fait une honorable et courageuse tentative pour arrêter l'effusion du sang français, M. le comte d'Argout a successivement occupé les postes suivants : ministre de la marine, le 27 novembre 1830; chargé de l'intérim de la justice, en 1831; ministre du commerce, des travaux publics, des beaux-arts et de l'administration départementale et communale, le 13 mars de la même année; ministre, par intérim, des affaires étrangères, en 1832; ministre de l'intérieur et des cultes, le 1er janvier 1833; chargé, la même année, de remplacer le ministre de la guerre, momentanément absent; gouverneur de la Banque de France, le 5 avril 1834; ministre des finances, le 18 janvier 1836; nommé de nouveau gouverneur de la Banque, le 7 septembre de la même année.

Après le coup d'État du 2 décembre, il a fait partie de la commission consultative (section des finances); de la commission municipale de la ville de Paris et du conseil général du département de la Seine; il a présidé la commission de surveillance de la caisse d'amortissement et des dépôts et consignations, et il a enfin été nommé sénateur.

Comme pair, comme ministre, comme gouverneur de la banque, M. le comte d'Argout a, dans sa longue carrière, bien mérité du pays. Zélé défenseur de l'ordre public, il est sans contredit, par sa haute intelligence des affaires et la libéralité de ses idées, l'un des hommes qui, depuis trente ans, ont le plus marqué, en France, dans toutes les questions de finances, de commerce, d'économie politique et d'administration. On doit à son initiative plusieurs créations utiles, au premier rang desquelles nous placerons l'établissement si longtemps désiré des entrepôts de commerce. Dans les moments de crise redoutable que la France a eu à traverser après la révolution de février, il s'est chaleureusement associé aux efforts de la banque pour maintenir le crédit public, en ouvrant un nouveau compte au trésor; en fondant les succursales dans l'unité de la banque centrale; en admettant de plus petites coupures des billets au porteur; en abaissant le taux de l'intérêt, etc., etc., etc.

M. le comte d'Argout est membre de l'Institut (section des sciences morales et politiques). Il est décoré de la grande croix de la Légion d'honneur, du cordon de l'Aigle-Blanc de Pologne, et de la plaque de l'ordre de Léopold de Belgique.

BÉRANGER (Pierre-Jean de), la plus populaire des gloires de notre temps, naquit à Paris le 17 août 1780, rue Montorgueil, dans la demeure d'un tailleur, ainsi qu'il nous l'apprend lui-même :

> Dans ce Paris, plein d'or et de misère,
> En l'an du Christ mil sept cent quatre-vingt,
> Chez un tailleur, mon pauvre vieux grand-père,
> Moi, nouveau né, sachez ce qu'il m'advint.

La particule qui précède son nom, il ne sait d'où elle lui vient et son père ne le savait pas plus que lui. Il l'a reçue, il l'a gardée ; mais ne croyez pas qu'il en tire vanité. Écoutez-le plutôt :

Moi noble! oh! vraiment, messieurs, non.
Non, d'aucune chevalerie,
Je n'ai le brevet sur vélin,
Je suis vilain et très-vilain.

Jusqu'à l'âge de neuf ans, il demeura chez son grand-père, menant une vie vagabonde, heureuse, libre de toute entrave. La rue était son école ; le peuple son instituteur. La leçon d'histoire en action qu'il en reçut le 14 juillet 1789, ne sortira jamais de son souvenir. C'est avec une noble ivresse qu'il se la rappelait, à quarante ans de distance, sous les verroux de la Force :

Pour un captif, souvenir plein de charmes !
J'étais bien jeune, on criait : Vengeons-nous.
A la Bastille ! aux armes ! vite aux armes !

Mais le peuple, de sublime qu'il avait été à ses débuts, ne devait pas tarder, pris de vertige, à devenir terrible jusqu'à se faire peur à lui-même, et il était temps que notre espiègle fût soustrait à ses leçons. Quelle école en effet pour une jeune tête, que la rue, quand la tragédie en veste et en sabots y prend, du matin au soir, ses ébats ! Sa voix, destinée à chanter d'une façon si pure et si sonore la liberté et la gloire, se fût enrouée peut-être à célébrer, sur l'air du *Ça ira*, la licence et le crime. Heureusement que la bonne fée qui avait présidé à sa naissance et qui veillait sur lui, ne permit pas qu'aucune éclaboussure sanglante rejaillît sur sa robe d'innocence. Elle le conduisit tout doucement par le coche chez une sœur de son père qui tenait une hôtellerie à Péronne et le remit à sa garde. Cette tante, chose phénoménale pour l'époque ! craignait outre mesure Dieu et le diable ; mais c'était au demeurant une excellente créature. Il déterra chez elle un *Télémaque*, quelques tomes dépareillés de Voltaire et de Racine, et les dévora en cachette. Les sermons dont la pieuse femme le régala, je vous en fais grâce. La foudre, un jour, vint en aide à ses homélies ; elle frappa son pénitent qui, l'oreille fermée à sa dévote éloquence, suivait, d'un œil curieux, les évolutions du fluide électrique dans les nues ; mais elle ne fut cruelle qu'à demi. Après une heure de paralysie complète, notre jeune foudroyé se retrouva sur ses jambes et partit, au nez de sa pauvre tante, qui pleurait et qui priait, d'un long éclat de rire, pour, au bout d'une minute, se jeter tout attendri dans ses bras. Ne reconnaissez-vous pas déjà cet esprit si gaulois qui se joue de tout, même de la foudre qui l'atteint, et ce cœur si ouvert et si sympathique dans lequel tout sentiment vrai trouve de l'écho.

A l'âge de quatorze ans, sa tante le plaça en apprentissage chez M. Laisné, imprimeur, à Péronne. Cet honorable industriel, qui ne manquait ni de goût ni de savoir, le prit en grande amitié. Frappé de ses heureuses dispositions pour la poésie, il essaya, sans beaucoup de succès, de lui apprendre l'orthographe, et lui donna quelques leçons de versification. Un peu plus tard, il le fit entrer à l'Institut patriotique fondé, d'après le système de J.-J. Rousseau, par M. Balluc de Bellanglise, ancien député à l'Assemblée législative. Béranger y reçut une éducation plus citoyenne que littéraire, et à force de s'exercer dans la motion et la harangue, il devint, en peu de temps, un très-fort discoureur. A dix-sept ans, il revint à Paris près de son père et de sa mère. Sans guide, sans appui, sans fortune, et toujours possédé du démon de la poésie, il demanda à l'étude l'instruction qui lui manquait et chercha sa voie à travers les genres les plus opposés. Quelques représentations théâtrales, payées au prix des privations les plus dures, lui inspirèrent l'idée de faire une comédie. Dans une pièce intitulée les *Hermaphrodites*, il fustigea les hommes fats et efféminés, les femmes ambitieuses et intrigantes, ridicules et misérables produits des mœurs licencieuses de l'époque directoriale. Mais un *Molière* lui tomba sous la main ; il le lut et le relut, et par respect pour ce grand peintre du cœur humain, il jeta sa comédie au feu, sans même l'honorer d'un regret. Le genre satirique, un moment essayé par lui, fut rejeté comme âcre et odieux. Le dithyrambe religieux n'eut pas le don de captiver plus longtemps sa muse. Le *Déluge*, le *Jugement dernier*, le *Rétablissement du culte* n'étaient guère en effet dans les cordes de l'égrillard et gracieux génie qui a si bien chanté Lisette, Janette, Rosette, Manon, Suzon, Frétillon. Alors, le croirez-vous, races futures ! il prit la résolution héroïque, désespérée, de composer un poëme épique. Clovis en devait être le héros. Mais un poëme épique ne s'improvise pas, et il fallait vivre. Un instant, il forma le projet de partir pour l'Égypte qu'occupaient alors nos soldats. Heureusement qu'un membre de l'expédition, qui en était revenu avec des impressions défavorables, l'eut bientôt, par ses récits, dégoûté de ce voyage. Mais cédons-lui un moment la parole. « En 1803, privé de ressources, las d'espérances déçues, versifiant sans but « et sans encouragement, sans instruction et sans « conseils, j'eus l'idée, et combien d'idées semblables « étaient restées sans résultats, j'eus l'idée de mettre « sous enveloppe mes informes poésies et de les « adresser par la poste au frère du premier consul, à « M. Lucien Bonaparte, déjà célèbre par un grand ta« lent oratoire et par l'amour des arts et des lettres. « Mon épître d'envoi, je me la rappelle encore, digne « d'une jeune tête toute républicaine, portait l'em« preinte de l'orgueil blessé par le besoin de recourir « à un protecteur. Pauvre, inconnu, désappointé « tant de fois, je n'osais compter sur le succès d'une « démarche que personne n'appuyait. Mais le troi« sième jour, ô joie indicible ! M. Lucien m'appelle « auprès de lui, s'informe de ma position qu'il adou« cit bientôt, me parle en poëte et me prodigue des « encouragements et des conseils. Malheureusement « il est forcé de s'éloigner de France ; j'allais me « croire oublié, lorsque je reçus de Rome une pro« curation pour toucher le traitement de l'Institut « dont M. Lucien était membre, avec une lettre où « il me dit : Je vous prie d'accepter mon traitement « de l'Institut et je ne doute pas que si vous conti« nuez de cultiver votre talent par le travail, vous « ne soyez un jour un des ornements de notre Par« nasse. Soignez surtout la délicatesse du rhythme ; ne « cessez pas d'être hardi, mais soyez plus élégant. »

Cet inespéré bienfait releva le courage de notre poëte qui s'est, du reste, largement acquitté par tous les trésors de poésie qu'il a versés sur les grandeurs et les infortunes de la famille impériale.

Peu après, un ami le présenta à l'éditeur des *Annales du Musée* qui l'employa obscurément pendant deux années à la rédaction de cet ouvrage.

En 1809, la protection d'Arnault, l'auteur de *Marius à Minturnes* et des *Vénitiens*, lui procura une place d'expéditionnaire, aux appointements de 1,200 francs, au secrétariat de l'Université. Ce fut pour lui un coup de fortune. Comme J.-J. Rousseau copiant de la musique, il n'avait à donner que son temps et sa main. Son esprit demeurait libre et le souci du lendemain ne venait plus glacer le rire sur ses lèvres. Il pouvait, en toute tranquillité d'âme, s'abandonner à ses rêves, et Dieu sait les beaux rêves qu'il faisait ! L'amour de la poésie dramatique lui tenait encore au cœur et cependant déjà la chanson commençait à jaillir de son cerveau. « Va, disait-il un « jour en voyant passer Désaugiers, j'en ferais aussi « bien que toi des chansons, n'était mon poëme. »

Reçu au Caveau en 1813, il paya son écot en joyeux couplets. Pendant les Cent jours, il refusa les fonctions lucratives de censeur. Son premier recueil parut à la fin de 1815 et fut reçu avec grande faveur par le public. Dans ce recueil dont *le Roi d'Yvetot* est la perle la plus fine, et où l'on trouve le *Bon Français*, la *Requête des chiens de qualité*, *Vieux habits, vieux galons*, *le Nouveau Diogène*, *la Politique de Lise*, tout en frondant quelques ridicules d'un autre âge dont beaucoup de royalistes riaient eux-mêmes, il ne se montrait pas encore hostile à la royauté. Toutefois il fut charitablement averti par son chef de bureau d'avoir, à l'avenir, sous peine de destitution, à veiller sur sa muse dont la malicieuse gaîté avait désagréablement chatouillé plus d'une haute et puissante oreille. Son deuxième recueil, plus hardi d'ailleurs et plus élevé de ton que son aîné, attira les foudres du parquet sur sa tête. Prévenu d'outrage aux mœurs, à la morale publique et religieuse, d'offense au roi, de provocation au port public d'un signe de ralliement, il fut, malgré l'habile défense de maître Dupin, condamné, en 1821, à 500 francs d'amende et à trois mois de prison, sur le violent réquisitoire de l'avocat général Marchangy qui vit dans ses chansons autant d'*odes pleines d'agressions et d'audace*. Son troisième recueil, publié en 1825, échappa à toute poursuite. Il n'en fut pas de même de son quatrième recueil qui vit le jour en 1828, sous le ministère Martignac : les chansons *l'Ange gardien*, la *Gérontocratie*, *Charles le Simple*, furent déférées à la justice, qui, cette fois, frappa le poëte d'une condamnation à 9 mois de prison et à 10,000 francs d'amende. Ses nombreux admirateurs furent heureux de libérer envers le fisc l'illustre prisonnier qui, derrière les barreaux de la Force, jura une haine à mort aux Bourbons. Enfin, son cinquième et dernier recueil a paru en 1833. Nous en reparlerons tout à l'heure, en revenant sur l'œuvre du poëte tout entière.

En 1830, Béranger usa de toute son influence

pour calmer les esprits. Il ne croyait pas que l'heure fût venue de la République. Cette opinion, exprimée dans l'assemblée centrale de la rue de Richelieu, y excita, raconte-t-on, plus que de violents murmures. Quoi qu'il en soit, le glorieux Tyrtée de juillet qui, plus que personne, avait contribué au renversement du trône et qui a pu dire avec raison :

> Tes traits aigus, lancés au trône même,
> En retombant aussitôt ramassés,
> De près, de loin, par le peuple qui t'aime,
> Volaient en chœur, jusqu'au but relancés.
> Puis quand ce trône ose brandir son foudre;
> De vieux fusils l'abattent en trois jours ;
> Pour tous les coups tirés dans son velours,
> Combien ma muse a fabriqué de poudre !

ne voulut aucune part dans les dépouilles des vaincus. A ses amis, arrivés au pouvoir et qui voulaient l'y faire monter avec eux, il répondit philosophiquement par une chanson dont nous rappellerons le refrain :

> En me créant, Dieu m'a dit : ne sois rien.

Il reprit ses sabots et son luth, se retira à Passy, puis à Fontainebleau, puis à Tours, revint à Passy et enfin il demeure aujourd'hui, rue d'Enfer, à deux pas du Luxembourg, dans une modeste retraite tout étonnée et bien fière sans doute d'abriter la plus aimée et l'une des plus hautes illustrations de notre temps.

Après la révolution de 1848, le suffrage universel alla le chercher dans sa solitude pour en faire un des représentants de Paris à l'Assemblée constituante. Cet hommage lui était dû, mais il faut croire qu'il fut peu de son goût, car malgré les prières de ses collègues, il donna bientôt sa démission. Cela explique sa réponse à Châteaubriand. « Eh bien ! votre « République, vous l'avez ! lui avait dit l'auteur des « *Martyrs*, la première fois qu'il le revit après Fé- « vrier. — Oui, je l'ai, mais j'aimerais mieux la « rêver, que la voir. »

On pourrait diviser, a dit M. Sainte-Beuve dans ses charmantes *Causeries du lundi*, les chansons de Béranger en quatre ou cinq branches : 1° la chanson gaie, bachique, épicurienne, gaillarde, égrillarde, par où il débuta : à cette branche appartiennent *le Roi d'Yvetot*, la *Gaudriole*, *Frétillon*, *Madame Grégoire*, *le Petit homme gris*, *les Gueux*, *la Bacchante*, autant de délicieux petits chefs-d'œuvre ; 2° la chanson sentimentale ou élégiaque, *les Oiseaux*, *le Bon vieillard*, *le Voyageur*, *le Retour dans la patrie*, surtout *les Hirondelles* ; 3° la chanson libérale et patriotique, qui constitue sa pleine originalité, renferme : *le Dieu des bonnes gens*, *Mon âme*, *la Bonne vieille*, *le Vieux sergent*, *le Vieux drapeau*, *la Sainte alliance des peuples*, *la Déesse*, *Psara*, *le Pigeon messager*, etc., etc. ; 4° la chanson satirique dans laquelle il attaque sans réserve, avec malice, âcreté et amertume, ses adversaires d'alors, les ministériels, les ventrus, etc., etc. ; cette branche comprendrait depuis *le Ventru* jusqu'aux *Clefs du Paradis*. Enfin la chanson-ballade, purement poétique et philosophique, comme *les Bohémiens*, *les Contrebandiers*, *Jeanne la Rousse*, *le Vieux vagabond*, *Jacques* et *les Fous* dont nous citerons cet admirable couplet :

> Qui découvrit un nouveau monde ?
> Un fou qu'on raillait en tout lieu.
> Sur la croix que son sang inonde,
> Un fou qui meurt nous lègue un Dieu.
> Si demain, oubliant d'éclore,
> Le jour manquait ; eh bien ! demain,
> Quelque fou trouverait encore
> Un flambeau pour le genre humain.

Le fait culminant de la vie privée de Béranger est son amitié avec Manuel qu'il avait connu en 1815, et dont il a pu dire, dans la belle chanson qu'il a déposée comme un pieux hommage de regret et d'admiration, sur sa tombe :

> Cœur, tête et bras tout était peuple en lui.

Il s'était senti tout d'abord attiré, puis bientôt enchaîné par cette fermeté et cette lucidité d'intelligence, par cette chaleur et cette droiture de cœur, par cette franchise toute militaire enfin qui formaient comme les traits distinctifs de cette nature d'élite.

Béranger a eu aussi, dans ces dix dernières années, avec Châteaubriant, Lamennais et Lamartine, des relations dont on a beaucoup parlé. Ils sont venus à lui, oui, tous, dit M. Sainte-Beuve, un peu plus tôt, un peu plus tard, ils sont venus reconnaître en sa personne l'esprit du temps, lui rendre foi et hommage, lui donner des gages éclatants.

Béranger, qui a fait de la chanson tout ce qu'on en peut faire, qui l'a transformée et élevée, garde en portefeuille une autre forme de chanson, presqu'épique. Ce sont des octaves sur Napoléon, sur les diverses époques de l'empire, dont ceux qui les connaissent ne parlent qu'avec admiration.

Une autre bonne fortune pour ceux qui lui survivront, car il s'agit encore d'une œuvre d'outre-tombe, sera l'ouvrage auquel il travaille depuis longtemps et dont il nous a lui-même révélé le plan en ces termes : « Je veux faire une espèce de dictionnaire où, sous chaque nom de nos notabilités « politiques et littéraires, jeunes ou vieilles, viendront se classer mes nombreux souvenirs et les « jugements que je me permettrai de porter ou que « j'emprunterai aux autorités compétentes. Qui « sait si ce n'est pas à cet ouvrage de ma vieillesse « que mon nom devra de me survivre? Ne serait-il « pas plaisant que la postérité dît : Le judicieux, le « grave Béranger! Pourquoi pas ? »

Résumons-nous : bien que Béranger ait dit de lui avec vérité : « Je suis l'œuvre de la nature assidûment interrogée, » et dans cette jolie strophe :

Jamais, hélas! d'une noble harmonie
L'antiquité ne m'apprit les secrets ;
L'instruction, nourrice du génie,
De son lait pur ne m'abreuva jamais.
Que demander à qui n'eut point de maître ?
Du malheur seul les leçons m'ont formé ;
Et ces épis que mon printemps vit naître,
Sont ceux d'un champ où rien ne fut semé.

Il n'en est pas moins reconnu cependant qu'il est, sans contredit, le poëte le plus pur, le plus français de notre époque; beaucoup ajouteront le plus grand. Sublime sans effort, il est naturel de plein saut. Sa poésie, suivant l'expression d'un de ses biographes, ressemble à une parcelle de soleil enfermée dans un globe de cristal. « Pierre Béranger, dit Châteaubriant, « se plaît à se surnommer le *chansonnier* comme « Jean de Lafontaine le *fablier*. Il a pris rang parmi « nos immortalités populaires... Lorsqu'il entonne la « louange du roi d'Yvetot et l'hymne au ventre ; « qu'il célèbre M. de Carabas et les myrmidons, « qu'il écrit la lettre prophétique d'un petit roi à un « petit duc; lorsqu'à mon grand regret, il se rit de « la gérontocratie, c'est un politique à la manière de « Catulle, d'Horace et de Juvénal... » et plus loin... « Sous le titre de chansonnier, c'est un des plus « grands poëtes qu'ait produits la France. Avec un « génie qui tient de Lafontaine et d'Horace, il a « chanté, quand il a voulu, comme Tacite écrivait. »

Un mot encore, et nous aurons fini : Béranger est un des plus aimables, des plus spirituels, des plus brillants causeurs d'aujourd'hui. Sa conversation, pétillante de saillies, fertile en idées, abonde en curieuses anecdotes, en jolies et fines observations. C'est ainsi que devait causer Voltaire.

DUPIN (Charles, baron), naquit à Varzy (Nièvre), le 6 octobre 1784. Reçu le premier à l'école Polytechnique, en 1801, il en sortit le premier aussi, en 1803, dans le corps du génie maritime. Après avoir, en trois ans, créé la grande flottille de la Manche et de l'arsenal d'Anvers, il s'embarqua avec l'amiral Gantheaume pour les îles Ioniennes que le traité de Tilsitt venait de céder à la France, et il y demeura jusqu'en 1812. L'ardent amour dont il s'éprit sous ce beau ciel pour cette cause grecque qui devait, comme aux beaux jours de Marathon et des Thermopyles, enfanter plus tard tant de dévouements sublimes, lui inspira la généreuse idée de fonder à Corfou l'académie ionienne dont l'influence régénératrice contribua si puissamment à amener, en 1821, cette héroïque prise d'armes dont l'affranchissement de la patrie d'Homère et de Périclès fut le prix.

A son retour à Paris, il publia différents mémoires d'une valeur scientifique assez haute pour mériter à leur auteur les encouragements et les vives sympathies des Legendre, des Monge, des Carnot, des Biot, des Poisson, et être jugés dignes de prendre place dans les collections de l'académie des sciences. En 1813, il succéda à l'illustre Watt comme correspondant dans la section de botanique. Toulon, cette même année, dut à ses persévérants efforts la création de son magnifique musée maritime.

Arrive 1814 : il abandonne un moment la plume du savant pour saisir celle du publiciste. Ne croyez pas qu'il va, à l'exemple de tant d'autres qui *brûlent misérablement ce qu'ils ont adoré pour adorer ce qu'ils ont brûlé*, arborer sur son drapeau le *væ victis* de toutes les réactions et sacrifier sur l'autel des nouveaux dieux; non : il prend la parole, mais c'est pour réclamer à voix haute le maintien des grands principes de la révolution. En 1815, son patriotisme éclate encore avec plus de courage. Lorsque parvient à Lyon dont il avait été chargé d'organiser la défense, la nouvelle du désastre de Waterloo, il propose, au milieu de l'effroi général, le programme d'une *pompe funèbre en l'honneur des soldats français morts pour défendre la patrie*. Deux mois après, dans une brochure qui a pour titre : *Jugement de*

M. le lieutenant général Carnot, il protesta avec la plus honorable énergie contre l'illégalité de l'ordonnance royale du 24 juillet qui avait proscrit ce glorieux vétéran de la révolution, son ami et son protecteur. En 1816, il profita de la mission qui lui fut donnée de diriger les travaux de l'arsenal de Dunkerque, pour visiter les principaux établissements maritimes de l'Angleterre. On n'a pas oublié l'immense retentissement qu'eut, lors de son apparition, le beau travail sur la situation de la Grande-Bretagne, dont il avait recueilli les matériaux dans ce voyage, et qui lui valut le titre de membre de la société des ingénieurs de Londres.

L'espace nous manque pour apprécier dans ses infinis détails la carrière scientifique de M. Dupin. Nous nous bornerons à dire que c'est à lui que l'on doit l'idée première du Conservatoire des Arts et Métiers dont il a été l'un des plus éminents professeurs, dont il a deux fois présidé le conseil; et à rappeler ses deux ouvrages sur *les forces productives de la France* et sur la situation *des forces productives de la France depuis* 1814, sans oublier sa fameuse carte, à teintes plus ou moins foncées, sur l'instruction publique dans notre pays.

Ce ne fut qu'en 1828, qu'il entra à la chambre des députés où l'envoya siéger le département du Tarn, dont il avait cependant traité la population avec si peu de courtoisie qu'il l'avait représentée sur sa carte comme l'une des plus arriérées qui fussent en France sous le rapport de l'instruction. L'institution démoralisatrice de la loterie eut les honneurs de ses premières attaques, et le budget de la marine lui fut, dès le début de sa carrière parlementaire, redevable de notables améliorations.

Il avait vu la chute de l'empire avec douleur; il vit la révolution de juillet avec joie. Il avait voté avec les 221 en 1830; le 10e arrondissement de Paris le nomma son représentant. Rapporteur, en 1831, de la loi sur la garde nationale, il le fut, en 1832, de la loi sur la garde nationale mobile ainsi que du projet de loi sur les céréales, qui fut si vivement et si longuement débattu. Le 10e arrondissement de Paris, dont il avait si bien justifié la confiance, l'investit d'un nouveau mandat aux élections de 1834. Il fit partie du *ministère des trois jours* (14 novembre), en qualité de ministre de la marine. Le lumineux rapport sur les caisses d'épargne par lequel il ouvrit la session de 1835 est resté dans le souvenir de tous les hommes qui se sont préoccupés de cette grave question d'intérêt public. L'Algérie et les colonies le comptèrent toujours au nombre de leurs plus chauds défenseurs. Enfin, jusqu'en 1837, il ne cessa d'être rapporteur du budget de la marine.

Le 4 octobre de cette année, il fut élevé à la dignité de pair de France, et le 13 décembre suivant, il remplaça M. Mauguin dans la présidence de la délégation coloniale. Dans la session de 1840, son rapport sur le projet de loi relatif au travail des enfants dans les manufactures, fut plus que remarqué; on l'admira comme un chef-d'œuvre de raisonnement et de démonstration pratique. En 1841, il vota contre les fortifications de Paris. La sensation que produisirent en 1846, ses mémoires, à l'occasion des précautions maritimes que semblait prendre l'Angleterre contre la possibilité d'une invasion française, fut assez vive et assez profonde pour qu'on s'en souvienne.

Après la révolution de février, le département de la Seine-Inférieure le nomma l'un de ses représentants à l'Assemblée constituante.

Le même département le renvoya à l'Assemblée législative. Dans l'une et l'autre de ces assemblées, il a fait partie de la majorité. La question de l'Algérie dont nul ne sent mieux que lui l'influence décisive sur les destinées économiques de la France, y a été l'objet de ses plus constantes préoccupations et de ses travaux assidus. C'est sur son rapport qu'a été votée, en janvier 1851, la loi des douanes qui consacre, avec le libre échange des produits de toute nature, l'assimilation économique de l'Algérie à la métropole.

Savant illustre, génie éminemment pratique, M. Charles Dupin apporte au sénat cette profonde expérience et ce dévouement sans bornes aux intérêts du pays qui ont signalé sa laborieuse carrière.

Nous avons oublié de dire que M. le baron Dupin a été tour à tour ou en même temps conseiller d'État, inspecteur général du génie maritime, membre du conseil d'amirauté, du conseil général d'agriculture, du conseil général de la Seine, président de la commission française du jury international à l'exposition de Londres; et qu'il fait partie de l'Institut au double titre de membre de l'Académie des sciences depuis 1818, et de membre de l'Académie des sciences morales et politiques depuis 1832.

Poissy. — Typographie Arbieu.

GÉRARD (ETIENNE-MAURICE, comte), maréchal de France, membre du sénat, naquit le 4 avril 1773, à Damvillers (Meuse) où son père exerçait la profession de notaire. Il commença ses études au collége de Metz et les termina au presbytère de Saint-Aignan, sous la direction d'un vénérable ecclésiastique, l'abbé Goujon, des bons soins duquel il a gardé un pieux et reconnaissant souvenir. Il avait dix-neuf ans lorsque parut le manifeste de Brunswick, qui sommait, sous les peines les plus terribles, au nom de l'empereur et du roi de Prusse, la révolution d'abdiquer entre les mains de l'infortuné Louis XVI ; et il fut l'un des premiers à courir à la frontière, ne se doutant pas sans doute alors qu'il portait dans son sac de volontaire le bâton du commandement. Soldat en 1792, sergent en 1793, il conquit l'épaulette de sous-lieutenant dans la première campagne de Belgique, sous Dumouriez. Après la défection de ce général, il passa dans l'armée de la *Moselle*, dite plus tard armée de *Sambre-et-Meuse*, et prit part, sous Carnot et Jourdan, aux batailles de Wattignies et de Fleurus. En 1794, au passage de la Roër, accompli par 40,000 Français sous le feu de 80,000 Autrichiens, il traverse cette rivière sous une pluie de mitraille avec quelques intrépides nageurs, et assure par ce coup d'audace la construction du pont. Nommé capitaine, il culbute l'ennemi à Kreutzbach, en 1795, à la tête d'une colonne d'attaque, et lui fait cent cinquante prisonniers. En 1796, à Teining, il exécute avec une rare intrépidité et un succès complet plusieurs charges qui facilitent le passage de la division Bernadotte à travers l'armée du prince Charles. Devenu, l'année suivante, aide de camp de Bernadotte, qui avait reconnu en lui une vive et profonde intelligence de la guerre unie à un bouillant courage, il fit avec lui la campagne d'Allemagne et celle d'Italie qui se termina par la paix de Léoben.

Il suivit Bernadotte à Vienne dans son ambassade; et la sédition soulevée contre le représentant de la France, lui fournit l'occasion de déployer autant de sang-froid que de bravoure.

Rentré en France avec son général, il fut nommé successivement chef d'escadron au 9e hussards, chef de brigade, adjudant-commandant, par décret impérial du 2 fructidor, et replacé en cette qualité comme aide de camp auprès de Bernadotte élevé à la dignité de maréchal d'empire.

A la bataille d'Austerlitz, il fut blessé à la cuisse d'un coup de mitraille, en chargeant à la tête du régiment dont il était colonel, les cuirassiers de la garde impériale russe qui avaient entamé un bataillon du 4e régiment de ligne. Le lendemain, l'empereur le nomma commandeur de la Légion d'honneur.

En 1806, pendant la campagne de Prusse, il se distingua aux combats de Lubeck et de Halle. Après la bataille d'Iéna, il avait attaqué à la tête du 4e chasseurs, la réserve de l'armée ennemie, l'avait mise en déroute et poursuivie jusqu'à quatre lieues du champ de bataille.

Elevé au grade de général de brigade par un décret impérial du 13 novembre 1806, en récompense de sa belle conduite dans cette campagne, il accompagna à Hambourg, après le traité de Tilsitt, en qualité de chef d'état-major, Bernadotte nommé gouverneur des villes Hanséatiques.

En 1809, dans la campagne de Wagram, il se signala en avant de Lintz, s'empara du village de Rarschdorff et reçut le titre de baron.

Quand Bernadotte, son ami, tombé dans la disgrâce de l'empereur, partit pour aller chercher une couronne sur les bords de la Baltique, il voulut emmener avec lui son brave chef d'état-major; mais Gérard refusa, par patriotisme, de suivre sa fortune et fut envoyé à l'armée d'Espagne, où, dans le commandement d'une brigade de la division Drouet-d'Erlon, il soutint son renom d'habileté et de courage, notamment à la bataille de Fuentes-de-Onoro.

Après un congé de six mois qu'il était venu passer à Paris, il franchissait, le 24 juin 1812, le Niémen, à Kouno, sous les yeux de l'empereur, à la tête d'une brigade de la 3e division du corps d'armée aux ordres du maréchal prince d'Eckmül. Cette 3e division, que commandait l'intrépide général Gudin et qui, la veille, avait enlevé à la baïonnette un des faubourgs de Smolensk, fut chargée d'emporter les hauteurs de Valontina où les Russes s'étaient portés en force pour nous barrer le chemin de Moscou. Elle avait traversé, sous le feu de cinquante pièces de canon, le ravin qu'il fallait passer pour aborder la hauteur où se tenait l'armée russe, et s'était formée en colonnes d'attaque, lorsque le général Gudin atteint d'un boulet qui lui fracassa les deux jambes, remit à Gérard le commandement. Foudroyées par l'artillerie, nos colonnes hésitent; mais Gérard les rallie, les exalte et les précipite au cri mille fois répété de : Vive l'empereur! sur les Russes qui, bien que de beaucoup supérieurs en nombre, sont obligés, après la plus opiniâtre et la plus sanglante résistance, de nous abandonner ce champ de bataille où, suivant la relation du chirurgien en chef Larrey, ils comptaient quatre morts contre nous un. La division Gudin, provisoirement laissée au commandement du général Gérard, acquit une gloire nouvelle à la bataille de la Moscowa, où, après avoir vaillamment aidé à déloger l'ennemi de Borodino, elle contribua par son élan et son inébranlable fermeté à enlever la grande batterie du centre de l'armée russe. Enfin, suivant le vœu exprimé à sa dernière heure par le général Gudin, qui avait dit à l'empereur en lui recommandant le héros de Valontina : « Je mourrai content, si je vois ma division en de si « bonnes mains, » Napoléon, dans une revue passée à Moscou, au Kremlin, confirma, après les paroles les plus flatteuses, Gérard dans le commandement de cette vaillante division.

Dans notre malheureuse retraite, commandant l'arrière-garde du 1er corps, détruite et recomposée sept fois de Moscou à Smorgoni, Gérard, toujours harcelé, toujours combattant, reçut l'ordre de l'empereur de s'arrêter à Orcha pour y rallier le maréchal Ney; et il s'acquitta de cette difficile mission avec la haute intelligence et le dévouement qu'on devait attendre d'un tel homme. Leur jonction opérée, Ney fut investi par Napoléon du commandement de l'arrière-garde, qu'il n'accepta qu'à la condition qu'on lui laisserait le général Gérard pour le seconder. L'histoire a enregistré l'épisode de Kowno où le *brave des braves* et son digne lieutenant furent obligés de faire le coup de fusil. Arrivé à Francfort-sur-l'Oder, Gérard, alors chargé par le prince Eugène du commandement en chef de l'arrière-garde, se trouva cerné par le corps d'armée du général Beckendorf en même temps qu'il était menacé par la population devenue hostile aux vaincus. Sommé d'évacuer la ville, il s'y refusa et s'y maintint trois jours, au bout desquels il opéra, dans le meilleur ordre, sa retraite sur l'Elbe.

Après s'être montré à la hauteur de sa réputation qui grandissait de jour en jour, à Bamberg, à Berlin, à Torgau où il rejoignit le maréchal Macdonald, Gérard alla conquérir de nouveaux titres de gloire sur les champs de bataille de Bautzen et de Goldberg.

A Bautzen, où il commandait une division du 11e corps, il reçoit du duc de Tarente, qui jugeait sa position compromise, l'ordre de se retirer ; il pense qu'il doit, au contraire, se porter en avant, demande une brigade de renfort et arrache, en deux heures, la victoire des mains de l'ennemi qui croyait déjà la tenir.

Quelques jours après, il est grièvement blessé à la tête dans une affaire d'avant-garde et il est forcé de quitter momentanément l'armée.

« Le général Gérard, dit le duc Tarente dans son « rapport au major général, en date du 17 juin 1813, « est l'un des généraux qui manquent le plus dans « l'armée ; il possède des qualités et des talents « militaires qui doivent le faire classer parmi les « généraux auxquels l'empereur peut confier des « corps d'armée. Il est très au-dessus du simple « commandement d'une division. Il n'a même pas « besoin d'être dirigé; il volerait par ses propres « moyens ; un coup d'œil parfait, une parfaite con-« naissance de la chorographie ; jugeant bien de son « terrain, de la force et des positions de l'ennemi, des « dipositions à prendre et des mouvements à exécu-« ter; maître de lui, plein de sang-froid, de hardiesse « et de fermeté : c'est ainsi que j'ai vu agir ce géné-« ral ; intrépide lui-même, bravant le feu en don-« nant ses ordres avec le même calme que dans son « camp. C'est l'exacte vérité et c'est un général qui « peut aller très-loin, si le chemin de la gloire lui « est montré, et si la porte du commandement en « chef lui est ouverte. »

Oublié, malgré cet éclatant témoignage de Macdonald, dans le bulletin de la bataille de Bautzen, par l'empereur, toujours prévenu contre l'ancien ami de Bernadotte, Gérard offrit de prendre sa retraite; mais Napoléon, ramené par la réflexion à des sentiments plus justes, lui conféra le titre de comte de l'empire et le fit inviter à se rendre aussitôt qu'il serait rétabli, au quartier impérial de Dresde où il reçut l'accueil le plus distingué.

Replacé à la tête de sa division, après la rupture de l'armistice de Pleswitz, il fit au combat de Goldberg, sous Lauriston, ce qu'il avait fait à la bataille de Bautzen sous Macdonald. Au lieu de déférer à l'ordre qui lui était donné de battre en retraite, il chargea la division du prince de Mecklenbourg qu'il culbuta, décidant par ce coup de vigueur le succès de la journée.

L'empereur, tout à fait revenu de ses préventions, lui confia alors le 11e corps tout entier, à la tête duquel il fit la campagne de Saxe. Blessé à Faur, blessé à la première journée de Leipsick, il ne se signala pas moins à Hanau.

Ses blessures l'ayant forcé de rentrer en France, il y prit le commandement du 2e corps en remplacement du maréchal duc de Bellune.

Dans la merveilleuse campagne de France, Napoléon, à un lever des Tuileries, avait adressé à Gérard ce compliment si bien mérité, au moment de partir pour son quartier général de Châlons : « Général, « si j'avais bon nombre de gens comme vous, je « croirais mes pertes réparées, et me considérerais « comme au-dessus de mes affaires. » Gérard, à la tête du corps dit des *réserves* de Paris, conquit les éloges de l'armée entière par sa conduite à Dienville, où il se maintint malgré les attaques réitérées du général autrichien Giulay qui avait des forces quintuples des siennes et une formidable artillerie ; à Nangis, à Sainte-Pane-aux-Tertres, où il culbuta l'ennemi ; à Montereau, où il se couvrit de gloire avec le 2e corps dont Napoléon, mécontent de la mollesse du duc de Bellune, lui avait le jour même confié le commandement ; à Méry-sur-Seine, où il dispersa les cosaques de Platoff; à Dolencourt, dont il enleva le pont à la division Hardegg; à Bar-sur-Aube, où, avec le duc de Reggio, il contint pendant tout un jour les forces combinées du prince de Schwartzemberg et de Wittgenstein, pendant que Napoléon, avec le gros de l'armée, se portait sur Blücher : enfin à Troyes, où, placé à l'arrière-garde, il protégea le mouvement de Napoléon sur Nogent et sur Arcis.

Quelques jours après la bataille de Montereau, Napoléon avait fait écrire par son major général Berthier au maréchal Augereau dont l'inaction l'indignait : « Sa Majesté me charge de vous dire que le « corps du général Gérard, qui a fait de si belles « choses sous mes yeux, n'est composé que de cons- « crits à demi-nus. »

Quel éloge dans ces quelques lignes pour ces héroïques enfants de Paris et pour leur illustre chef !

Après l'abdication de Fontainebleau, Gérard fut chargé de faire rentrer la garnison française de Hambourg.

Inspecteur général d'infanterie en Alsace, il accourut à Paris après le 20 mars 1815, au reçu d'un message de l'empereur. Nommé pair de France et commandant en chef de l'armée de la Moselle, il partit de Metz le 10 juin ; passa la Sambre le 15, et attaqua le 16, le village de Ligny, qui, quatre fois pris et repris, fut enfin emporté malgré la résistance désespérée de Blucher mis en déroute avec une perte de 25,000 hommes, 40 pièces de canon et 8 drapeaux. Le 18, pendant que se livrait la bataille de Waterloo, où, si Grouchy l'eût écouté, notre désastre se fût changé en une éclatante victoire, marchant en avant, l'épée à la main, en murmurant dans sa douleur et son indignation ces mots que l'histoire a recueillis : « Quand un homme de cœur voit ce qui se passe ici et qu'il ne peut l'empêcher, il ne lui reste plus qu'à se faire tuer, » il vint se heurter à Wavres contre le corps du général Thielman avec la témérité du désespoir, et, dès les premières décharges, il tomba grièvement blessé d'une balle dans la poitrine.

Quand la capitulation de Paris eut été signée, il fut l'un des trois généraux qui reçurent mission du maréchal prince d'Eckmül de défendre, auprès des alliés, les intérêts de *l'armée de la Loire*, et qui, plus tard, portèrent aux Bourbons la soumission de cette fidèle et encore redoutable armée. Cette mission remplie, il s'exila volontairement à Bruxelles où il épousa la fille d'un héros de Valmy, le général Valence.

En 1817, il rentra en France et se retira à sa terre de Villers-Creil (Oise).

En 1822, appelé à la chambre des députés par l'un des colléges électoraux de Paris, il fit partie de cette minorité courageuse qui protesta contre l'expulsion de Manuel. Réélu par le même collége en 1823, et par les deux colléges de la Dordogne et de l'Oise en 1827, il s'associa, jusqu'en 1830, à tous les actes de l'opposition. Signataire de la protestation des députés contre les ordonnances de juillet, il fut l'un des membres de la commission envoyée le 28 au duc de Raguse, et le 29, il accepta le commandement des troupes de ligne, pendant que le commandement général des gardes nationales était déféré à Lafayette par la réunion Laffitte. Premier ministre de la guerre de la Révolution, il conserva son portefeuille jusqu'au 17 novembre où, pour cause de santé, il le céda au maréchal duc de Dalmatie. Une ordonnance royale, en date du 17 août, l'avait élevé à la dignité de maréchal de France. Aux élections de 1831, les électeurs de l'Oise lui conférèrent un nouveau mandat. Quelques jours après, nommé commandant en chef de l'armée du Nord, il passa la frontière et se porta rapidement à la rencontre de l'armée hollandaise, qui, victorieuse à Louvain, était en marche sur Bruxelles; et il la força, sans brûler une amorce, d'évacuer la Belgique, que l'armée française évacua à son tour.

Sur le refus du roi de Hollande, encouragé sous main par la Russie, la Prusse et l'Autriche, de rendre aux Belges la citadelle d'Anvers où il avait une garnison nombreuse, bien commandée, abondamment pourvue de munitions et de vivres, le maréchal Gérard repassa avec les ducs d'Orléans et de Nemours, la frontière, le 16 novembre 1832, et ouvrit la tranchée le 30, à deux heures du matin, devant la place qu'il amena à capitulation, le 24 décembre, après une furieuse canonnade de dix-neuf jours. Le 1er janvier 1833, il rendit aux Belges la citadelle remise entre ses mains, et revint tranquillement reprendre à la chambre des pairs le fauteuil qu'il y occupait depuis le 11 novembre précédent.

Le 18 juillet 1834, il rentra au ministère de la guerre avec le titre de président du conseil, et en sortit le 29 octobre de la même année, après avoir, dans ce court intervalle, opéré plusieurs réformes utiles dans l'administration de son département.

En 1835, il remplaça, comme grand chancelier de la Légion d'honneur, le maréchal duc de Trévise, victime de l'attentat de Fieschi; et en 1838, le maréchal Lobau, comme commandant supérieur des gardes nationales de la Seine. Forcé par l'altération toujours croissante de sa santé de renoncer, en 1842, à ces éminentes et difficiles fonctions dans lesquelles il avait si bien su, par l'aménité de son caractère, par sa fermeté et sa modération, se concilier toutes les sympathies publiques, il fut replacé par le roi à la tête de la Légion d'honneur dont il était l'un des hauts dignitaires les plus anciens, sa nomination de grand'croix remontant à 1814.

Il est resté grand chancelier de l'ordre jusque en 1849. Depuis cette époque l'illustre vieillard, devenu presqu'aveugle, et cruellement éprouvé dans ces derniers temps, par les pertes successives d'un fils, d'une fille et d'un gendre, s'est tout à fait retiré dans le sanctuaire de la vie de famille dont il préfère les douces joies à toutes les jouissances du pouvoir.

BAROCHE (Pierre-Jules), vice-président du conseil d'État, naquit à Paris, rue Montmartre, en 1802. Après avoir terminé avec succès ses études au collége Sainte-Barbe, il suivit les cours de la Faculté de droit, et fut admis, en 1823, comme stagiaire, au barreau de Paris. Plein de ce courage que donne l'horreur de l'obscurité, et animé de cette foi robuste en sa destinée, qui fait la force de tous les hommes d'avenir, le jeune avocat ne se laissa pas rebuter par les nombreux obstacles dont sont hérissés, pour les débutants sans fortune et sans appui, les abords de la carrière qu'il avait choisie. Assidu à suivre les conférences, consacrant à l'étude tous les loisirs que lui laissaient ses travaux et ses plaidoiries, il sut, tout d'abord, par l'affabilité de son caractère et la droiture de son cœur, se concilier l'affection de ses confrères, en même temps que son intégrité, le soin consciencieux avec lequel il étudiait, la ferveur d'honnête homme avec laquelle il défendait les causes qui lui étaient confiées, lui méritaient au palais la considération générale. Il avait déjà un pied sur la voie qui mène à la renommée, lorsqu'il eut le bonheur de rencontrer dans le monde une jeune fille aussi distinguée par les qualités de l'esprit que par celles du cœur, dont le père avait acquis dans le commerce une fortune considérable, et la joie vivement ressentie de la voir, peu de temps après, agréer la demande qu'il fit de sa main. Désormais libre de toute fâcheuse préoccupation, l'heureux époux de mademoiselle Letellier put alors s'abandonner, sans réserve, à sa passion pour l'étude, et, dédaignant les causes qui, profitables à son épargne, n'eussent rien ajouté à son renom d'avocat, il se plongea tout entier dans les labeurs absorbants du cabinet. Son élection comme membre du conseil de l'ordre fut le premier fruit de la position de fortune indépendante qu'il venait de conquérir. Il ne lui manquait plus qu'une occasion pour mettre dans tout leur jour les précieuses qualités qu'il tenait du travail et de la nature, c'est-à-dire une vaste érudition de jurisconsulte, une remarquable rectitude de jugement, une dialectique serrée et puissante, une parole trop peu colorée peut-être, mais claire, facile, abondante, toujours élevée et d'une louable élégance.

Le procès de coalition, intenté aux messageries, lui fournit cette occasion qu'il désirait, mais au-devant de laquelle toutefois il ne courait pas, sûr qu'il était qu'elle viendrait, ou plus tôt ou plus tard, le chercher dans sa studieuse retraite. La lutte aussi brillante qu'animée qu'il soutint dans cette grave affaire contre le talent éprouvé de M. Chaix-d'Est-Ange, le classa, à un rang très-honorable, parmi les sommités du barreau. Un autre procès qui, à quelques années de là, eut dans le pays un douloureux retentissement, acheva de dégager son étoile des quelques légers nuages qui la voilaient encore. Nous voulons parler du procès qu'eut à subir, en 1847, devant la cour des pairs, le général Cubières, ce vieux soldat un moment égaré dans le labyrinthe tortueux des affaires par l'Ariane perfide de la corruption. Dès l'année précédente, les suffrages de ses confrères l'avaient nommé bâtonnier de l'ordre à une grande majorité.

Élu député, en 1847, par l'arrondissement de Rochefort, en remplacement du colonel Dumas, démissionnaire, le département de la Charente le choisit de nouveau pour l'un de ses représentants à l'Assemblée constituante et renouvela son mandat à l'élection générale du 13 mai. Son attitude modérée et courageuse dans la première de ces assemblées, fixa sur lui l'attention de l'élu du 10 décembre qui le nomma procureur général près la cour d'appel de Paris. Il eut bientôt à inaugurer ses hautes fonctions devant le jury national de Bourges. L'année suivante, il porta au même titre, avec le même talent et la même fermeté, la parole devant la haute cour de Versailles. Après l'élection des trois candidats socialistes de Paris au mois de mars 1850, élection qui fit comprendre au gouvernement la nécessité d'une politique plus ferme et plus tranchée, Louis-Napoléon dont il avait et méritait toute la confiance, l'appela à recueillir, comme ministre de l'intérieur, l'héritage de M. Ferdinand Barrot qui se retirait. Ce choix fut accueilli avec une faveur marquée par tous les amis de l'ordre. La révision de la loi électorale et celle des lois qui régissaient la presse, la fermeture des clubs, la dissolution des sociétés secrètes, signalèrent le passage au pouvoir du nouveau ministre. Le vote de l'Assemblée à la suite du scandaleux débat que provoqua la destitution du général Changarnier, le força de se retirer avec tous ses collègues, le 19 janvier 1851 ; mais le 10 avril, Louis-Napoléon le rappela dans son conseil où il prit le portefeuille des affaires étrangères qu'il a remis, le 26 octobre dernier, à M. le marquis de Turgot.

Vice-président de la commission consultative après le coup d'État du 2 décembre, M. Baroche a été, en récompense des services qu'il a rendus au pays, comme représentant, comme procureur-général, comme ministre, élevé par Louis-Napoléon à la dignité de vice-président du conseil d'État et de grand officier de la Légion d'honneur.

THIERRY (Augustin, membre de l'Institut, officier de la Légion d'honneur, etc., etc.), né à Blois, le 20 mai 1795, fit de brillantes études au collége de sa ville natale. Élève de l'école normale en 1811, il fut, en 1813, envoyé comme professeur dans un lycée de province. L'invasion de 1814 le ramena à Paris. Il n'avait encore de prédilection bien marquée pour aucune branche de la science, et il a pris soin lui-même de nous apprendre quel était, à cette époque, le vague de ses idées en politique :

« A la haine du despotisme militaire, fruit de la réaction des esprits contre le régime impérial, dit-il dans la préface de ses *Dix ans d'études historiques*, se joignaient en moi une profonde aversion des tyrannies révolutionnaires, et, sans aucun parti pris pour une forme quelconque de gouvernement, un certain dégoût pour les institutions anglaises, dont nous n'avions alors qu'une odieuse et ridicule singerie... »

« Étouffant dans l'Université, qui eut sa large part dans les *épurations* auxquelles furent soumis par le pouvoir nouveau tous les services publics, il n'attendit pas que l'ostracisme, dont tant de ses collègues furent victimes, vînt le frapper dans sa chaire de professeur ; il donna sa démission et s'attacha en qualité de secrétaire et de disciple à Saint-Simon, alors ignoré et si célèbre depuis qu'on a essayé d'en faire un dieu. Plusieurs brochures ayant trait à des questions sociales, industrielles ou politiques, furent le résultat de cette association. Mais tout ce qu'il y a de net, de précis, d'indépendant dans l'esprit de M. Augustin Thierry ne pouvait s'accommoder longtemps des idées trop souvent nébuleuses et du despotisme d'un maître qui demandait avant tout à ses disciples une foi aveugle dans son infaillibilité. Aussi, en 1817, changeant de route par amour de la liberté et par horreur des ténèbres, et se sentant, d'ailleurs, assez fort pour voler de ses propres ailes, il prit congé de l'absolu et nuageux Saint-Simon, pour aller frapper à la porte de MM. Comte et Dunoyer, qui furent heureux de l'admettre au nombre des rédacteurs du *Censeur Européen*, la plus grave et la plus élevée des feuilles libérales du temps.

« A part quelques grands noms, Bossuet, Voltaire, Montesquieu, l'histoire était restée en France bien au-dessous des autres productions de l'esprit. Nous avions de savants mémoires, de précieuses collections, d'aventureux systèmes, peu d'œuvres originales d'une raison impartiale et profonde, peu de narrations qui réunissent l'intérêt et la vérité. Les historiens étaient généralement des hommes de cabinet, qui n'avaient jamais vu ni manié les affaires. Ils n'avaient pas, d'ailleurs, pour comprendre les événements du passé, le terrible commentaire des révolutions, qui seul nous a rendu l'histoire nécessaire et possible. La plupart, comme Vertot et Saint-Réal, ne voyaient dans les faits qu'une matière d'amplification qu'il s'agissait de revêtir des ornements du style. L'histoire nationale surtout était profondément ignorée. Une rhétorique menteuse avait jeté sur ce qu'elle appelait *les quatorze siècles de la monarchie*, le voile d'une monotone élégance. Tous nos rois étaient des Louis XIV ; tous nos capitaines de gracieux courtisans. Velly avait porté à un point ridicule ce travestissement des mœurs et des époques. Avant lui, Mézeray, plus mâle dans la pensée et dans l'expression, avouait lui-même qu'il ne s'était pas donné la peine de remonter aux sources. Daniel, qui les connaissait, n'y avait pas toujours voulu puiser la vérité ; et Anquetil, dans sa froide et plate narration, avait réussi à faire de la lecture de notre histoire l'objet d'un insurmontable ennui. » (Demogeot, *Histoire de la Littérature française.*)

La thèse soutenue un siècle auparavant par le comte de Boulainvilliers, qui, abusant du fait de conquête, partageait la population française en Franks et en Gaulois, en vainqueurs et en vaincus, venait d'être reprise avec une grande puissance de paradoxe et une nerveuse éloquence de style par le comte de Montlosier, qui s'écriait audacieusement en face de la France nouvelle : « Race d'affranchis, « race d'esclaves arrachés de nos mains, peuple « tributaire, peuple nouveau, licence vous fut oc- « troyée d'être libres, mais non pas à vous d'être « nobles ; pour nous tout est de droit, pour vous « tout est de grâce. » L'abbé Dubois avait répondu à M. de Boulainvilliers par un très-savant livre dans lequel il s'était attaché à démontrer qu'il n'y avait pas eu de conquête ; plus fier, sans être plus vrai, M. Augustin Thierry, en répondant à M. de Montlosier, « accepta sa division imaginaire de la France de 1815 en Gaulois et en Franks, et combattant la menace avec la menace, le paradoxe avec le paradoxe, » il s'écria à son tour : « Nous croyons être « une nation et nous sommes deux nations sur « la même terre, deux nations ennemies dans « leurs souvenirs, irréconciliables dans leurs pro- « jets... Le génie de la conquête s'est joué de « la nature et du temps, il plane encore sur cette « terre malheureuse. C'est par lui que les dis- « tinctions des castes ont succédé à celles du sang, « celles des ordres à celles des castes, celles des « titres à celles des ordres. » Une fois le fait de la conquête ainsi admis avec toutes ses conséquences fatales, comme permanent pour la France, dans son ardeur juvénile et dans son enthousiasme de plébéien, il entreprit de le suivre en tous pays, afin de revendiquer en tous pays le droit en faveur des vaincus. Dans cette généreuse pensée, il débuta par une rapide esquisse des révolutions d'Angleterre, depuis la bataille de Hastings jusqu'à la sanglante tragédie de Witealh.

Du *Censeur Européen*, tué par la censure, il passa à la rédaction du *Courrier Français* et y inséra, de 1820 à 1821, une série de *Lettres* où il exposa son plan de réforme dans la manière d'étudier et d'écrire l'histoire.

Les exigences de la polémique du jour lui ayant bientôt fermé cette nouvelle tribune, il prit une résolution héroïque, « il se séquestra tout à coup du monde et des journaux, se plongea dans l'étude opiniâtre des faits, compulsa, analysa, compara, épuisa les livres et les textes ; » et, après cinq années de travaux assidus, acharnés, dévorants, il sortit de sa studieuse solitude avec l'un des livres qui honorent le plus notre époque, sa savante et magnifique *Histoire de la conquête de l'Angleterre par les Normands*, dont la première édition parut au printemps de 1825.

Le succès de cette œuvre, conçue avec tant d'amour, fut immense, on se le rappelle ; mais de quel prix, hélas ! son illustre auteur ne devait-il point payer sa gloire ! Ses yeux s'étaient perdus au travail, et ses forces étaient épuisées. Un voyage en Suisse et en Provence raffermit un peu sa santé, mais lorsqu'il revint à Paris, en 1826, il était presque aveugle. Il se remit néanmoins au travail avec l'aide d'un jeune homme, obscur encore, mais destiné à un grand avenir, Armand Carrel, dont il fit son secrétaire et bientôt son ami. Un moment, il forma avec M. Miguet, le projet de rédiger en commun une grande histoire nationale ; mais reconnu irréalisable après quelques essais, ce projet fut abandonné. En 1827, il publia ses *Lettres sur l'histoire de France*, dont la seconde édition parut l'année suivante, entièrement refondue et remaniée. En 1830, l'Académie des inscriptions et belles-lettres l'appela dans son sein. Une maladie nerveuse de la nature la plus grave le força, peu après, de quitter Paris qu'il ne revit qu'au bout de six ans passés, soit à Vesoul, auprès de son frère Amédée, auteur de la belle *Histoire des Gaulois*, et alors préfet de la Haute-Saône, soit aux eaux de Luxeuil. C'est à Luxeuil qu'il a épousé, en 1831, mademoiselle Julie de Quérangal, sa fidèle et noble compagne, son ange gardien, qui joint à d'exquises qualités de cœur un remarquable talent d'écrivain, comme l'ont prouvé ses deux romans : *Philippe de Morvelle* et *Adélaïde, ou mémoires d'une jeune fille*. C'est là aussi, dans les intervalles de repos que lui laissait la douleur, qu'après avoir revu définitivement son *Histoire de la conquête de l'Angleterre*, il s'est occupé de réunir les plus intéressants et les mieux réussis des travaux de sa jeunesse, qui ont paru, en 1834, sous le titre de *Dix ans d'études historiques*. De cette époque date encore la publication dans la *Revue des Deux-Mondes*, d'une série de *Lettres*, vivante peinture de la vie civile, religieuse et politique en France au VIe siècle. Rassemblées plus tard en deux volumes sous le titre de *Récits des temps mérovingiens*, ces *Lettres*, que tout le monde a lues et relues, que tout le monde a admirées, ont valu à M. Augustin Thierry le prix annuel de *dix mille francs* fondé par le baron Gobert et décerné par l'Académie française.

A la fin de 1835, M. Guizot, alors ministre, voulant, au moyen de recherches faites dans les archives de toutes les villes et communes de France, réunir tous les matériaux relatifs à l'histoire du tiers état, de manière à former un recueil qui rivalisât avec les grandes collections bénédictines consacrées au clergé et à la noblesse, le rappela à Paris pour lui confier la surveillance et la direction de cette utile et immense entreprise.

M. Augustin Thierry est, après M. Guizot, l'homme de France qui, de notre temps, a le plus contribué au progrès des études historiques. C'est lui qui nous a appris à connaître ce qu'on appelle la France sous les rois mérovingiens; c'est lui qui nous a appris ce que nous devions penser du *prétendu* affranchissement des communes sous Louis le Gros; c'est lui qui, en s'efforçant de restituer leur véritable orthographe aux noms propres sous les deux premières races, est parvenu à fixer l'époque où s'est opérée la métamorphose des Franks en Français. Toutefois, si vive que soit notre admiration pour son génie, nous ne cacherons pas que quelques-unes de ses vues ont été discutées et le sont encore. Ainsi, M. de Chateaubriand a nié l'invasion du royaume de Neustrie par les Franks d'Austrasie, invasion qui, selon M. Augustin Thierry, aurait porté sur le pavois la race Karolingienne. Peut-être aussi n'est-ce pas sans quelque raison qu'on lui a reproché d'avoir, dans certaines parties de sa belle *Histoire de la conquête de l'Angleterre*, trop sacrifié à son idée favorite de l'antagonisme des races; et d'avoir, dans sa manière d'envisager les deux éléments principaux qui ont servi à la formation de la nationalité française, l'élément germanique et l'élément romain, poussé trop loin ce qu'il appelle la réaction en faveur de l'élément vaincu.

Quoi qu'il en soit, M. Augustin Thierry a laissé dans nos annales une trace glorieuse que rien n'effacera plus. A l'érudition d'un bénédictin, il unit le style d'un poëte. Il a essayé, non sans bonheur, de fondre dans sa manière l'école *philosophique* qui a pour chef M. Guizot, et l'école *descriptive*, dont l'auteur de l'*Histoire des ducs de Bourgogne*, M. de Barante, est le plus illustre représentant. Ses excellentes *Lettres sur l'histoire de France* renferment une partie critique et une partie narrative. Rédigée dans le système de l'école descriptive, son *Histoire de la conquête d'Angleterre* présente cet avantage que, contrairement à M. de Barante, l'auteur ne s'abstient pas de manifester son opinion personnelle sur les événements qu'il raconte, en ayant soin de donner à ses réflexions une forme dramatique qui n'interrompt pas le récit. « Je me suis tenu, dit-il dans son *Introduction*, aussi près qu'il m'a été possible du langage des anciens historiens, soit contemporains des faits, soit voisins de l'époque où ils ont eu lieu... Lorsque j'ai été obligé de suppléer à leur insuffisance par des vues plus générales, j'ai cherché à les autoriser en reproduisant les traits généraux qui m'y avaient conduit par induction. »

M. Augustin Thierry a été, depuis bien longtemps déjà, pour nous servir d'une de ses expressions, obligé de *faire amitié avec les ténèbres*. Aveugle, il est, de plus, paralysé de la moitié du corps. La souffrance n'a même pas laissé à sa main mutilée la faculté de tenir une plume; mais, ainsi que son intelligence, son âme est sortie victorieuse de cette terrible épreuve. Ne l'entendez-vous pas s'écrier : « Si j'avais à recommencer ma route, je prendrais celle qui m'a conduit où je suis. Aveugle et souffrant, sans espoir et presque sans relâche, je puis rendre ce témoignage qui, de ma part, ne sera pas suspect : Il y a au monde quelque chose qui vaut mieux que les jouissances matérielles, mieux que la fortune, mieux que la santé elle-même : c'est le dévouement à la science. » (*Dix ans d'études historiques, Préface.*)

L'histoire a trouvé son Homère.

LACORDAIRE (HENRI-DOMINIQUE), est né en mai 1802, au bourg de Recey-sur-Ource (Côte-d'Or) à cinq lieues de Châtillon-sur-Seine. Son père, homme de bien et de mérite, était venu exercer dans ce bourg sa profession de médecin, après avoir fait, sous le général de Rochambeau, une campagne dans la guerre d'Amérique. Sa mère était fille d'un greffier au parlement de Bourgogne. Il fut élevé, de 1810 à 1819, au lycée de Dijon, cette patrie de Bossuet, sans songer qu'un jour il briguerait son rang dans la descendance de ce prince des orateurs chrétiens. En rhétorique, il se sentit pris d'une vive passion pour le théâtre, et, selon l'usage, il mit sur le chantier une tragédie. Quel en était le titre? Nul ne le sait... excepté sans doute l'Agamemnon, aujourd'hui professeur de droit, qui lui donnait la réplique, lorsque, vêtu en fantassin de ligne, il représentait, le plus sérieusement du monde, Achille dans *Iphigénie*. L'entrée des alliés à Paris lui fit au cœur une profonde et douloureuse blessure. La fibre patriotique était déjà chez lui très-sensible.

Le moment venu de choisir une carrière, il se décida pour le barreau. Il suivit les cours de la Faculté de droit de Dijon, sans rompre tout commerce avec les muses. Ses vers, dont quelques-uns, fort plaisants, dit-on, coururent la ville, lui firent une réputation de joyeux compagnon et d'homme d'esprit, en même temps que, par cette facilité et cette richesse de parole, qui sont chez lui un don de nature, il commença à se distinguer dans des conférences qu'avaient établies entre eux les étudiants et de jeunes avocats. Nous ne savons *si son astre en naissant l'avait formé poëte*; mais, à coup sûr, il était né orateur.

Son droit fini, il vint faire à Paris son stage, vers 1822. Paris en effet était le seul théâtre qui fût digne de son ambition et de ses talents. Ce n'est que sur cette scène si éclairée et si vaste que le jeune aiglon pouvait déployer ses ailes.

Quelques causes brillamment plaidées et gagnées le mirent sur un bon pied dans l'estime de ses confrères et au palais. Il n'avait qu'à vouloir pour arriver comme beaucoup d'autres, — plus vite que beaucoup d'autres, — à la fortune, à la renommée. Mais le terrain sur lequel il marchait d'un pas cependant si rapide et si ferme, manquait à la fois pour son imagination et de ces perspectives qui étonnent, et de ces charmes qui délassent, et de ces obstacles qui exaltent.

Il fallait à son génie, qui aspirait vers les hauteurs, un chemin moins monotone, moins bas, moins battu et des horizons plus variés et plus larges. Il était atteint du mal de la jeunesse d'alors; l'incurable et vague mélancolie de René et de Lara avait déteint sur son âme. *Il était rassasié de tout sans avoir rien connu.* Comme il l'a remarqué lui-même : « à « vingt-cinq ans, une âme généreuse ne cherche « qu'à donner sa vie. Elle ne demande au ciel et à « la terre qu'une grande cause à servir par un grand « dévouement; l'amour y surabonde avec la force. » Déiste à ce moment de sa vie, mais non sceptique et indifférent, car, ainsi que l'a judicieusement fait observer l'un des maîtres de la critique de ce temps, M. Sainte-Beuve, *il est de cette race d'esprits droits, fermes et décidés, d'esprits faits pour conclure, qui, en toutes choses, tendent au résultat*, rien de ce qui l'entourait ne le remplissait. Sa vie, au dehors, si calme en apparence et si sereine, était, au dedans, un combat sans fin, un incessant orage. Le feu couvait sous la cendre; le volcan bouillonnait sous la lave brûlante mais sans flamme encore. A travers toutes les douleurs, toutes les angoisses d'une âme jeune et ardente dont l'énergie, sans cesse refoulée, s'épuise et se consume faute d'issue pour s'épandre, il était, pleurant et rêvant, en quête de sa voie, et il ne la trouvait pas. Enfin, vers 1824, par une illumination d'en haut, l'*eureca* sauveur, l'*eureca* d'Archimède jaillit de son cerveau embrasé et de ses lèvres, au milieu d'un torrent de larmes, les plus douces qu'il ait jamais versées; Dieu avait parlé; et ses amis, sa famille apprirent tout à coup qu'il était entré à Saint-Sulpice.

Cette grande et brusque révolution, qui l'avait produite en lui? Ce raisonnement : « La société est né« cessaire; de plus le christianisme est nécessaire à « la société; il est seul propre à la maintenir, à la « perfectionner : donc le christianisme est vrai, non « pas d'une vérité politique et relative, comme l'ad« mettent bien des gens, mais d'une vérité supé« rieure et divine : toute autre vérité secondaire se« rait un compromis et une sorte de malentendu « indigne et de la confiance de l'homme et de la « franchise de Dieu. » Ce fut ainsi son esprit qui fit le premier pas vers Dieu; l'élan de son cœur devait faire le reste.

Sa devise à Saint-Sulpice fut ce qu'elle est toujours restée depuis : *Dieu et la liberté*. Après la révolution de juillet, il prit, sous la bannière de M. de Lamennais, en société de M. de Montalembert, de Mgr Sibour, etc., etc., une part active à la rédaction du journal l'*Avenir*, et, dans cette œuvre trop tôt interrompue, il s'efforça, non sans succès, d'établir une vérité qui, pour être incontestable, n'en était pas moins peu comprise de la jeunesse à cette époque : c'est que *l'adhésion à un symbole religieux, n'entraîne pas nécessairement l'adhésion à une forme politique*, enfin qu'*on pouvait être fidèle à Jésus-Christ, sans être inféodé au trône déchu, ce trône fût-il celui des descendants de saint Louis*. Partisan déclaré de l'entière liberté d'enseignement, il ouvrit en 1831, avec MM. de Montalembert et de Coux, une école gratuite qu'un commissaire de police vint fermer après deux jours d'exercice. Les trois *maîtres d'école* furent traduits en police correctionnelle; mais ce fut devant la haute cour qu'ils comparurent, M. de Montalembert s'étant, par le fait de la mort de son père, tout à coup trouvé investi des prérogatives de la pairie. M. le procureur général Persil soutint l'accusation; l'abbé Lacordaire lui répliqua par une discussion pleine de nerf et d'éclat, dans laquelle se retrouvait l'avocat, mais l'avocat déjà armé du glaive du lévite. Une légère amende fut la seule punition des trois *coupables*.

En 1834, il prêcha au collége Stanislas des conférences qui, par l'originalité et le brillant de la forme, autant que par la nouveauté et la hardiesse des aperçus, surprirent et charmèrent la jeunesse, et dont l'autorité universitaire s'effraya.

En 1835, Mgr de Quélen lui ouvrit la chaire de Notre-Dame; et pendant les deux années qu'il y fit entendre la parole de vérité, il sut conquérir sur l'auditoire de jeunes gens qui se pressaient à ses pieds, une autorité de faveur et de sympathie à laquelle n'a pu atteindre aucun des prédicateurs de ce temps.

En 1837, par une brusque détermination qui étonna douloureusement ses amis, même les plus religieux, il quitta cette position où son éloquence faisait merveille pour se rendre à Rome. « Ma parole « est utile, s'était-il dit, car il s'était vite convaincu de « sa puissance d'action sur son public; pourquoi ne « serait-elle pas perpétuelle? Mais pour cela il faut « un corps, un ordre; or, cet ordre est tout trouvé, « il existe; il ne s'agit que de le ressusciter en « France. » Ce qu'il allait faire à Rome, d'abord on l'ignorait, mais quand on sut qu'il était parti pour s'y préparer à prendre la robe blanche du dominicain, ce ne fut qu'un cri. « Quoi! disait-on, choisir pour patron celui à qui l'on prête l'établissement de l'inquisition et la croisade des Albigeois! Quelle folie! C'était faire en effet un acte très-périlleux au point de vue de la prudence humaine; et il n'était pas le dernier à le reconnaître, car, d'après son propre aveu, jamais il ne fit un plus grand acte de foi.

Quoi qu'il en soit, cet acte de foi ne devait lui laisser aucun repentir. Quand il reparut, le 14 février 1841, dans la chaire de Notre-Dame, il y retrouva les mêmes sympathies, des sympathies plus ardentes encore, s'il est possible, parce qu'outre son penchant pour l'extraordinaire, la jeunesse est comme la fortune qui se range volontiers du parti de l'audace. *Audaces fortuna juvat.*

Avant de se représenter, sous sa robe blanche de Dominicain, devant cet auditoire d'élite dont il avait, deux années durant, tenu l'oreille et le cœur suspendus à ses lèvres éloquentes, l'abbé Lacordaire s'était, poursuivant son but, activement occupé de déblayer et d'éclairer le terrain sur lequel il voulait construire son édifice. Il avait fait un *mémoire* dont le premier mot était : *a mon pays*, pour le rétablissement en France de l'ordre des frères-prêcheurs, et publié une vie de *saint Dominique* qui, discutable historiquement, se distingue par un sentiment profond, par une vive intelligence du moyen âge. Pendant son éloignement de Paris, il était allé aussi essayer à Metz l'effet de sa robe monacale et celui beaucoup moins douteux de ses prédications; et cordialement accueilli par la jeunesse de cette patriotique et guerrière cité, il l'avait enflammée du feu de sa parole.

Le suffrage universel qui rouvrit toutes grandes au clergé les portes de l'arène politique d'où la révolution de 1830 l'avait exclu, envoya l'abbé Lacordaire siéger sur les bancs de l'Assemblée constituante, en qualité de représentant de nous ne savons plus quel département. Mais, après l'invasion du 15 mai, comprenant que dans cette assemblée fatalement ramenée par cet audacieux attentat dans les voies de la défense sociale méthodique, il ne pouvait exister d'écho pour une parole religieuse, de place pour une politique d'avenir, l'illustre Dominicain donna sa démission afin de rentrer dans son indépendance. Il a depuis repris ses conférences; et ce n'est pas sans plaisir qu'on l'a vu, il y a quelque temps, descendre des hautes cimes où s'était, jusque-là, tenue son éloquence pour aborder l'homélie et le *prône* dont il s'est chargé à la petite église des Carmes.

L'oraison funèbre qui, plus que toute autre branche de l'art oratoire, se prête aux grands mouvements de l'éloquence, ne pouvait manquer de tenter le génie de l'abbé Lacordaire. Les trois excursions qu'il a faites dans ce genre, dont les palmes sublimes sont à la portée de si peu d'ambitions, ont été couronnées d'un éclatant succès. Si, dans l'oraison funèbre d'O'Connel il n'a pas su toujours éviter l'écueil de la déclamation, ce vice de notre temps; si dans celle de l'évêque de Nancy, Forbin-Janson, il n'a été que simple, vrai, touchant; il s'est placé à côté de Fléchier et presqu'à la hauteur de l'incomparable Bossuet lui-même, par les belles pages mouillées de douces larmes et toutes vibrantes de patriotisme, que lui a inspirées le général Drouot, ce lieutenant fidèle, ce fervent chrétien, que Napoléon appelait *le sage de la grande armée*.

Parmi les orateurs de la chaire, qui n'est pas sans avoir refleuri de nos jours, dit M. Sainte-Beuve que nous allons laisser parler, « il n'en est aucun qui,

« par la hardiesse des vues et l'essor des idées, par « la nouveauté et souvent le bonheur de l'expres- « sion, par la vivacité et l'imprévu des mouvements, « par l'éclat et l'ardeur de la parole, par l'imagina- « tion et même la poésie qui s'y mêlent, puisse se « comparer au Père Lacordaire. »

Et plus loin :

« Il enlève, il étonne, il conquiert, ou du moins « il porte des coups dont on se souvient. Il a du « clairon dans la voix, et l'éclair du glaive brille dans « sa parole. Il possède l'éloquence militante appro- « priée à des générations qui ont eu Chateaubriant « pour catéchiste et qu'a évangélisées Jocelyn après « René. »

L'abbé Lacordaire a réussi dans sa difficile entreprise. L'ordre des Frères-Prêcheurs est, grâce à ses pieux efforts, rétabli en France. Nous n'avons pas besoin d'ajouter qu'il en est le supérieur.

ARAGO (François-Dominique), directeur de l'Observatoire et du bureau des longitudes, secrétaire perpétuel de l'Académie des sciences (section des sciences physiques) membre du conseil supérieur de l'École polytechnique, ancien membre du gouvernement provisoire et de la commission exécutive, est né, le 26 février 1786, dans la petite ville d'Estagel, arrondissement de Perpignan (Pyrénées-Orientales). Un biographe a sérieusement avancé, — et ce biograghe a trouvé des échos, — qu'à l'âge de 14 ans, M. Arago ne savait pas lire : nous pouvons affirmer, nous, de source certaine, que non seulement il savait parfaitement lire et écrire, mais encore qu'il était l'un des élèves les plus distingués du collége de Perpignan. Son père, payeur à l'hôtel des monnaies de cette ville, l'envoya compléter ses études à Montpellier. Le jeune François, qui, l'aîné d'une nombreuse famille, en devait être bientôt le patron et le chef, travailla avec tant de persévérance et de succès qu'en 1804, après des examens dont il fut parlé, il vit s'ouvrir à deux battants pour lui les portes de l'École polytechnique où il venait d'être reçu le premier de sa promotion. Les illustres professeurs de cette savante École, sortie toute rayonnante des fécondes entrailles du chaos révolutionnaire, les Laplace, les Lagrange, les Monge, furent tellement frappés de l'étendue de son savoir, de la supériorité de son intelligence, disons plus, de la précocité de son génie, que, par une exception jusque-là sans précédent et depuis sans exemple, ils l'admirent plusieurs fois à l'honneur de les suppléer dans leurs cours. Sorti le premier de l'École en 1806, il dut à l'éclat de son mérite et aux honorables sympathies de ses maîtres, qui, dans leur élève de la veille, avaient deviné leur rival du lendemain, d'être choisi par le ministre de l'intérieur comme secrétaire du bureau des longitudes; et peu de temps après, il fut adjoint à M. Biot pour continuer avec deux commissaires espagnols, MM. Chaix et Rodriguez, la grande opération géodésique commencée par Delambre et Méchain, pour mesurer, entre Dunkerque et Barcelonne, l'arc du méridien qui a servi de base au nouveau système métrique. Mais l'entrée des armées françaises en Espagne vint malheureusement l'interrompre au milieu des calculs absorbants de ce difficile et beau travail, qu'il avait entrepris avec cette vaillance d'esprit que donne la jeunesse, et ce dévoûment sans bornes à la science dont se montrent animés, à leurs débuts surtout, tous les hommes qui en ont le feu sacré dans le cœur, qui en auront la glorieuse auréole au front dans l'avenir. Cette guerre d'Espagne, la plus grande erreur politique du génie de Napoléon, commença pour notre jeune et intrépide savant une série d'épreuves desquelles, grâces à sa constitution robuste et à son courage, il sortit à son honneur, après bien des souffrances héroïquement ou, si vous aimez mieux, philosophiquement supportées. Raconter dans ses curieux détails cette douloureuse odyssée nous entraînerait trop loin. Nous nous bornerons à apprendre à ceux qui l'ignorent, à rappeler à ceux qui le savent, que, chassé par un soulèvement populaire de la montagne de Galatzo (Majorque) où il avait établi son observatoire, il parvint, sous des habits de paysan, à gagner Palma, et de là le navire espagnol qui l'avait conduit dans l'île ; — que le capitaine de ce navire, pour le soustraire à la mort dont il était menacé, le fit enfermer dans la citadelle de Belver ; — qu'il obtint, après plusieurs mois de captivité, la permission de passer à Alger, où une barque de pêcheur montée par un seul matelot, l'amena avec son bagage d'astronome ; — qu'embarqué sur une frégate algérienne faisant voile vers Marseille, il fut capturé par un corsaire espagnol, jeté dans le fort de Rosas et ensuite sur les pontons de Palamos; — qu'ayant repris la mer sur cette même frégate que le dey s'était fait rendre, il fut poussé par une tempête sur les côtes de la Sardaigne qui était alors en guerre avec Alger; — qu'après bien des efforts et les plus graves dangers, son navire, à moitié désemparé et prêt à couler bas, vint toucher à Bougie; — qu'arraché par l'intervention d'un marabout des mains des Bédouins, qui se contentèrent de mettre l'embargo sur ses caisses, il partit aussitôt, sous la conduite de son sauveur, pour Alger, afin de réclamer du dey la restitution de ses chers et précieux instruments; — qu'il y arriva au beau milieu d'une révolution de palais qui se termina, selon l'usage, par la strangulation du dey dont il avait naguère éprouvé la bienveillance, et l'installation à la Kasbah d'un dey nouveau qui le fit inscrire sur la liste des esclaves et l'envoya en course sur les corsaires de la Régence en qualité d'interprète; — que remis, sur les pressantes réclamations du consul de France, en possession de sa liberté, de ses papiers et de ses instruments, il prit passage sur une goëlette algérienne; qu'une frégate anglaise barra le passage à cette goëlette en lui enjoignant de se rendre à Minorque; — enfin que le capitaine, après avoir feint d'obéir, vira tout à coup de bord, et profitant d'un vent favorable, se précipita, toutes voiles dehors, dans le port de Marseille. Avec quelle joie il mit le pied sur le sol de sa bien-aimée et regrettée patrie, il n'est pas besoin de le dire! Tant de travaux et de traverses méritaient une éclatante récompense; elle lui fut spontanément accordée à son retour à Paris, dans l'été de 1809. L'Académie des sciences s'honora en l'honorant. Elle l'admit, à l'unanimité et malgré ses règlements, au nombre de ses membres. Il avait vingt-trois ans. L'empereur le nomma en même temps professeur d'analyse et de géodésie à l'École polytechnique. Lorsqu'en 1831, l'École fut violemment distraite du ministère de l'intérieur pour être, au mépris des statuts de son organisation, comprise dans les attributions du ministère de la guerre, il crut devoir protester contre cette mesure toute politique par l'envoi de sa démission. L'École polytechnique où il était né à la vie scientifique et dont les élèves étaient devenus ses enfants, était pour lui comme un bien de famille, comme une sorte d'arche sainte à laquelle nulle main téméraire ne pouvait toucher sans qu'il se sentît blessé au cœur.

M. Arago exerce en France, en Europe, une sorte de royauté intellectuelle; c'est le plus populaire, le plus littérateur des savants de notre époque. Nul ne possède à un aussi haut degré que lui le don précieux de mettre la science à la portée de toutes les intelligences. Qu'il parle ou qu'il écrive, c'est moins pour se procurer la satisfaction stérile d'étaler son immense savoir que pour instruire. Son talent d'exposition est admirable. Les ignorants sont tout surpris de le comprendre. Il a plus qu'aucun savant de nos jours contribué au progrès des sciences physiques, et par les découvertes qui lui sont personnelles et par les résultats utiles qu'il a su déduire des découvertes des autres. Qu'il soit plus artiste qu'inventeur, plutôt forgeron que mineur, pour nous servir d'une comparaison empruntée aux arts mécaniques, comparaison que nous empruntons à notre tour au spirituel biographe qui a essayé de se cacher sous le masque, aujourd'hui percé à jour, d'*un homme de rien*; que ses travaux soient plutôt des déductions larges et fécondes que des découvertes originales, nous voulons bien le reconnaître, sous certaines réserves toutefois; mais, cette question tranchée contre lui, nous dirons avec M. de Loménie, que la merveilleuse faculté qu'il possède d'illuminer de clartés vives et soudaines les plus abstraites théories; son zèle infatigable à découvrir, pour ainsi parler, des découvertes, à extraire, développer et féconder des richesses enfouies et infertiles; cette ardeur opiniâtre avec laquelle il se consacre à ce que les érudits en x et en y appellent la *science subalterne* et qui n'est autre chose que la haute science elle-même dans ce qu'elle a de plus immédiatement applicable aux intérêts du pays et de l'humanité, nous dirons que tout cela ne lui en constitue pas moins des droits réels, incontestables à la reconnaissance et à l'admiration publiques. Ne serait-il que l'analyste et le généralisateur le plus lumineux et le plus fécond de son temps, cela suffirait à justifier sa renommée; mais la suprématie universelle que lui attribuent ses amis, et devant laquelle ses ennemis eux-mêmes (car il est trop illustre pour n'en pas avoir) sont bien forcés eux aussi de s'incliner, repose sur des fondements encore plus solides. Si c'est le *hasard*, comme aucuns le lui ont plus d'une fois reproché en vue de l'amoindrir, qui lui a fait faire la découverte du *magnétisme* développé par la rotation, il faut avouer que le *hasard* n'a pas été moins bien inspiré ce jour-là que lorsque, par la chute d'une pomme, il révéla à Newton les lois sublimes de la gravitation, et que, par le moyen d'une bulle d'eau savonneuse, il mit Young sur la voie de sa belle théorie des interférences. Quoi qu'il en soit, cette découverte du magnétisme par rotation, qui forme aujourd'hui une des branches importantes de la physique, valut à son auteur la médaille de Copley, médaille qu'aucun Français n'avait obtenue avant lui et qui lui fut décernée en 1829 par la société royale de Londres, assez généreuse pour oublier dans cette circonstance que M. Arago venait tout récemment de ravir à l'orgueil britannique l'honneur de l'invention des machines à vapeur, pour le restituer au français Papin. Continuant les travaux d'Young et de Malthus en Angleterre, et de Fresnel et de Fourier en France. M. Arago a été amené, par ses recherches, à se prononcer énergiquement dans l'explication du phénomène de la vision, contre le système de l'*émission*, qui depuis Newton avait prévalu malgré Descartes et Euler, pour adopter la théorie de l'*ondulation*, « qui consiste à expliquer ce phénomène comme produit, non plus par une émanation directe du corps lumineux, mais par la mise en mouvement d'un fluide subtil, l'*éther*, qui entoure ce corps et reçoit de lui des vibrations successives qu'il transmet à l'organe de la vue, de la même manière que l'air transmet les sons à l'organe de l'ouïe. » De l'observation attentive des singulières propriétés de la substance appelée *tourmaline*, qui scinde tous les rayons lumineux qui la traversent en deux parties *identiques* quand la lumière émane d'un corps opaque, de couleurs différentes lorsqu'elle est envoyée par un corps gazeux; il a, vers le même temps, conclu par induction que le soleil n'était qu'une grande masse de gaz aggloméré dans l'espace. Entrant ensuite dans la voie scientifique ouverte par MM. Œrsted et Ampère, il a ajouté de nouveaux faits à ceux publiés par eux sur l'électro-magnétisme, et découvert qu'on peut aimanter une verge d'acier en la plaçant au centre d'un courant électrique convenablement dirigé. Il a aussi reconnu le premier l'action exercée par un barreau de cuivre mû circulairement sur l'aiguille aimantée, observation qui doit faire rejeter le cuivre dans la construction des boussoles. Il nous reste à mentionner l'invention par lui faite de plusieurs appareils ingénieux servant à déterminer avec toute la précision possible les diamètres des planètes, en obviant aux causes d'erreur produites par l'*irradiation*; ses précieux travaux sur la question des réfractions comparatives de l'air humide et de l'air sec, sur la scintillation et la vitesse des rayons des étoiles; ses intéressantes et dangereuses expériences sur la force élastique de la vapeur d'eau à des tensions très-élevées; divers mémoires insérés dans les *Annales de chimie et de physique*, qu'il a fondées de concert avec M. Gay-Lussac; et enfin les curieux articles dont il a enrichi l'*Annuaire du bureau des longitudes* et qui ont donné en Europe une immense popularité à ce recueil.

Nous avons dit, autant qu'il a été en nous, les titres de M. Arago comme savant, parlons maintenant de M. Arago écrivain. En sa qualité de secrétaire perpétuel de l'Académie des sciences, il a été appelé à prononcer les éloges funèbres d'un grand nombre de savants français et étrangers, Young, Carnot, Watt, Ampère, Condorcet, etc., etc. Pour rappeler ici le souvenir du plus *littérateur* de ses prédécesseurs, — moins fin, moins brillant, moins délicat que Fontenelle, il est plus chaud de ton, plus varié, plus vrai, plus entraînant que lui. Clairs, élégants, rapides, suffisamment colorés, nourris de faits choisis avec goût et présentés avec charme, d'anecdotes ingénieusement ou pittoresquement racontées; riches d'observations judicieuses, de traits heureux, de pensées élevées, ses éloges ne laisseraient à peu près rien à désirer, s'ils n'étaient, — certains d'entre eux du moins, — çà et là déparés par quelques boursouflures déclamatoires qui rompent désagréablement l'harmonie de l'ensemble, et dont le moindre défaut est de n'être pas à leur place : *Non erat his locus.* Les éloges d'Young, de Carnot, de Condorcet sont, selon nous, les mieux réussis. Il s'y trouve des pages admirables ; des tableaux pleins de délicatesse, de verve et d'éclat qui, dans un cadre resserré, sont de vrais chefs-d'œuvre de dessin et de couleur. Que vos regards, dans l'éloge d'Young, parcourent cette charmante dissertation sur les hiéroglyphes, elle produira sur vous l'effet d'une oasis dans le désert ; et tout inondé de la lumière qui jaillira pour votre esprit de chacune des lignes de ces trois ou quatre pages, vous parlerez hiéroglyphes comme eût pu le faire feu Champollion lui-même. Lisez, dans l'éloge de Carnot, le passage où il peint *les grenadiers d'Oudinot, levés avec l'aurore, se préparant à la bataille du jour, et venant silencieusement et à la file passer leurs sabres nus sur la tombe de la Tour d'Auvergne*, et vous battrez des mains, et vous vous écrierez : Beau! beau! sublime !

M. Arago possède comme orateur les qualités qui le distinguent comme écrivain. Il est précis, substantiel, abondant, varié ; sa phrase a de l'ampleur et de l'éclat ; sa prestance à la tribune une remarquable noblesse ; sa figure est expressive, son geste vif, sa voix accentuée ; seulement la passion l'emporte trop souvent au delà du but. Peu, parmi les mieux doués, manient d'une main aussi puissante l'arme terrible du sarcasme ; peut-être en fait-il un trop fréquent usage.

La puissance de travail de M. Arago, — s'il est permis de s'exprimer ainsi, — est chose vraiment incroyable. Politique, chimie, physique, mécanique, astronomie, histoire naturelle, philosophie, littérature, son esprit embrasse tout à la fois. Il est en correspondance suivie avec tous les savants de l'Europe : « Il est, dit M. de Loménie, dans l'intéressante et spirituelle notice qu'il lui a consacrée, de tous les comités scientifiques et industriels du monde ; son cabinet est journellement encombré de plans à examiner, de mémoires à analyser ; en même temps qu'il a un œil à tout ce qui se passe là-haut, il en a un autre à tout ce qui se passe ici-bas. »

M. Arago est membre de toutes les grandes académies, et lié d'amitié avec presque toutes les célébrités de l'Europe. Il est citoyen de Glascow et d'Édimbourg. M. de Humboldt lui a dédié sa belle *Histoire de la géographie*, et lord Brougham sa *Théologie naturelle*. Il a cumulé bon nombre de fonctions publiques, mais hâtons-nous de dire qu'elles étaient presque toutes ou gratuites ou dues à l'élection.

Nous pourrions clore ici cette notice, si la politique, qui n'entend pas perdre ses droits, ne nous sommait de ressaisir notre plume. Elle occupe une trop large place dans la vie de M. Arago pour que nous puissions fermer l'oreille à sa sommation ; et, après tout, cette place est assez belle pour que nous devions éprouver quelque hésitation à envisager sous ce nouvel aspect le savant illustre dont nous avons essayé d'esquisser les traits.

En juillet 1830, pendant que la fusillade retentissait dans les rues, M. Arago, ami du maréchal duc de Raguse, avait fait près de lui une honorable et courageuse tentative pour arrêter l'effusion du sang. Cité comme témoin dans le procès des ministres, il sut concilier avec bonheur ses devoirs de citoyen et les exigences de l'amitié. En 1831, le collége électoral de Perpignan l'envoya à la chambre ; il y prit place sur les bancs de la gauche. Après l'affaire du *compte rendu* qu'il fut chargé par les signataires, de présenter au roi, en compagnie de MM. Odilon-Barrot, Mauguin, etc., etc., il se rangea avec ses amis MM. Laffite et Dupont de l'Eure, sous la bannière du radicalisme. Quelques-uns de ses discours ont eu beaucoup de retentissement. Sans parler de ses canonnades oratoires contre les forts détachés, son rapport sur les chemins de fer, sa violente sortie contre les études classiques sont restés dans plus d'un souvenir. Membre du gouvernement provisoire après la révolution de Février, il s'opposa avec une inébranlable fermeté à l'adoption du drapeau rouge pour nos couleurs nationales ; membre, plus tard, de la commission exécutive, il s'y montra animé des mêmes idées de bon sens et de modération.

Au 15 mai, il arrêta de sa main dans le jardin du Luxembourg, un des chefs du mouvement. Aux journées de juin, la rue Soufflot et la place du Panthéon le virent marcher l'un des premiers aux barricades. Après ces néfastes journées, il apporta au gouvernement du général Cavaignac un concours sincère et dévoué. Sa déposition devant la commission d'enquête fut aussi lumineuse que courageuse et loyale.

Depuis cette époque, lutteur fatigué, dans sa lassitude des hommes et des choses, il avait gardé le silence. Il l'a rompu récemment par une lettre que tout le monde a lue, lettre dans laquelle le noble vieillard s'étend avec complaisance sur les mérites de sa vie. A quoi bon ? Quand on s'appelle Arago, on se repose sur la reconnaissance et l'admiration de son pays. Il est en France, qu'il le sache bien, une religion qui ne mourra jamais, c'est la religion de la gloire. Par cette lettre, il a refusé le serment qui lui était demandé, comme directeur du Conservatoire ; et par une exception unique, aussi honorable pour celui qui en a été l'objet que pour le pouvoir qui en a pris l'initiative sans attendre l'expression du vœu public, il a été dispensé du serment.

ANDRAL (Gabriel), digne représentant d'une ancienne famille d'Espédaillac (Lot), qui a fourni sans interruption sept générations de docteurs, renouvelle, a dit un de ses biographes, le docteur Henry Roger, un exemple qu'on ne retrouve dans les annales de la médecine, qu'aux époques primitives de l'art, au temps d'Hippocrate, où le dépôt des connaissances médicales se conservait exclusivement dans quelques familles ; c'est un véritable souvenir des asclépiades. Il naquit à Paris, en 1797. Son père, Guillaume Andral, médecin de l'armée des Pyrénées-Orientales à vingt ans ; puis successivement médecin en chef des troupes françaises stationnées en Toscane et en Étrurie ; médecin des Invalides en 1803 ; premier médecin de la cour de Murat, médecin en chef de l'hôpital et de la garde royale de Naples, inspecteur général du service de santé civil et militaire de ce royaume, en 1809 ; membre de l'Académie de médecine, médecin de la maison royale de Saint-Denis, médecin consultant du roi Louis XVIII et l'un des praticiens qui s'honorèrent le plus par leur dévouement à la chose publique pendant le choléra de 1831, fut l'une des plus hautes illustrations médicales de l'empire et de la restauration. Formé à son école et vivant à une époque de calme où la science peut poursuivre paisiblement le cours de ses incessantes investigations, Gabriel Andral, devait, par la solidité féconde de son enseignement et le mérite transcendant de ses écrits, ajouter encore à l'éclat de son nom devenu européen. La seconde partie de son enfance se passa à Naples d'où il revint pour achever ses études au lycée Louis le Grand. Docteur en 1821, membre de l'Académie de médecine et professeur agrégé à la Faculté de Paris après un brillant concours en 1823, il occupait, avant l'âge de 30 ans, la chaire d'hygiène dans cette Faculté, et était en même temps chargé d'un service à l'hôpital de la Pitié. Sa vie est tout entière dans ses ouvrages et dans son enseignement. Plusieurs mémoires de thérapeutique, de médecine comparée, de pathologie, etc., fixèrent d'abord sur lui l'attention ; puis il publia, de 1823 à 1831, la *Clinique médicale* qui, par l'ébranlement des doctrines absolues de l'illustre Broussais, opéra dans le monde médical une véritable révolution ; et le *Précis d'anatomie pathologique* qui est encore aujourd'hui l'ouvrage où l'anatomie pathologique peut être le mieux étudiée. Les nombreuses éditions qu'ont eues ces deux ouvrages et la traduction qui en a été faite dans presque toutes les langues, en disent assez haut le mérite pour que nous ne nous y arrêtions pas davantage. Qu'à ces travaux hors ligne, on ajoute des annotations à l'ouvrage de Laennec, dignes de l'immortel inventeur de l'auscultation, et des recherches aussi neuves qu'intéressantes sur les *altérations du sang dans les maladies*, on comprendra quelle place éminente M. Andral s'est conquise dans l'école française. Si, forte de l'impulsion donnée par Bichat, Laennec, etc., etc., notre école continue à régir le monde médical, une large part revient dans l'honneur de ce résultat à M. Andral, qui, par son cours de pathologie interne de 1830 à 1838, et par son cours de pathologie générale depuis 1839, en a, plus que personne, popularisé et répandu les doctrines en Angleterre, en Allemagne et jusqu'en Amérique. « Le caractère saillant de ce dernier cours « (pathologie générale), dit M. le docteur Henry Roger « que nous avons déjà cité, c'est son universalité · « tantôt c'est un emprunt fait aux sciences physi- « ques, c'est l'indication des nombreux points de « contact des phénomènes qui se découvrent dans « le monde organisé avec ceux que l'on observe dans « le monde inorganique ; tantôt c'est une applica- « tion hardie et sage à la médecine des progrès de « la chimie moderne ; tantôt enfin un examen élo- « quent, à travers les siècles, des systèmes qui ont « agité la science, un retour au passé pour éclairer « le présent et les compléter l'un par l'autre. »

Membre de l'Institut (section des sciences), et d'un grand nombre de sociétés savantes, officier de la Légion d'honneur, M. Gabriel Andral a pris, par ses travaux, à un âge peu avancé encore, dans la médecine, la place qu'occupait Dupuytren dans la chirurgie, — la première. Aussi aimé comme homme qu'admiré comme écrivain et comme professeur, on peut lui appliquer le vers de Joseph Chénier parlant de Ducis :

L'accord d'un beau talent et d'un beau caractère.

Poissy. — Typographie Arbieu.

ADAM (Adolphe-Charles), membre de l'Institut, officier de la Légion d'honneur et chevalier de l'ordre du Chêne de Hollande, naquit à Paris, le 24 juillet 1803.

Son père, professeur au Conservatoire de musique, dès l'année 1797, était l'un des maîtres les plus habiles et des artistes les plus érudits de notre temps. Tout jeune encore, il avait été remarqué par l'immortel Gluck qui lui fit l'insigne honneur de le charger de l'arrangement pour le piano de plusieurs morceaux de ses opéras. On citerait peu d'ouvrages élémentaires qui aient joui d'une vogue aussi grande et aussi méritée que sa *Méthode à l'usage des classes de piano*. A son école, se sont formés plusieurs virtuoses éminents, parmi lesquels nous nommerons Kalkebrenner et le pur et beau génie, si prématurément éteint, auquel nous devons *Marie, le Pré aux Clercs, Zampa*, etc., etc. Il est mort, le 8 avril 1848, avec le titre d'inspecteur général des classes de piano et de membre du comité des études du Conservatoire.

Le jeune Adam, après avoir terminé ses humanités au collége Bourbon, et fait ses études de solfége et de piano sous la direction de son père, entra au Conservatoire dans la classe d'orgue de M. Benoît, et suivit en même temps les leçons d'harmonie et de contrepoint du savant professeur Reika. Il devint ensuite élève de Boieldieu pour le style idéal. Grand prix du Conservatoire, il se fit remarquer, à son retour d'Italie, par le talent plein de fraîcheur et de sève avec lequel il tint l'orgue dans plusieurs des églises de Paris. Quelques fantaisies écrites pour le piano sur les thèmes des opéras alors en faveur, le firent bientôt avantageusement connaître des *dilettanti* de salons; enfin, un grand nombre d'airs et de morceaux d'ensemble composés pour des vaudevilles ou opérettes, et déjà plus ou moins marqués au coin de son facile et spirituel génie, lui ouvrirent, en février 1829, les portes de l'Opéra-Comique, ces portes si bien closes par le passé à l'avenir, devant lesquelles il s'était plus d'une fois arrêté en prononçant, sans succès et même presque sans espoir, le *Sezame, ouvre-toi*, des charmants contes de ce bon monsieur Galland. *Pierre et Catherine*, son premier opéra, et *Danilowa*, œuvre beaucoup plus considérable, qui le suivit, à un an de distance, furent assez favorablement accueillis du public pour que la direction de notre seconde scène lyrique se montrât, dans l'intérêt de sa caisse, empressée et courtoise au possible envers notre jeune compositeur. Aussi en moins de dix-huit mois, fit-elle, avec une grâce parfaite, les honneurs de ses plus frais décors et de ses voix les plus mélodieuses à quatre œuvres nouvelles: *Trois jours en une heure*, *Joséphine*, *le Morceau d'ensemble*, *le Grand prix* qui, sans marquer un progrès dans la manière de leur auteur, le maintinrent, à juste titre, dans l'estime des connaisseurs et les sympathies de tous, sur le bon pied où l'avaient placé ses débuts. En 1832, il se rendit à Londres, où il écrivit, pour le théâtre de *Covent-Garden*, la musique d'un opéra en 3 actes, et celle d'un ballet pour le *Queen's theater*. Son retour à Paris, qui eut lieu vers la fin de 1833, fut signalé par l'apparition sur la scène de l'Opéra-Comique du *Proscrit* et d'*Une bonne fortune*, jolie pièce qui nous montra, sous une face nouvelle, le talent si distingué de madame Boulanger. D'un style plus serré à la fois et plus large, d'un sentiment dramatique plus profond que toutes les œuvres précédentes de son auteur, la musique du *Proscrit* assigna parmi nos compositeurs, une place éminente à M. Adolphe Adam que devaient élever plus haut encore l'éclatant succès du *Chalet*, ce délicieux petit chef-d'œuvre qu'on ne peut se lasser de revoir, et celui presqu'aussi brillant du *Postillon de Lonjumeau*, du *Brasseur de Preston*, du *Toréador*, et de plusieurs autres opéras ou ballets successivement représentés sur les scènes de l'Opéra-Comique et de l'Académie de musique.

En 1846, M. Adolphe Adam sollicita et obtint, — mais à de dures, de bien dures conditions, — le privilége d'un troisième théâtre lyrique, louable entreprise dans laquelle il jeta, sans marchander, avec une vraie prodigalité d'artiste, les économies fort belles qu'il avait faites sur le produit de vingt années de travail. Malgré les énormes sacrifices qu'avait dû s'imposer son courageux directeur, l'*Opéra National* qui ouvrit, en novembre 1847, sous les plus heureux auspices, par le *Gastibelza* de M. Maillart et les *Monténégrins* de M. Limmander, promettait, au double point de vue de l'art et des bénéfices, d'être une féconde, une excellente affaire, lorsque survint la révolution de février qui porta à sa prospérité naissante un coup duquel il ne put se relever.

Ruiné dans le présent, grevé d'onéreux engagements pour l'avenir, en récompense de ses généreux efforts, M. Adolphe Adam, au lieu de se consumer en récriminations stériles contre les hommes et les choses, se remit, la tête haute et le cœur tranquille, au travail avec une vaillance et une ardeur qui l'honorent en même temps comme homme et comme artiste. Après 1830, il avait déjà essayé, non sans succès, du journalisme dans l'*Impartial* et dans la *Gazette musicale*; après son naufrage de 1848, il ressaisit, d'une main plus sûre et plus ferme, la plume du critique et s'enrôla sous la bannière du *Constitutionnel* pour passer bientôt, avec armes et bagages, sous celle de l'*Assemblée nationale*. Disons tout de suite que la science et l'esprit qui brillent d'un si vif éclat dans ses partitions, se retrouvent, au même degré, dans sa prose, et ajoutons, avec un judicieux écrivain, M. Denne-Baron, que s'il a le droit de se montrer sévère dans ses jugements, il a du moins le rare mérite de n'en jamais abuser.

Dans la nomenclature que nous allons donner de son œuvre, M. Adolphe Adam nous pardonnera, — non qu'elles ne soient dignes d'être rappelées, mais parce que là n'est point sa gloire, — de ne pas nous arrêter à ses premières tentatives dans la voie dramatique, c'est-à-dire aux airs et morceaux d'ensemble avec lesquels il a fait la fortune de plus d'un vaudeville. Citons seulement, pour l'acquit de notre conscience, la musique de la *Batelière de Briens*, dont la partition a été gravée et publiée chez l'éditeur Schlesinger.

Quant aux opéras et aux ballets qu'il a fait représenter soit en France, soit à l'étranger, en voici les titres par ordre de date. *Pierre et Catherine* (1 acte, 1829); *Danilowa* (3 actes, 1830); *Trois jours en une heure* (1 acte en collaboration avec Romagnesi, 1830); *Joséphine* (1 acte, 1830); le *Morceau d'ensemble* (1 acte, 1831); le *Grand prix* (3 actes, 1831); à Londres: *His First Campaigne* (2 actes, 1832); *Faust* (ballet, 3 actes, 1833); à Paris, le *Proscrit* (3 actes, 1833); *Une bonne fortune* (1 acte, 1834); le *Chalet* (1 acte, 1834); la *Marquise* (1 acte, 1835); *Micheline* (1 acte, 1835); le *Postillon de Longjumeau* (3 actes, 1836); la *Fille du Danube* (ballet, 2 actes, 1836); le *Fidèle berger* (3 actes, 1837); le *Brasseur de Preston* (3 actes, 1838); *Regina* (2 actes, 1839); la *Reine d'un jour* (3 actes, 1839); à Saint-Pétersbourg, *Morskoï Rasbonick* (l'écumeur de mer) (ballet, 2 actes, 1840); à Berlin, *Don Hamadryadan* (les Hamadryades, 2 actes, 1840); à Paris, la *Rose de Péronne* (3 actes, 1840); *Giselle* (ballet, 2 actes, 1841); la *Main de fer* (3 actes, 1841); le *Roi d'Yvetot* (3 actes, 1842); la *Jolie fille de Gand* (ballet, 3 actes, 1843); *Richard en Palestine* (3 actes, 1844); le *Diable à quatre* (ballet, 2 actes, 1845); *Cagliostro* (3 actes, 1846); la *Bouquetière* (1 acte, 1847); le *Premier pas* (prologue pour la réouverture de l'Opéra, en collaboration avec MM. Auber, Halevy, Caraffa) (1 acte, 1847); *Grisilidis* ou les *Cinq sens* (ballet, 3 actes, 1848); le *Toreador* (3 actes, 1849); la *Filleule des fées* (ballet, 3 actes avec prologue, 1849); le *Fanal* (2 actes, 1849); *Giralda* (3 actes, 1850).

M. Adolphe Adam est en outre auteur de deux *Messes solennelles* qui ont été chantées à Saint-Eustache, l'une, le 26 mars 1847, jour de Pâques; l'autre, le 22 novembre 1850, jour de Sainte-Cécile. La dernière, dont le succès a été immense, est, dit-on, l'une des plus remarquables productions de l'art moderne.

Membre de l'Institut depuis 1844, M. Adolphe Adam a été nommé, au mois d'octobre 1848, professeur de composition au Conservatoire.

SCRIBE (Augustin-Eugène). M. Sainte-Beuve, le patient biographe chroniqueur, à qui la France doit déjà un nombre important de savantes critiques, d'ingénieux rapprochements et d'intéressantes exhumations de toute nature, nous affirme que, « entre le Pilier-des-Halles, où naquit Molière, et entre la rue Montorgueil, où naquit Béranger, au beau milieu de la rue Saint-Denis, » il y a une boutique de confiseur dans laquelle vint au monde, le 25 décembre 1791, un enfant qui fut inscrit sur les registres d'état civil de la commune de Paris sous le nom d'Augustin-Eugène Scribe. La boutique, aujourd'hui désignée par l'enseigne du *Chat Noir*, était, en cette année 1791, un magasin de soiries tenu par M. et madame Scribe. Les parents du jeune enfant n'étaient pas riches; leur commerce était modeste, et les terribles événements qui suivirent l'année 1791, au lieu d'être pour eux, comme ils furent pour quelques habiles, une occasion de succès, de fortune, fut au contraire, comme pour beaucoup d'autres, une longue cause de découragement, de sacrifices et de pertes. Scribe père était mort pendant les sanglantes agitations; sa femme, retirée alors dans la rue Saint-Honoré, à côté de l'église Saint-Roch, élevait son fils avec cette inquiète tendresse d'une mère qui a déjà vu s'éteindre autour d'elle ses affections les plus chères, et à qui tout ce qui se passe et tout ce qu'elle entend à chaque heure qui sonne, à chaque pas qu'elle fait, ne cesse de donner les alarmes les plus vives.

Elle vit renaître le calme cependant, et put jouir sans de trop sombres pressentiments des succès incontestés qui marquèrent les premières études du jeune écolier, au *Lycée Napoléon*. Ses condisciples qui l'ont le mieux connu nous apprennent qu'il était studieux et docile aux ordres des professeurs, bien que l'enjouement, l'espièglerie et une sorte de légèreté gaiement bruyante fussent le fond de son caractère. On a dit souvent qu'il avait remporté beaucoup de couronnes dans ses classes; nous avons voulu vérifier le fait, et nous nous sommes assuré, aux sources authentiques, qu'il avait, en effet, obtenu divers prix aux concours généraux. Mais un fait non moins certain, c'est que le démon de la rime s'empara de lui de bonne heure; on vit quelquefois les ariettes du temps confusément mêlées dans ses cahiers de thèmes et de versions, et les économies de sa semaine, au lieu de tomber comme celles de presque tous ses camarades dans la vaste poche des crieurs du Bulletin des armées françaises victorieuses en Hollande, en Egypte, en Italie, allaient se fondre ou aux étalages des éditeurs du *Répertoire dramatique*, ou à la sombre lucarne des bureaux de parterre des théâtres de la rue de Chartres et des Variétés.

Mais sa mère, si bonne et si dévouée pour lui, si complaisante pour ses goûts un peu tyranniques, ne vit pas même tous ses triomphes de collégien. Elle le laissa orphelin en 1807, à l'âge de 15 ans.

L'avocat Bonnet, homme de réputation au barreau de Paris, et resté célèbre dans cette période de notre histoire contemporaine par sa défense du général Moreau, fut le tuteur du jeune Scribe. Sa mère mourante avait exprimé un espoir qu'elle caressait depuis les premiers succès de son fils ; elle voulait en faire un avocat habile, et surtout un avocat plaidant. Me Bonnet entra fidèlement dans l'intention de madame Scribe. De 1811 à 1815, le futur auteur de *l'Ours et le Pacha*, de *Bertrand et Raton*, fut aggloméré dans la bruyante foule de jeunes gens à qui des parents incroyablement opiniâtres ont la prétention de faire faire leur droit, tandis que, depuis les temps les plus reculés de la bazoche, il est de notoriété publique que ces garçons-là ne font que des fredaines, du tapage et des dettes.

M. Scribe, il est vrai, ne donna pas complétement dans ce genre de débordements de jeunesse. On l'avait, du reste, hermétiquement enfermé dans une étude d'avoué. Mais s'il n'alla pas se dégingander dans les bals publics; s'il n'usa pas les dominos et les billards du café Procope ou des bouges qui, dans ce temps-là, peuplaient le Quartier Latin; s'il ne vendit jamais ses livres et sa garde-robe pour ne pas payer ses inscriptions et son tailleur, il ne put éviter néanmoins de tomber dans quelques excès, et, dans le court espace de trois ou quatre mois, il se rendit coupable de la préméditation, de l'élaboration et de la perpétration de cinq vaudevilles... Cinq dans trois mois! cinq ! pas un de moins !.... Notre impartialité d'historien nous oblige à déclarer tout de suite que, dans ce laborieux écart de jeunesse, il s'était adjoint un complice presque aussi déterminé que lui; et ce complice n'était autre que son émule d'études, Germain Delavigne.

Son sage tuteur, effrayé à juste titre d'une aussi féconde précocité, voulut prendre des mesures préventives. L'avoué devint plus exigeant; il demanda grosses sur grosses et voulut faire préparer les dossiers les plus embrouillés; les sorties de l'étude furent restreintes et habilement surveillées. Peines perdues! M. Eugène, qui avait vingt ans et environ 3,000 livres de revenu, débris de la fortune patrimoniale, se montrait joyeux viveur et bon camarade (1). « Peu touché des grands faits qui se passaient autour de lui, il se consolait des désastres de la campagne de Russie en cultivant le plaisir de toutes ses forces, et la procédure aussi peu que possible. Au printemps, quand il faisait beau, pour aller à l'École-de-Droit, il prenait assez régulièrement par la vallée de Montmorency, où il s'égarait, et pas seul. »

Les mesures du tuteur, si traîtreusement qu'elles eussent été conçues, n'avaient abouti à rien. Il fallait en prendre de plus énergiques si l'on voulait décidément conserver sous la Robe ou la Toge un disciple dont la haute intelligence était désormais constatée. Il y avait là l'étoffe d'un grand maître en fait de chicane; il n'était jamais à bout de voie pour suivre une intrigue, dépister un adversaire, contreminer toute une rouerie de palais. Mais il y avait aussi des entraînements bien nuisibles à la science des Codes, bien préjudiciables à la mémoire des arrêts, bien suspects pour la future vertu d'un magistrat quelconque. Il fallait donc aviser au plus tôt.

Me Dupin commençait alors la grande réputation qu'il a eue depuis : il avait ouvert une sorte d'école préparatoire aux examens de droit, et ses leçons étaient courues. Le tuteur alla conter l'embarras où il était à son confrère; il lui fit connaître tout ce dont était capable le pupille abandonné à ses soins, et tout ce qu'on s'était promis de lui. Me Dupin comprit l'importance de la mission qui lui était proposée et jura que Cujas et Bartholle triompheraient cette fois de Momus et Thalie... (l'éloquence s'exprimait ainsi sous l'Empire).

Me Dupin avait trop présumé de ses forces. L'élève répondit à ses savantes harangues par un billet de loge pour la première représentation *des Dervis*, au théâtre de la rue de Chartres. Le public siffla un peu; mais Me Dupin rit beaucoup à quelques traits d'esprit de bon aloi, et la chronique secrète dit que le lendemain le maître et l'élève se rencontrèrent à un de ces fins *soupers du vaudeville*, où Cujas et Bartholle furent définitivement exterminés sous un feu roulant de bons mots et de gaudrioles. Ce fut dans cette réunion même que Me Dupin prit,

(1) *Galerie contemporaine des hommes illustres*, par un homme de rien.

pour le calembour, ce goût si prononcé qu'il a joyeusement conservé jusque dans l'imposante majesté de la haute politique et de la magistrature.

Me Dupin vaincu, et, de plus, infesté du mal qu'il avait voulu guérir, le malheureux tuteur n'avait plus qu'à se résigner, et il se résigna. Le barreau perdait une illustration probable. Le théâtre allait s'enrichir d'une gloire nouvelle.

Voilà enfin l'intrépide vaudevilliste abandonné librement à toute sa verve, à toute sa fougue.

Un groupe d'amis se constitue aussitôt sous sa présidence. Ils sont tous un peu poëtes, un peu musiciens un peu philosophes, un peu moralistes. C'est Germain Delavigne, c'est Henri Dupin, c'est Delestre-Poirson, Mellesville, Varner, Brazier, Désaugiers. Oui, Désaugiers en personne vient prêter à la jeune association la forme hardie et caustique de ses couplets; il apporte la pointe acérée qui doit marquer les situations, flageller les ridicules, sauver les aveux difficiles, remplir les vides laissés par l'action dans une historiette sans fond.

Aidé par ce premier groupe et par deux autres auxiliaires, MM. Moreau et Saintine, recrutés pendant l'action, M. Scribe donne coup sur coup de 1813 à 1821 *vingt-sept pièces* au théâtre de la rue de Chartres, *vingt* aux Variétés, *deux* à la Porte-Saint-Martin et *deux* à l'Odéon.

En 1820, un des collaborateurs de l'heureuse société, M. Delestre-Poirson, ayant obtenu le privilége du nouveau théâtre qui prit le nom de Gymnase-Dramatique, parvint, au grand détriment de ses confrères, à attacher exclusivement M. Scribe à son entreprise. Il le lia par un traité fort cher, lui interdisant toute autre scène que celle du Gymnase, qui devint à la mode par la préférence que lui accordait madame la duchesse de Berry, et qui prit, à cause de cette préférence même, le nom de Théâtre-de-Madame. M. Scribe défraya cette scène coquette et aristocratique soit avec l'aide de ses collaborateurs déjà cités, soit avec le concours supplémentaire de MM. Ymbert, de Courcy, Carmouche et Mazères, et il lui donna, depuis le 23 décembre 1820 jusqu'en 1828, soixante-dix-huit vaudevilles en un, deux ou trois actes.

Il a signé seul le *Retour de Russie*, *la Décote*, *la Maîtresse au logis*, *la Haine d'une femme*, *les Premières Amours*, *Malvina*.

Nous avons encore de lui dans le courant de ces huit années:

Au Théâtre-Français: *Valérie*, en 1822; le *Mariage d'argent*, en 1827.

A l'Opéra : *l'Arrivée du nouveau seigneur* (ballet), en 1827; *la Muette de Portici* en 1828; *le comte Ory*, en 1828.

A l'Opéra-Comique : *le Paradis de Mahomet*, en 1822; *Leicester*, en 1823; *le Valet de chambre*, en 1822. (Ceci n'est autre chose que le vaudeville intitulé *Frontin mari-garçon*). *Le concert à la cour*, *Léocadie*, *la Lettre posthume*, *la Neige*, *le Maçon*, *la Veille*, *le Timide*, *le Loup-garou*, *la Chambre à coucher*, *la Dame Blanche* (1825), *Fiorella*, *la Fiancée*, *les Deux Nuits*.

Les Nouveautés avaient joué *le Voyage du petit Jonas*.

Après des travaux aussi considérables et tous accomplis non sans gloire pour la littérature française, il était juste que M. Scribe reçût une distinction nationale : il fut nommé chevalier de la Légion d'honneur en 1827. Officier un peu plus tard, il est actuellement commandeur de l'ordre.

Pendant les douze ou quinze années que nous venons de parcourir, M. Scribe n'avait fait que grandir dans la faveur publique. Il s'était illustré et enrichi; applaudi chaque soir par le noble entourage de la duchesse de Berry, par les plus blanches mains de cette cour de France où le bon goût, l'esprit et l'élégance reprenaient de jour en jour leur empire charmant, l'heureux auteur du Théâtre-de-Madame n'avait que l'embarras du choix des plaisirs dans la grande ville. Fêté, recherché dans tous les salons, il croyait faire beaucoup pour les reines de la mode quand il daignait aller perdre deux heures à une de leurs soirées. Il régnait en aimable pacha sur toutes les affaires d'intérêt ou de sentiment qui se produisaient dans la galante colonie du boulevard Bonne-Nouvelle, et au dehors de ce joli pachalick si envié, il rencontrait encore à foison des enthousiasmes féminins qui se disputaient l'honneur d'arriver jusqu'à lui. Le petit cénacle composé par les collaborateurs avait sa large part des avantages qu'on poursuivait, du reste, en commun, mais que déterminait toujours la féconde influence du maître. C'était bien souvent autour d'une table somptueusement servie que naissait l'idée de l'œuvre à venir; l'un apportait le plan, un autre le compliquait, un troisième envisageait les effets; celui-ci se chargeait des incidents, celui-là répondait de la couleur locale. L'embryon se formait ainsi au premier service, dit M. L. de L***, la gestation se faisait durant les deux derniers, et au dessert l'enfant sortait de la dernière bouteille de champagne, comme Minerve du cerveau de Jupiter.

Depuis le grand siècle avec Molière et Regnard, la vive et rieuse comédie, avait compté à peine quelques belles soirées avec le *Turcaret* de Le Sage, la *Métromanie* de Piron, le *Méchant* de Gresset et les *Frontins* de Marivaux. On avait vu passer Destouches qui riait si peu; La Chaussée qui pleurait si fort; Dorat et de La Noue, qui faisaient du roman boursouflé; on s'était arrêté avec un peu de complaisance et un peu d'espoir à la gaîté de Dancourt et de Picard, aux grâces de Colin d'Harleville, à l'esprit d'Andrieux, et à l'audace de Beaumarchais; mais on était retombé promptement au milieu des bergeries, des moutons et des fadeurs pastorales qui n'étaient certainement pas capables de faire supporter les sensibleries *des Femmes et de l'Amour filial*, ni le sentimentalisme agricole de *la belle Fermière*.

M. Scribe et sa pléïade fredonnante rompirent ouvertement avec cette poétique collet-monté que nous avaient léguée madame de Scudéry, les bucoliques parades de Louis XIV et les champêtres orgies du milieu du XVIIIe siècle. Ils abandonnèrent bocages et chaumières, Estelles et Némorins, gazons et vendanges, pour s'établir carrément au salon, au boudoir, dans la rue, dans la boutique et dans la mansarde. S'ils ne s'attachèrent pas précisément à faire du grand, du beau, de l'art réel, au moins soulevèrent-ils avec malice et entrain chacun des petits coins du rideau social. Ils ne se sont pas inquiétés de ce qui se cache, de ce qui ne peut être mis en relief qu'en déchirant tout à fait le rideau, et en allant sonder jusqu'au fond de l'abîme du cœur humain; mais, alertes et le nez au vent, ils se sont embusqués sur le passage des demi-passions, des demi-ridicules, des demi-gloires, des demi-vanités, et ils ont saisi tout cela finement, exactement et avec une prestesse qui vous récrée, qui vous intéresse, qui vous captive sans que vous puissiez vous en défendre. Il n'y a enfin, dans cette prodigieuse quantité de fables dramatiques, de couplets, de combinaisons d'argent ou d'amour, rien qui vous frappe vigoureusement, rien qui vous fasse éclater d'un de ces larges rires homériques, rien de serré, d'incisif, de primesautier; il n'y a rien certainement d'un Rabelais, d'un Pascal, d'un Molière, d'un Voltaire, d'un Beaumarchais, et cependant il y a de l'esprit, beaucoup, beaucoup d'esprit; il y a de la grâce, de la vérité; il y a là beaucoup de petits mouvements de passion, beaucoup de petites fioritures de forme, beaucoup de petits entraînements de verve, beaucoup de petites grandes choses, beaucoup de petits grands hommes, beaucoup de petites amours, beaucoup de petites douleurs, beaucoup de petits sourires, beaucoup de petites larmes, de telle sorte que, en fin de compte, vous êtes satisfait, content, heureux, car, sans vous en apercevoir, d'un œil vous avez ri paisiblement tandis que de l'autre vous avez pleuré d'une douce émotion. Ainsi, pendant que le libéralisme bourgeois de la Restauration inventait la dangereuse pondération des pouvoirs politiques, M. Scribe inventait pour les bourgeois, la récréative pondération des mouvements de l'âme.

Nous sommes en 1830. Les conspirations, les émeutes arrachent tout à coup les esprits aux paisibles joies du vaudeville. On chante encore, et souvent même, mais on chante la *Marseillaise*, la *Polonaise*, la *Parisienne* et les odes du poëte national Béranger. Comme le trop confiant Charles X, M. Scribe est détrôné, mais, plus heureux que le monarque, le roi du vaudeville, après l'orage révolutionnaire, n'a pas de peine à ressaisir le sceptre; et cette fois ce n'est plus aux petites choses et aux petits hommes qu'il va s'en prendre. Les péripéties de la redoutable lutte politique à laquelle il venait de se trouver mêlé, et qui l'avaient peut-être fait douter un peu de la parfaite stabilité du bonheur et de la fortune où il était parvenu, l'excitent à pousser une charge contre la démocratie: il fait *Bertrand et Raton*, et le Théâtre-Français lui donne un succès retentissant. Seulement, la démocratie, qui avait toujours applaudi à son talent, et qui ne croyait pas jusque-là lui avoir occasionné ou un mal ou une peur quelconques, le boude un peu de se voir si mal comprise et si durement traitée par lui. Et à ce sujet, l'*Homme de rien*, que nous avons déjà cité, fait une remarque assez judicieuse : « Ridiculiser les *Tartufes* politiques et les niais qui se laissent duper, dit-il, est assurément une fort bonne chose ; Molière en faisait tout autant dans un autre ordre de faits ; seulement Molière peignait Tartufe hideux et vaincu ; il le démasquait ; les tartufes de M. Scribe, même sous leur masque, restent attrayants et vainqueurs... Molière finissait bien, M. Scribe finit mal. Molière était moral, M. Scribe ne l'est pas... »

Quoiqu'il en soit, cet acte patent de partialité politique ne tira pas à trop fâcheuse conséquence, car, avant même que le succès de *Bertrand* et *Raton* eût achevé sa course européenne, l'Académie française se hâtait d'ouvrir ses portes à M. Scribe, qu'elle appelait à remplacer M. Arnault.

La séance de réception fut fixée au 28 janvier 1836.

L'assemblée avait rarement été plus brillante et plus nombreuse. Les dames surtout s'y étaient rendues en foule. Toutes les classes de l'Institut étaient représentées par la majorité de leurs membres ; et, bien que la séance ne dût s'ouvrir que vers les deux heures, dès midi les retardataires trouvaient difficilement à se placer.

Dans le langage dramatique vulgaire, l'habileté d'exposition se nomme *une ficelle*. On a donc coutume de dire, au théâtre, que M. Scribe possède admirablement la ficelle. Or, voyez quel beau nœud coulant il sait en faire pour s'emparer tout d'un coup et de la docte compagnie dont il s'est moqué si souvent dans ses couplets, et de ce brillant auditoire si intelligent, si spirituel, si narquois dont il a mille fois raillé, bafoué, ridiculisé toutes les actions !...

« Messieurs, dit-il d'une voix perfidement modeste, vous avez lu que la république de Gênes ayant osé braver Louis XIV, le doge fut forcé de venir à Versailles implorer la clémence du grand roi ; et pendant qu'il admirait ces jardins où partout la nature est vaincue, ces eaux jaillissantes, ces forêts d'orangers, ces terrasses suspendues dans les airs, on lui demanda ce qu'il trouvait de plus extraordinaire à Versailles. Il répondit : C'est de m'y voir... »

Et M. Scribe prétendait qu'il était dans la position du doge.

Après cette flatterie, aussi franchement décochée, comment *Messieurs les quarante* auraient-ils pensé à se souvenir que l'humble orateur leur avait reproché plusieurs fois d'avoir de l'esprit comme *quatre?* Comment n'auraient-ils pas oublié aussi qu'il était l'auteur d'*Asinus asinum fricat*.

De son côté, l'auditoire merveilleusement alléché par ce spirituel début, était devenu tout oreilles.

L'exorde fut admiré sans restriction. L'assemblée tout entière devint bienveillante, sympathique. M. Scribe gagnait enfin lui-même, par sa propre parole, par ses propres inflexions de voix, par la dignité de son attitude et de ses mouvements oratoires, une de ces batailles intellectuelles que, dans toute l'étendue de l'Europe, il faisait gagner deux ou trois cent fois chaque jour, depuis plus de vingt ans, par la bouche des artistes dramatiques de toutes les nations. L'occasion était belle pour adresser une réponse solennelle aux aristarques, ennemis ou impuissants, qui l'avaient poursuivi de leurs critiques déloyales ou mal fondées. Il en usa sobrement en donnant un rapide aperçu de sa doctrine en matière de littérature dramatique et de chanson ; mais nous sommes obligé de constater qu'il en abusa peut-être un peu en louant à outrance les tragédies de son prédécesseur Arnault, et en s'efforçant de développer cette proposition que « le théâtre est bien rarement l'expression de la société, qu'il en est souvent l'expression inverse, et que c'est dans ce qu'il ne dit pas qu'il faut ordinairement chercher ce qui existe. »

M. Villemain, le secrétaire perpétuel de l'Académie, relevait ainsi cette témérité littéraire :

« Vous vous êtes proposé une question que vous avez, Monsieur, décidée avec plus d'esprit et de succès que de vérité. Le secret de votre longue prospérité théâtrale, c'est, je crois, d'avoir heureusement saisi l'esprit de notre siècle et fait le genre de comédie dont il s'accommode le mieux et qui lui ressemble le plus, une comédie vive, dégagée, rapide ; non pas un grand tableau d'art qu'on aurait peu le loisir d'étudier, mais une suite de portraits expressifs qui amusent, qui passent, et dont pourtant on se souvient. Loin donc de partager l'opinion que vous venez de soutenir, loin de croire, comme vous, que le théâtre est par état en opposition avec les mœurs, qu'il est le contre-pied de la société, et que pour plaire au public il ne doit pas du tout lui ressembler, je m'en tiens, je l'avoue, à l'ancienne opinion, et je chargerai vos comédies de réfuter en partie votre discours..... »

M. Scribe reçut la remontrance aussi gracieusement qu'elle était donnée... et cette séance est restée mémorable pour tous les assistants.

Au moment où le nouvel élu recevait en petit comité les félicitations et les serrements de main de ses collègues en immortalité, l'un d'eux, M. le procureur général Dupin, qui avait raconté bien souvent l'inutilité de ses efforts pour passionner M. Scribe en faveur de Cujas, s'approcha tout grognant de son ancien élève :

— Tout chemin mène à Rome, Monsieur.

Et à l'Académie, lui dit M. Scribe.

— C'est vrai. Vous avez chanté cela dans une de vos scènes. Mais vous avez pris le chemin tortueux, conséquemment le plus long.

— D'où vient alors que je suis arrivé presque aussitôt que vous, qui aviez pris le *droit*, mon maître?

— C'est apparemment parce que vous êtes plus *léger* que moi; M. Villemain vient de vous le dire.

— En effet, votre compliment est lourd.

— D'ailleurs la présence ici des hommes de théâtre est toute naturelle, mon cher élève.

— Pourquoi cela, mon cher maître?

— Parce que l'Institut touche toujours à la *Seine*.

— A la rivière... crièrent les immortels en poussant M. Dupin vers la porte de sortie.

L'incident n'eut pas d'autre suite. Il ne servit qu'à grever la mémoire de l'illustre procureur général d'un méchant calembour de plus.

A partir de sa réception à l'Académie, M. Scribe sembla avoir renoncé au genre léger qui fit sa fortune et son immense renommée. Sauf quelques pièces, écrites par complaisance pour un directeur ou par dévouement pour un confrère malheureux, et parmi lesquelles on distingue *Jeanne et Jeanneton* et la *Femme qui se jette par la fenêtre*, les petits théâtres n'ont plus rien obtenu de lui. Il s'est exclusivement occupé d'opéras, d'opéras-comiques et de comédies consciencieusement étudiées pour le Théâtre-Français. Nous n'avons pas besoin de citer ces dernières productions; sur toutes les affiches de spectacles on voit poindre encore en grosses lettres les titres de *Robert le Diable*, *les Huguenots*, *la Juive*, *la Favorite*, etc... *le Pré aux Clercs*, *le Domino noir*, *le Cheval de Bronze*, *Lestocq*, *le Dieu et la Bayadère*, *Le Val d'Andore*, *Haydé*, etc..., et pour la comédie : *la Camaraderie*, *la Calomnie*, *le Verre d'Eau*, *une Chaîne*, *Adrienne Lecouvreur*, *les Contes de la reine de Navarre*... A Paris, dans les quatre-vingt-six départements de France, en Afrique, dans les colonies d'Amérique, aux Grandes-Indes, en Russie, en Prusse, à Vienne, à Londres, à Madrid, à Lisbonne, à Rome, à Naples, jusque dans les coins les plus reculés de la Norwége, partout où il y a un théâtre on joue du Scribe, et partout où il y a une bibliothèque, un cabinet littéraire, on lit encore du Scribe. M. Sainte-Beuve a dit avec raison : « Dès qu'il y a quelque part un essai de société qui veut être moderne, élégante, on joue du Scribe. Paris et Scribe pour eux, c'est tout un; » et ceci est tellement vrai que, loin de la capitale, les directeurs de théâtre ne feraient pas de recette s'ils ne donnaient au moins à leur habitués deux ou trois actes de Scribe. Aussi quand ils sont préparés pour jouer quelque pièce d'un autre auteur, ont-ils pris la coupable habitude de l'annoncer au public comme étant de M. Scribe.

Nous n'en dirons pas davantage sur l'auteur dramatique. Nous croyons avoir fait suffisamment connaître l'étendue et l'importance de ses travaux. Il n'a pas dit son dernier mot encore. Nous n'avons donc pu porter un jugement définitif sur l'élan qu'il aura imprimé à l'art dramatique et sur les richesses durables dont il aura doté notre répertoire.

Il nous reste à faire connaître l'homme privé; deux mots suffiront pour cela : entré à vingt ans dans la république des lettres où, plus furieux que les loups, les hommes s'attaquent sans cesse et se mangent quelquefois entre eux, M. Scribe ne s'est pas fait d'ennemis. Il n'a jamais ni oublié ni trahi ses amis, soit qu'ils fussent pauvres, soient qu'ils fussent riches. Possesseur aujourd'hui d'environ *deux cent mille francs de rente* gagnés par sa plume, il dépense grandement son revenu, consacrant son superflu au soulagement des infortunes, de la gêne, de la misère des artistes et des indigents honnêtes que sa générosité sait très-bien découvrir au milieu des indignes traficants de la charité publique.

M. Scribe comptera sans doute dans l'histoire comme un des grands écrivains dramatiques du XIXe siècle; il compte déjà aujourd'hui parmi les hommes de bien.

BONAPARTE (Jérôme), prince de Montfort, ex-roi de Westphalie, gouverneur de l'hôtel des Invalides, maréchal de France et président du Sénat, le plus jeune, et aujourd'hui le seul survivant des quatre frères de l'empereur, est né à Ajaccio le 15 décembre 1784. Il avait neuf ans lorsque sa famille, forcée de fuir devant la haine de Paoli, vint, dans un état de fortune fort précaire, s'établir à Marseille. En 1796, il entra au collége de Juilly où ont été élevés tant d'hommes prédestinés à briller dans les lettres, au barreau, dans la politique et dans l'armée ; y passa trois années studieusement et fructueusement employées, et en sortit, pour débuter dans la carrière des armes, lorsque le providentiel succès de la journée du 18 brumaire eut placé le vainqueur d'Arcole et des Pyramides à la tête du gouvernement de la République. L'impolitique et désastreuse expédition de Saint-Domingue, dont le premier consul venait de confier le commandement à son beau-frère, le général Leclère, qui devait y trouver la mort, fut sa première campagne. Malgré son extrême jeunesse, il en supporta les douloureuses et périlleuses épreuves avec un remarquable courage ; et après avoir, dans plus d'une sanglante rencontre, déployé une intrépidité digne de son nom, il revint en France, chargé de dépêches importantes. Sa mission remplie, il se rembarqua, avec le grade de lieutenant de vaisseau, sur le brick *l'Épervier*, pour la Martinique, et il établit une croisière devant l'île de Tabago ; mais notre marine étant numériquement trop faible pour tenir la mer contre les forces anglaises, il fut contraint de se réfugier à New-Yorck. Jeune, — il n'avait pas vingt ans, — et passionné comme un enfant du Midi, il connut dans cette ville miss Patterson, fille d'un négociant de Baltimore, en devint éperdûment amoureux, et avec cette fiévreuse impatience qui est, dit-on, l'un des traits distinctifs de son caractère, il l'épousa, quoique mineur, le 27 décembre 1803, sans avoir préalablement obtenu, et même songé peut-être à demander le consentement de sa famille. Napoléon, qui, moins de cinq mois après la célébration de ce mariage si légèrement conclu, échangeait la dignité consulaire contre la couronne impériale, et qui déjà, dans ses aspirations vers la monarchie universelle, couvait la pensée d'un trône pour chacun de ses frères, témoigna un vif mécontentement de cette union qui dérangeait ses plans d'avenir, et malgré l'honorable résistance de Jérôme, il la fit casser.

En 1805, Jérôme Bonaparte fut chargé d'une mission auprès du dey d'Alger, ce qui lui valut le grade de capitaine de vaisseau. L'année suivante, il reçut le commandement d'une escadre de huit navires avec lesquels il toucha heureusement à la Martinique, nonobstant l'active surveillance des croisières anglaises, et, à son retour, il fut nommé contre-amiral.

Cette expédition, qui lui fit honneur, fut le dernier acte de sa vie maritime. La guerre continentale étant, surtout depuis le désastre de Trafalgar, la grande et même l'unique préoccupation de Napoléon, qui, pour la prompte réalisation de ses rêves, concentrait sur ce champ de bataille, toutes ses forces, toutes ses ressources, tout son génie, son jeune frère, dont la gloire de nos armées de terre excitait le courage et l'ambition, vint prendre place dans les rangs de nos immortelles phalanges. Investi par l'empereur du commandement d'un corps de Wurtembergeois et de Bavarois, il conquit, à la pointe de son épée, dans la campagne de Silésie, le grade de général de division. Après le traité de Tilsitt, qui suivit de si près la terrible et décisive bataille de Friedland, le roi de Wurtemberg, reconnaissant de la gloire qu'il avait fait rejaillir sur les armes de son peuple pendant cette dernière campagne, lui donna la main de Frédérique-Catherine sa fille (22 août 1807). Quelques jours auparavant, l'empereur, qui avait déjà fait son frère aîné, Joseph, roi des Espagnes et des Indes, (7 juin 1806) son frère puîné, Louis, roi de Hollande (24 mai 1806) et qui allait disposer de la couronne de Naples en faveur de son beau-frère Murat, avait élevé Jérôme à la dignité souveraine, en le proclamant roi de Westphalie.

Que ce roi improvisé de vingt-trois ans ait, sous l'influence d'une jeunesse impétueuse et bouillante et par suite de son peu d'habitude des choses administratives, commis, sur un trône où nos revers ne devaient pas lui laisser le temps de mûrir, des légèretés et des fautes qui plus d'une fois lui attirèrent de sévères réprimandes de la part de l'empereur, ce génie classificateur et généralisateur par excellence, il n'y a rien là dont on doive s'étonner. Il n'en est pas moins vrai que Napoléon qui s'était, vu l'inexpérience de son frère, réservé la haute main dans les affaires de ses États, put sans peine découvrir sous ses habitudes fastueuses et, assure-t-on, quelque peu excentriques, le germe facile à développer de précieuses qualités royales. Ce qui le prouve, c'est que, dans l'appréciation rétrospective des hommes et des choses du temps de sa grandeur, à laquelle il s'est livré sur son rocher de Sainte-Hélène, il a dit de lui (voir le *Mémorial*). « Jérôme eût été propre à gouverner, et je découvrais en lui de véritables espérances. »

Lorsque Napoléon, poussé par la fatalité, se jeta avec toutes les forces de son empire dans cette gigantesque entreprise qui devait porter jusqu'à Moscou ses aigles victorieuses, le roi Jérôme, fatigué de son opulent repos, sollicita et obtint de son frère l'honneur de partager de nouveau les périls et la gloire de la grande armée. Sa conduite, à la tête de sa division, fut très-brillante à Ostrowa et à Mohilow ; malheureusement il eut l'imprudence, à la journée de Smolensk, de se laisser surprendre par l'ennemi ; et cette faute, dans une conjoncture aussi grave, lui attira la disgrâce de l'empereur qui lui intima l'ordre de se retirer à Cassel. Les victoires de la coalition le forcèrent d'abandonner son royaume le 26 octobre 1813. Pendant la première Restauration, il habita Venise, d'où il revint à Paris après le

20 mars. Il fut un des membres de la chambre des pairs des Cent Jours.

Cependant la coalition, qui s'était reformée, plus formidable, à la nouvelle du retour de l'île d'Elbe, dont le succès triomphal sapait, à la base même, l'inique et laborieux édifice que ses diplomates étaient en train d'échafauder, rassemblait à la hâte ses bataillons et allait de nouveau fondre sur la France à la fois menacée sur toutes ses frontières. Il fallait la prévenir et frapper un de ces grands coups par lesquels, dans des temps plus heureux. Napoléon avait tant de fois déchiré ses trames et rompu ses anneaux. Le grand capitaine, qui n'avait jamais été en possession plus entière de ce prodigieux génie auquel la France avait dû tant d'éclatantes victoires, entra comme la foudre en Belgique, battit à Ligny les Prussiens de Bluker, qu'il aurait écrasés si ses ordres avaient été mieux compris, et revint, le lendemain, après avoir dans la journée deux fois tenu la victoire dans ses mains, tomber pour ne plus se relever, à Waterloo, par l'injustifiable et irrémédiable faute de l'un de ses principaux lieutenants. L'héroïque bravoure dont fit preuve dans cette calamiteuse journée le général de division Jérôme, est assez connue pour qu'il suffise de la rappeler.

Après la seconde abdication de Napoléon, le roi Jérôme revint en Wurtemberg, où il prit le titre de comte de Montfort, et reçut du roi, son beau-père, le château d'Elvangen pour résidence; mais il fit de fréquents séjours dans un château près de Vienne, à Florence et à Trieste.

La Révolution de 1848 lui rouvrit les portes de la France ainsi qu'à son fils Napoléon-Joseph-Charles-Paul Bonaparte, qui fut élu représentant de la Corse à l'Assemblée constituante.

Après l'élection du 10 décembre, Louis-Napoléon le nomma gouverneur de l'Hôtel-des-Invalides et maréchal de France.

Dans la nuit du 1 au 2 décembre, instruit du grand événement qui se préparait par un petit billet du président, billet qui se terminait ainsi : *Je sortirai vainqueur de la lutte où je me ferai tuer* ; il lui répondit ces simples mots : *Mon neveu, je me rends à l'instant auprès de vous pour vous seconder ou mourir avec vous.*

Un décret du 28 janvier 1852 lui a confié la présidence du Sénat.

Le roi Jérôme est de petite taille, mais sous les glaces de ses soixante-huit ans, il est plein de feu encore et d'une vivacité toute juvénile.

Il a perdu, le 28 novembre 1836, sa femme Frédérique-Catherine-Sophie-Dorothée, sœur du roi actuel de Wurtemberg.

Son fils, qui a fait partie des Assemblées constituante et législative, et qui a été un moment ambassadeur de France à Madrid, s'est, dit-on, retiré de la vie politique.

Sa fille, Mathilde-Lætitia-Wilhelmine, princesse de Montfort, mariée en 1841, au prince Anatole Demidof, fait, depuis l'élection du 10 décembre, avec une grâce exquise et une distinction toute royale, les honneurs des salons de la Présidence.

Quant au fils qu'il avait eu de son premier mariage avec miss Patterson, il a épousé miss Gay, et a fondé à Baltimore (États-Unis) une honorable et opulente maison de commerce.

DAVID (Pierre-Jean, membre de l'Institut, officier de la Légion d'honneur), naquit, le 12 mars 1789, à Angers (Maine-et-Loire), dans une modeste maison de la rue de l'Hôpital que ses compatriotes enorgueillis ont depuis baptisée rue David. Son père y exerçait, avec plus de talent que d'enthousiasme, l'ingrate profession de sculpteur sur bois, et n'arrivait qu'à grand'peine à pourvoir par son travail aux besoins de sa famille, composée de six personnes. Le jeune David fit donc, dès son entrée dans la vie, connaissance avec la pauvreté, cette dure nourrice dont les étreintes ont, depuis que le monde est monde, étouffé dans leur germe tant d'organisations nées pour la gloire mais trop faibles pour la lutte. Enfant, comme s'il eut obéi à une voix entendue de lui seul, il accompagnait chaque jour son père à l'église Saint-Maurice d'Angers, et tandis que le ciseau paternel découpait des festons dans la boiserie du chœur de cette église, appuyé contre un pilier, il le regardait travailler avec une curiosité avide et questionnante dans laquelle l'honnête artiste, s'il n'eût été abîmé dans ses tristes préoccupations, aurait bien vite reconnu l'une de ces vocations profondes, irrésistibles, qui aboutissent presque toujours, suivies, à la gloire, contrariées, à la mort. En 1795, son père l'emmena en Vendée, où il allait combattre dans les rangs de l'armée républicaine. On conçoit l'impression que dut produire sur sa jeune et ardente imagination le spectacle de cette effroyable guerre civile, et l'on sait, de reste, aujourd'hui pour quelle cocarde il eut été heureux de verser son sang, s'il avait eu la force alors de porter un fusil ou de manier une épée. Né au bruit de l'immense acclamation qui, dans toute la France, avait salué l'écroulement de la Bastille, il grandit aux sons de la *Marseillaise* et du *chant du Départ*. Sans cesse poursuivi par le souvenir de la lutte gigantesque et terrible dont il avait été témoin, en même temps qu'il était émerveillé par le récit des prodiges accomplis au dehors par nos invincibles phalanges, il sentit de bonne heure, s'éveiller en lui « le désir et l'espoir de se faire un « jour l'historien sur marbre, des grandes choses de « son temps. » Mais, pour atteindre à ce but si passionnément désiré, que d'obstacles n'avait-il pas à vaincre?

Le premier et le plus sérieux de ces obstacles, — car une fois la lice ouverte à son impatiente ardeur, il avait, ainsi qu'il arrive à tous les hommes d'une foi robuste, la ferme, l'ardente conviction d'y cueillir ou plus tôt ou plus tard les palmes entrevues dans la splendeur de ses rêves, — était l'opiniâtre opposition de son père qui, aigri par ses déceptions et la misère qui en avait été la suite, « ne cessait de lui raconter l'histoire de tous ceux que la passion des arts avait condamnés à une vie malheureuse et à une mort prématurée, » ajoutant, sous forme de conclusion, qu'il aimerait presque mieux le voir savetier que sculpteur. Ce qu'il lui fallut, dans ce duel incessant de sa volonté d'enfant contre la volonté d'un père qu'il avait appris à chérir et à vénérer, dépenser d'inflexible et persévérant courage pour tenir son âme fermée aux lugubres pronostics qui, pareils à un glas funèbre, résonnaient sans trêve à ses oreilles, est chose plus facile à comprendre qu'à exprimer. A neuf ans, sans avoir encore eu de maître, il avait offert à son père, le jour de sa fête, un bouquet dessiné par lui, et sur ce bouquet avaient coulé les larmes paternelles, larmes de désespoir! Désolé, mais inébranlable dans sa résolution et dans ses espérances, le jeune David, après avoir pendant quelque temps, continué à s'exercer seul et en secret à manier le crayon et l'ébauchoir, décida tout à coup, de sa propre autorité, qu'il suivrait le cours de dessin de l'école centrale d'Angers. Ses progrès sous la direction de M. Marchand d'abord, de M. Delusse ensuite, y furent tels qu'on pouvait l'attendre d'une pareille vocation, d'une semblable énergie; malheureusement il se trouva, avant qu'il pût se passer de guide, arrêté dans sa marche rapide vers l'avenir par la suppression soudaine de cette école dont il était devenu le plus brillant élève. Dans l'amertume de ses regrets, il tourna les yeux vers Paris, mais, ainsi que le dit le lyrique Latin, *non licet omnibus adire Corinthum*. Pour effectuer ce voyage, deux choses lui manquaient : le consentement de son père et de l'argent. Il tomba dans une noire mélancolie. Sa douleur se changea bientôt en un désespoir muet et sans larmes; son désespoir devint de la folie. Le suicide lui apparut comme une délivrance. Il fit usage, pour mettre un terme à ses jours, d'une plante qu'on lui avait dit être vénéneuse. Le prétendu poison ne produisit pas l'effet qu'il en attendait. Sauvé de la mort par cette heureuse méprise, il ne songea plus à quitter la vie. Il est si triste de mourir quand on n'a pas vingt ans et qu'on se sent dans la tête et dans le cœur l'ambition des grandes choses et la force d'y atteindre. Mais une autre pensée s'empara de son esprit : rompre sa chaîne, coûte que coûte, et fuir, sous la garde de Dieu et de son courage, vers Paris, vers le salut! Une nuit, — il était possesseur de quinze francs, amassés avec quelle peine! — il allait franchir le seuil de la maison paternelle, lorsque sa mère, qui avait surpris son projet, l'y fit rentrer par ses larmes. Enfin, la Providence, sous les traits de M. Delusse, son ancien professeur, le prit en pitié. Le vieux maître, et deux têtes de femme récemment modelées en terre-glaise par son élève, d'après Michel-Ange, et merveilleusement réussies plaidèrent si bien sa cause au tribunal de l'inflexible sculpteur sur bois, que celui-ci, à bout de raisons, s'écria d'un ton bourru et chagrin : « Il le veut; eh bien! qu'il parte et que sa destinée s'accomplisse! » Quelques jours après, notre jeune artiste arrivait à Paris; c'était en 1808. Soixante francs, que lui avait prêtés l'excellent M. Delusse, avaient payé son voyage.

Il lui fallut s'occuper aussitôt de ne pas mourir de faim : « Il se fit admettre parmi les ouvrier qui travaillaient aux petits ornements de l'Arc-de-Triomphe du Carrousel, que l'on élevait alors, et aux modillons de la corniche du Louvre, qui fait face au pont des Arts. » Le peu d'instants qu'il pouvait dérober à cette besogne de manœuvre à laquelle il gagnait vingt sous par jour, il les consacrait à dessiner au musée Napoléon. Bientôt son illustre homonyme, le peintre des *Horaces*, frappé du caractère d'*énergie passionnée* empreint dans ses premiers essais, l'admit au nombre de ses élèves. Vers le même temps, il entra à l'atelier de l'élégant et gracieux sculpteur Rolland, un des maîtres les plus habiles de l'Empire. « Au sortir de l'atelier, il allait étudier l'anatomie sous les auspices du médecin Béclard, son compatriote, et le soir, retiré dans sa mansarde, il modelait avec amour des peintures de Nicolas Poussin, jusqu'à ce qu'il fut vaincu par le sommeil. » Admis au concours d'essai à la fin de 1809, il y obtint une médaille, et sur la demande des sculpteurs Ménageot et Pajou, demande apostillée par tous les membres de l'Académie des beaux-arts, le conseil municipal d'Angers lui accorda une subvention de 600 francs par an, qui devait être continuée jusqu'à la fin de ses études. En 1810, il remporta le prix de la tête d'expression et le second prix de sculpture du concours. Enfin, en 1811, le premier grand prix fut adjugé à son beau *bas-relief d'Epaminondas* que possède le musée d'Angers.

Devenu pensionnaire de l'Académie de France, il partit pour Rome où il étudia les tableaux de Raphaël et les statues de Michel-Ange, et où il fréquenta assidûment l'atelier du célèbre Canova. Après avoir successivement visité Naples, Portici, Pompeïa et Herculanum, Florence et Venise; après un projet de voyage en Égypte où voulait l'emmener la princesse de Galles, et une dangereuse coopération à la tentative désespérée dans laquelle Murat perdit la vie, il revint à Paris en 1816, rapportant comme principaux fruits de son séjour en Italie, une tête en marbre d'Ulysse, un jeune berger et un grand bas-relief représentant une *Néréide présentant son casque à Achille*.

A Londres, où il se rendit quelques mois plus tard, pour contempler les précieux bas-reliefs du Parthénon, récemment enlevés par lord Elgin, et dans la pensée de profiter des leçons du fameux sculpteur Flaxmann qui, par parenthèse, dans sa haine de la révolution française, lui ferma outrageusement sa porte, le croyant parent du peintre régicide des *Horaces*,—il s'honora, se trouvant privé de toutes ressources, en refusant, malgré les offres les plus séduisantes, de travailler à une colonne destinée à perpétuer le souvenir de la bataille Waterloo. Son retour en France fut marqué par une bonne fortune inespérée. Grâce à l'appui d'un de ses compatriotes, alors chef du bureau des beaux-arts, il fut chargé d'achever une statue du Grand Condé, commencée par le sculpteur Rolland, son maître, qui venait de mourir. Cette belle œuvre, la première qui signala son nom à l'attention publique, après avoir longtemps figuré sur le pont de la Concorde, est aujourd'hui placée dans la cour d'honneur du château de Versailles.

L'artiste exécuta ensuite en pierre dure pour la cathédrale d'Angers, une *Vierge au pied de la croix* et un *Saint Jean*; pour le château de Fontainebleau, divers bas-reliefs; et pour la ville d'Aix, la statue en marbre du bon roi René dont il modela le visage d'après un portrait peint par ce roi artiste et troubadour lui-même.

La renommée était venue à l'artiste : c'est à peine si désormais, il pourra suffire à sa glorieuse tâche. Parmi les œuvres les plus importantes accomplies par lui sous la Restauration, nous signalerons : Le beau monument en marbre consacré à Bonchamp, qui se voit dans l'église de Saint-Houmd en Vendée; le monument du général Frotté, qui figure dans l'église d'Alençon; les tombeaux de la duchesse de Brissac, à Brissac; des maréchaux Lefebvre, Suchet, Gouvion-Saint-Cyr, des généraux de Bourk et Foy, au Père-Lachaise; une masse de médaillons de grandeur colossale, destinés à la reproduction de toutes les têtes célèbres de la France et de l'Europe; enfin les beaux bustes de Goëthe et de Jérémie Bentham pour lesquels il fit tout exprès un voyage à Weimar et à Londres.

Le médaillon de Rouget-de-l'Isle rappelle une trop noble et trop généreuse action pour qu'il soit permis de la passer sous silence. « L'auteur de la *Marseillaise* végétait à Paris dans la misère; l'illustre statuaire va le voir; lui demande la permission de sculpter son profil en marbre, met le médaillon en loterie à 20 francs le billet; quatre-vingt-dix billets sont placés et la somme totale est remise à Rouget-de-l'Isle. » (*Biographie de David, par un Homme de rien.*)

Après la révolution de Juillet à laquelle il prit, le fusil à la main, dans les rangs du peuple, une part très-active, « la réputation de David s'étendit de plus en plus avec les productions de sa main féconde.»

C'est à lui que fut confiée « la tâche enviée de traduire en marbre l'inscription restaurée du Panthéon; et tandis que Marseille lui donnait à sculpter un monument tout entier, l'Arc-de-Triomphe de la porte d'Aix, les villes de France se disputèrent l'honneur de voir leurs grands hommes reproduits par son ciseau. » La Grèce elle-même fit appel à son génie lorsque, dans sa patriotique gratitude, elle songea à élever un monument au plus glorieux martyr de son indépendance, au héros de Missolonghi, à Marco-Botzaris; et le grand artiste répondit à cet appel par un incomparable chef-d'œuvre de naïveté et de grâce. Sa *jeune Grecque, épelant sur un tombeau le nom du moderne Léonidas*, est, par la conception comme par le fini de l'exécution, digne de la patrie de Praxitèle et de Phidias.

Nous ne pourrions, sans excéder les limites de cette notice, donner la liste complète des ouvrages de M. David. Pour faire apprécier la merveilleuse puissance et la prodigieuse fécondité de son ciseau, il nous suffira de rappeler les œuvres suivantes :

STATUES EN MARBRE.

Cuvier, au Jardin des Plantes, —Talma, au Théâtre-Français, — Philopœmen, au jardin des Tuileries, — Fénelon, à Cambrai, — Racine, à la Ferté-Milon, — général Gobert, groupe équestre composé du général à cheval et d'un guérillero renversé, au Père-Lachaise, — Joseph Barra et un jeune enfant cherchant à manger une grappe de raisin attachée au cep, dans l'atelier de l'artiste.

STATUES EN BRONZE.

Corneille, à Rouen,—Bichat, à Bourg, — Ambroise Paré, à Laval, — Armand Carrel, à Saint-Mandé, — Guttenberg, à Strasbourg, — Jean-Bart, à Dunkerque,—le baron Larrey, au Val-de-Grâce.

BUSTES (MARBRES).

Camille Jordan, au Père-Lachaise, — Lafayette, à Wassington, — Béranger, à Paris, — Larevcillère, Lépaux,—Adam Miskiewitz,—Goëthe, à Weimar,—Fenimore Cooper, à New-York, — mademoiselle Mars, Châteaubriant, Lamartine, Victor Hugo, à Paris,—lady Sydney-Morgan, en Irlande,—F. Arago, Sieyès, Lamennais, Lakanal, à Paris, — Casimir Delavigne, Joseph Chenier, au Théâtre-Français, — Bœrne, au Père-Lachaise, — Humboldt, à Berlin,— Washington aux États-Unis.

BRONZES.

Buste colossal de Corneille, à Angers, — du général Travot, à Chollet, — de Bricqueville, à Cherbourg, — d'Henri II (colossal), à Boulogne-sur-Mer, — Paganini, — Grégoire (ancien évêque de Blois, à Haïti).

MÉDAILLONS DE GRANDEUR COLOSSALE (MARBRES).

Casimir Périer, — Gohier, — Condorcet, — madame d'Abrantès, — Lemercier.

BRONZES.

Daunou, — Dulong, — Wilhem (compositeur),— Geoffroy-Saint-Hilaire, — Manuel, — Kératry.

On doit, en outre, à cet infatigable artiste, environ cinq cents médaillons en bronze, de grandeur naturelle, représentant les hommes les plus remarquables de l'Europe.

M. David a glorieusement rempli le rôle de Plutarque-sculpteur qu'il ambitionnait tout enfant. « C'est surtout dans la représentation des grandes choses et des grands hommes de nos soixante dernières années qu'il excelle. Quoique l'élégance et la grâce ne soient pas étrangères à son ciseau, témoin sa *jeune Grecque au tombeau de Botzaris* et son *jeune Enfant cherchant à manger une grappe de raisin au cep*, il est avant tout le sculpteur du mouvement énergique et de l'expression forte. » « Il n'a pas de rivaux dans l'art de comprendre et d'interpréter la tête humaine. Son talent consiste à deviner le sens intime d'une physionomie et à rendre évidente, pour les yeux les moins clairvoyants, la pensée qui a dominé toute la vie de son modèle. »

M. David est membre de la Légion d'honneur depuis 1825 et de l'Institut depuis 1826. Il a été professeur à l'Académie de peinture. Il a épousé en 1831 la fille de Lareveillère-Lépaux, l'ancien directeur. Il appartient à l'opinion radicale. Après 1830, il s'était vainement mis plusieurs fois et en divers lieux sur les rangs pour la députation. Le suffrage universel lui a donné un siége à l'Assemblée constituante. Son éloquence n'y a pas fait, que nous sachions, beaucoup de bruit. Le livre-brochure qu'il a publié sur l'époque de la Terreur n'en a pas fait davantage. Il a été, pendant quelque temps, maire de l'un des arrondissements de Paris, le XIe, si notre mémoire ne nous trompe. Notre vœu et, nous n'en doutons pas, le vœu de tous ceux qui nous liront, est qu'il se contente, à l'avenir, de rester ce que sa persévérance et son génie l'ont fait, le plus populaire et, à notre avis, le premier sculpteur de son temps.

M. David est, en ce moment, à Athènes, qu'il vient d'enrichir, en échange de la généreuse hospitalité qu'il y a reçue, d'un buste colossal en marbre de Canaris, cet autre Jean-Bart, cet intrépide brûleur de flottes.

ANCELOT (Jacques-François-Arsène), membre de l'Académie française, naquit au Havre, le 9 janvier 1794. Son père, greffier au tribunal de commerce de cette ville, le destinait à suivre la carrière de l'administration de la marine, mais il avait compté sans sa vocation poétique. C'est dans Racine que le jeune Ancelot apprit à lire ; et dès l'âge de neuf ans, il le savait par cœur. Après avoir fait, avec succès, ses études au Havre, il alla passer quelques années sous la direction de son oncle, préfet maritime à Rochefort. En 1815, il obtint une place au ministère de la marine. Son premier essai dramatique fut une comédie en vers intitulée *l'Eau bénite de Cour*. Il eut le sort de la plupart des œuvres de l'extrême jeunesse ; le feu le consuma. Une tragédie de *Perkins Warbeck* suivit de près. Produit d'une méditation plus sérieuse et d'un travail plus sévère, cet ouvrage eut, le 19 mars 1816, les honneurs d'une lecture au Théâtre-Français, où il fut *reçu à corrections*; mais, plus exigeant que le comité, l'auteur le retira comme indigne de voir le jour, et se remit vaillamment à l'œuvre. Enfin, le 5 novembre 1819, il fit représenter au Théâtre-Français la tragédie de *Louis IX*, qui eut cinquante représentations fort suivies et trois éditions rapidement épuisées. Recommandable par une versification élégante et correcte, par beaucoup de traits heureux, et par une étude approfondie de l'époque où se passe l'action, cette pièce lui valut une pension de 2,000 francs sur les encouragements littéraires, et les suffrages de tous les hommes de goût. La passion politique qui était alors dans toute la ferveur de ses sympathies et de ses haines, s'empara de ce glorieux début pour faire tache à un autre soleil poétique qui venait, presqu'en même temps, de se lever, avec un patriotique éclat, sur la scène de l'Odéon ; et l'on vit les champions des deux opinions rivales, les royalistes et les libéraux, se parer, en se combattant, les uns de l'auteur de *Louis IX*, les autres de l'auteur des *Vêpres siciliennes*, déjà connu de la France entière par la publication de ses belles et touchantes *Messéniennes*.

Transfuge de notre première scène où il crut ne pas trouver les égards dûs à sa réputation, M. Ancelot confia son second ouvrage, le *Maire du Palais* (15 avril 1823), au zèle et au talent des comédiens fort distingués qui tenaient, à cette époque, la scène de l'Odéon ; mais, au lieu du triomphe incontesté de son début, il ne trouva dans cette seconde tentative (je ne dirai pas que la politique n'y fût pour quelque chose) qu'un bruyant champ de bataille que par lassitude ou par dignité, il déserta dès le septième jour. Blessé, mais non découragé, il reparut sur la même scène, le 5 novembre de l'année suivante, avec sa tragédie de *Fiesque*, imitée de Schiller, qui dut à la vivacité de l'action, à la vigueur soutenue des caractères et à une foule d'ingénieux détails, un succès de quarante représentations, — succès confirmé à toutes les reprises.

En 1826, M. Ancelot suivit en Russie, avec le titre de secrétaire, le maréchal duc de Raguse, envoyé en ambassade extraordinaire à Saint-Pétersbourg, pour assister au couronnement de l'empereur Nicolas. *Six mois en Russie*, ouvrage en prose, aujourd'hui oublié, mais lu avec plaisir dans le temps, grâce aux observations fines dont il est semé et à des détails de mœurs étrangères ingénieusement reproduits, furent le fruit littéraire de ce voyage. Vers la même époque, il publia un poëme en six chants intitulé *Marie de Brabant*, et *l'Homme du Monde*, roman de mœurs auquel, malgré une intrigue trop chargée d'incidents, souvent sans vraisemblance, quelques portraits satiriques peints, prétendit-on, d'après nature, assurèrent une vogue assez grande pour donner à l'auteur l'idée de le découper en drame, en collaboration de son spirituel ami X. Saintine. Joué avec succès à l'Odéon, ce drame fut suivi, à peu d'intervalle, de deux tragédies, *Olga* ou *l'Orpheline Moscovite* (15 septembre 1828), et *Élisabeth d'Angleterre* (4 décembre 1829), qu'accueillit avec une faveur marquée le public du Théâtre-Français.

Ces différents ouvrages dans lesquels M. Ancelot, — novateur pour satisfaire les exigences d'un public blasé, mais novateur d'une circonspection extrême, — avait constamment fait preuve d'un style pur, harmonieux, nerveux parfois, et d'une élégance généralement soutenue, ainsi que de quelques louables efforts pour « tirer la tragédie de l'ornière où la traînaient depuis cinquante ans les pâles imitateurs de Racine et de Voltaire. » Ces différents ouvrages lui avaient, à bon droit, acquis une renommée littéraire des plus enviables, lorsque survint la révolution de Juillet. Il avait été trop avant dans la faveur de la Restauration, pour ne pas ressentir, un des premiers, le contre-coup de ce tremblement de terre politique, aussi terrible dans ses conséquences que rapide dans son explosion. Pension de 2,000 francs, place au ministère de la marine, bibliothèque, tous les avantages de fortune dont il jouissait, disparurent avec le trône de ses bienfaiteurs dans les laves du volcan populaire, sur lequel, suivant l'expression de M. de Salvandy, le vieux roi et sa cour dansaient encore, quelques jours auparavant, avec une si imprévoyante, une si aveugle sécurité. Mais ce coup de foudre, qui l'avait si cruellement atteint dans son bien-être, ne put entamer ni son courage, ni, ajoutons-le à son honneur, — sa reconnaissance pour la royale famille exilée. Quand tant d'autres, faisant peau neuve, ainsi qu'aux premiers rayons d'avril le serpent, retournaient leur habit et changeaient honteusement de cocarde, il garda la sienne sans ostentation et demeura, d'esprit et de cœur, invariablement fidèle au culte de ses jeunes années — conduite d'autant plus honorable que par une capitulation de conscience, qui fut passée inaperçue au milieu du scandale des apostasies d'alors, il eut pu facilement réparer les brèches que les événements avaient faites à sa fortune. Il avait jusque-là travaillé *pro famâ*, comme il le disait assez gaîment, il se mit à travailler *pro fame* ou à peu près. C'est à la nécessité, qui vint bientôt lui faire sentir son dur aiguillon, que le répertoire des théâtres secondaires dut de s'enrichir coup sur coup, en l'enrichissant lui-même, d'une foule de petits drames touchants, de fines comédies, de spirituels vaudevilles, parmi lesquels nous citerons : *Léontine*, *la Fête de ma Femme* (deux immenses succès), *la Jeunesse de Richelieu*, *Dieu vous bénisse*, *l'Escroc du grand monde*, *le Favori de la cour de Catherine II*, *le Mariage d'amour*, etc., etc. On se rappelle avec quelle merveilleuse réussite il a longtemps exploité les chroniques scandaleuses du XVIIIe siècle ; mais la tragédie avait eu ses premières amours, et, comme le dit en d'autres termes la chanson, il est rare, quand on dit adieu à ces amours-là, qu'on leur dise un adieu éternel. Pour sa part, il n'a pas voulu faire mentir la chanson ; et ceux qui lui reprochaient d'user dans des genres inférieurs un talent appelé à briller sur une scène plus relevée, eurent la joie d'applaudir, en novembre 1838, au Théâtre-Français, sa belle et intéressante tragédie de *Maria-Padilla*, et purent reconnaître qu'au lieu de s'être amoindri par l'abus du *flon-flon*, son talent avait considérablement grandi autant sous le rapport du style que sous celui de l'invention.

Malheureux dans deux premières candidatures, en 1828 contre M. Lebrun, en 1830 contre M. de Pongerville, M. Ancelot a été élu au mois de février 1841, membre de l'Académie française, en remplacement de M. de Bonald.

En 1842, ses *Épîtres familières*, tout étincelantes de verve satirique, de traits mordants, de vers comiques, dont se fussent fait honneur l'auteur de la *Métromanie* et celui du *Méchant*, montrèrent son talent sous une face nouvelle, et vinrent prouver que s'il avait sollicité le fauteuil, ce n'était pas pour y procurer à son immortalité les joies alourdissantes d'un plantureux sommeil.

Peu de temps après il obtint le privilége du théâtre du Vaudeville, qui fut redevable à son habile direction de nombreux succès, dont les moins brillants ne furent point ceux qu'y remporta sa femme, esprit souple, délicat et fin, que sa jolie comédie de *Marie ou les Trois Époques*, si bien interprétée par mademoiselle Mars, avait déjà très-avantageusement fait connaître dans la république des lettres.

Depuis qu'il a quitté ses laborieuses fonctions de directeur de théâtre, M. Ancelot a gardé un silence que déplorent tous les amis de la littérature sérieuse. Il n'est pas si courbé sous le poids des ans qu'il lui soit déjà permis de dormir... sur ses lauriers. Espérons donc qu'un de ces jours nous apprendrons qu'il a repris le chemin du Théâtre-Français, et qu'il nous prouvera, par quelque comédie ou tragédie nouvelle, que la source des beaux vers et des heureuses inspirations n'est pas encore tarie pour lui.

Passy. — Typographie Aubert.

SAND (George), née au château de Nohans, près La Châtre, vers la fin de l'année 1803. Petite-fille du fermier général Dupin, elle a du sang royal dans les veines par sa mère qui descend d'Auguste II. Le sexe de Georges Sand n'est plus un mystère pour personne. Mais pendant longtemps elle a passé pour une androgyne et il y eût même des paris à ce sujet. Les uns ne pouvant admettre qu'une femme eût un style aussi nerveux et aussi splendide soutenaient que l'auteur de *Lélia* était un homme; les autres qui l'avaient vue et qui, d'ailleurs, avaient examiné de plus près ses romans, dans lesquels à côté de pensées vraiment masculines se trouvent des sentiments qu'une femme seule éprouve et sait rendre, avaient une opinion contraire. Aujourd'hui, tous les doutes sont dissipés et le public sait à quoi s'en tenir sur ce point. Mais si tout le monde est maintenant édifié sur le sexe de George Sand, il y a encore dans l'esprit de beaucoup de gens une multitude d'erreurs sur la manière dont elle vit. Le cigare à la bouche, le fleuret à la main, le chapeau sur l'oreille, et presque la moustache retroussée, telle apparait encore George Sand à l'imagination de certaines personnes. On a beaucoup exagéré ses excentricités. Parce qu'elle fume volontiers le *cigarito*, qu'elle a autrefois — *horresco referens* — endossé notre ignoble redingote, ce disgracieux vêtement importé d'outre-mer, on en a conclu qu'elle avait banni les exigences de son sexe pour adopter les prérogatives de l'autre. C'est une erreur, et elle a souvent prouvé à tous ceux qui la connaissent que, si elle n'est point étrangère aux mâles pensées de l'homme, les grâces de la femme lui sont également familières.

Aurore Dupin, c'est le nom de George Sand — entra à l'âge de 14 ans au couvent des *Dames anglaises* à Paris. Là se trouvaient les filles des plus grandes familles de France. Riche et d'une origine patricienne elle n'y fut point déplacée. Son éducation religieuse avait été tellement négligée pendant son enfance, qu'elle ignorait presque la manière de faire le signe de la croix. Madame Dupin, sa grand'mère, imbue des idées philosophiques du dernier siècle, ne pensait guère à inspirer des sentiments religieux à Aurore. Cependant, dans les premières années de la Restauration, une réaction s'étant manifestée contre l'incrédulité et l'irréligion de l'époque précédente, madame Dupin comprit que sa petite-fille avait besoin d'une direction et d'une éducation religieuse; c'est alors qu'elle la confia au couvent de la rue des *Fossés-Saint-Victor*. A peine Aurore Dupin avait-elle passé quelques mois dans cette pieuse institution qu'elle en ressentit l'influence. La magnificence du culte catholique l'émerveilla; son âme ardente s'épanouissait, son imagination s'exaltait et sa ferveur devint telle, que la supérieure se vit obligée de la modérer. Aux yeux de la jeune néophite, la règle n'était point assez sévère; elle voulait des mortifications, elle aurait alors couru au-devant du martyre.

Quelques années plus tard elle perdit sa grand'mère, et on la maria à un propriétaire du Berry, M. Dudevant, ancien soldat, rentré dans ses foyers et à qui elle apporta une dot de cinq cent mille francs. Ce mariage de convenance ne fut pas heureux. On aurait dû le prévoir. Jeune, ardente, enthousiaste, artiste, madame Dudevant ne pouvait sympathiser avec un mari, dont le bulletin de la grande armée formait la principale littérature. Désenchanté, comme un homme qui a beaucoup vu, M. Dudevant raillait toutes les aspirations de l'âme et les élans de l'imagination. A ses yeux, les charmantes rêveries du poëte et les voyages dans les régions de l'idéal étaient autant de folies et d'enfantillages. Madame Dudevant porta sa croix pendant quelques années, mais ne pouvant plus supporter la vie fastidieuse qui lui était faite, elle quitta le toit conjugal pour venir à Paris. Quelques années après cette fuite, eut lieu un procès en séparation dans lequel l'avocat de George Sand, Me Michel de Bourges déploya un talent remarquable. Cette première faute eut des conséquences graves pour elle. On ne s'affranchit pas impunément des règles et des bienséance sociales. Libre, sans ressources, les commencements de son existence parisienne furent difficiles, et les jouissances du cœur ne la dédommagèrent pas de la perte de sa dignité d'épouse. N'ayant point goûté dans le mariage le bonheur qu'elle avait rêvé, elle le chercha dans une alliance illicite et elle ne l'y trouva pas davantage. Ce nouveau désabusement dut être bien amer à son cœur; mais bientôt sans doute elle s'en consola, car chez les natures bien douées, le malheur, en élevant l'âme, donne à l'écrivain des qualités plus sympathiques. Désormais, madame Dudevant s'appellera George Sand. Il serait surabondant de dire l'origine de ce pseudonyme qu'elle a conservé jusqu'à ce jour et qu'elle ne quittera certainement jamais puisque sa gloire d'écrivain s'y trouve maintenant attachée. Avant d'écrire *Indiana*, qui a commencé sa réputation, George Sand adressa plusieurs articles au rédacteur en chef du *Figaro*, M. Delatouche. Le ton caustique et les allures vives de ce journal ne s'accordaient guère avec le talent descriptif du jeune débutant et les riches draperies de son style. M. Delatouche, en homme d'esprit, lui fit comprendre qu'elle se fourvoyait dans les petits sentiers de cette littérature quotidienne, et il lui donna l'excellent conseil de faire des nouvelles et des romans.

Après avoir fait paraître en 1831 sous le nom de *Sandeau*, une nouvelle intitulée *Rose et Blanche*, composition assez médiocre en somme, mais dans laquelle cependant les traces d'un esprit distingué n'échappèrent point à l'œil investigateur des juges compétents, George Sand donna au public un roman d'où s'exhalent les plus frais parfums de l'imagination et les plus touchantes émotions du cœur. La première partie de ce livre est pleine de charme; Indiana et sa servante, toutes deux éprises du même héros, présentent chacune la physionomie de leur condition respective, et si la seconde l'emporte par le dévouement, la première est supérieure par l'entraînement de la passion. L'auteur aurait pu se dispenser d'introduire un gentleman excentrique qui ne trouve rien de mieux à faire que de se suicider. *Valentine* succéda promptement à *Indiana*, et dans ce roman, où les mêmes qualités se font remarquer, la femme a le beau rôle comme dans le premier. Cette prééminence de la femme dans les romans de George Sand peut s'expliquer de différentes manières. D'abord on était à l'époque ou florissait le Saint-Simonisme qui prétendait réhabiliter la descendance de notre mère commune; en outre Georges Sand est une femme supérieure et il ne faut pas s'étonner qu'elle ait communiqué à ses créations le souffle qui l'anime. *Lélia* a paru dans le temps, plus que les autres héroïnes de ses romans, taillée sur le patron de l'auteur. Les riches facultés intellectuelles de *Lélia*, ses illusions perdues, les intempérances de l'imagination jointes à une sensualité éteinte, semblaient concorder avec la nature de George Sand, telle qu'on se la figurait généralement. Aucun livre de George Sand n'a fait autant de bruit. Ce n'était pas sans raison. La morale y est outragée à chaque page, et certains détails de pornographie, n'auraient point été déplacés dans la bibliothèque de Messaline. Il est vrai d'ajouter que cette œuvre, enfantée dans les heures de découragement et de malaise moral que la situation fausse de l'auteur explique, est remarquable entre toutes par le coloris et le mouvement du style. Il est impossible de ne pas admirer la variété et l'éclat des tons employés par l'artiste pour peindre les divers caractères et les situations différentes qu'on trouve dans *Lélia*. Le moraliste a incontestablement le droit de condamner les théories de ce roman; malheureusement, la forteresse de nos principes ne résiste pas toujours aux attaques de l'ennemi qui connaît les endroits vulnérables; ce qui veut dire sans métaphore, que, malgré le venin qu'il recèle, ce livre a été beaucoup lu. Dans l'impossibilité d'analyser les nombreux romans de Georges Sand et même de faire connaître l'idée principale de chacun d'eux, nous nous bornerons à en donner ici la liste à peu près complète. Après *Lélia* vint *Jacques*, puis, sans nous astreindre à un ordre rigoureusement chronologique : *Le secrétaire intime*, *Leone Léoni*, *André Simon*, *Mauprat*, *Spiridion*, *un Hiver à Majorque*, *Jeanne*, *les Sept Cordes de la lyre*, *Lettres à un voyageur*, *Isidore à Valcreuse*, *le Piccinino*, *Horace*, *Teverino*, *Lucrezia Floriani*, *Pauline*, *le Compagnon du tour de France*, *Consuelo* et sa suite, *la comtesse de Rudolstad*, *le Meunier d'Angibault*, *le Champi*, *la Mare au Diable*, *la petite Fadette*, *le Château des Désertes*.

Au nombre des romans dont la nomenclature précède, nous nous plaisons à mentionner *André* comme une des plus charmantes pastorales qui aient été écrites dans notre langue. Le principal personnage, *Geneviève*, est la plus adorable créature que l'imagination puisse créer. Vivant sans cesse au milieu des fleurs, il semble qu'elle ait dérobé au calice des roses leur senteur parfumée et aux pétales des lis leur virginale fraîcheur. Les premiers volumes de *Consuelo* peuvent se classer parmi les meilleurs livres de George Sand. Cette jeune fille, presque laide dans son enfance, devient belle en se développant, mais d'un beauté plus intellectuelle que physique. La transformation est bien graduée, et on voit poindre avec le plus vif intérêt les premiers sentiments de cette âme aussi noble que passionnée. L'éclosion de son amour est très-heureusement décrite et le lecteur fasciné est tout prêt à amnistier les fautes qu'elle commettra dans la suite. Dans ces derniers temps, George Sand a très-habilement tiré parti d'une idée exploitée sans succès par le XVIIIe siècle. Il s'agit des amours champêtres. On sait comment Fontenelle, M. de Florian et tous leurs disciples firent parler leurs bergers et leurs bergères. Rien de plus faux que ces bucoliques remplies de sentiments alambiqués et où la fadeur côtoie constamment le mauvais goût. Il est vrai que ces bergères étaient des dames de la cour, et que le salon remplaçait le bocage. George Sand a été mieux inspirée. Ses personnages sont plus vrais et si on peut lui reprocher de les avoir trop poétisés et peut-être d'avoir visé à la couleur locale en leur faisant souvent parler le patois *berrichon*, il est juste cependant de reconnaître que le *Champi*, *la Mare au Diable* et surtout *la petite Fadette* sont des compositions d'une valeur réelle et dont le succès est très-légitime.

Attirée vers M. de Lamennais autant par la confraternité du talent que par la consanguinité des principes politiques, George Sand écrivit dans le *Monde*, journal fondé par l'illustre abbé, une série de lettres à *Murcie*, empreintes de sentiments humanitaires.

George Sand rechercha aussi les triomphes du théâtre. Son début ne fut pas heureux. *Cosima*, qui fut représenté à la Comédie-Française, tomba après quelques représentations, et c'était justice. Depuis elle a été plus applaudie. Le *Champi* lui a fait obtenir un des plus beaux et des plus légitimes succès du théâtre. L'Odéon a eu cette bonne fortune qui lui arrive rarement, et tout le monde a voulu voir cette pièce qui se distingue surtout par le charme des situations et la délicatesse des sentiments. Quelque temps après, *Claudie* représentée au Gymnase, a enrichi sa couronne dramatique d'un fleuron qui n'est pas sans éclat. Toutefois le mérite de cette pièce a été fort contesté. On y a généralement trouvé plusieurs jolies scènes, mais le fond de la pièce, qui n'est autre chose qu'un plaidoyer socialiste, a paru d'une morale suspecte à beaucoup de bons esprits. On vient d'avoir une nouvelle occasion d'apprécier son talent dramatique dans une pièce intitulée le *Démon du foyer*, à laquelle madame Rose-Chéri a prêté le secours de son jeu sympathique, et mademoiselle Luther les grâces piquantes de son esprit.

BERRYER (Pierre-Antoine), né à Paris le 4 janvier 1790. Son père, avocat éminent, avait épousé toutes les opinions des anciens parlementaires. Il croyait que ces cours de justice, qui d'abord s'étaient constituées les champions de la royauté, étaient appelées à sauver la société par leurs principes libéraux; cette illusion était naturelle; constamment en rapport avec les membres du parlement, respirant cette atmosphère bizarrement composée d'éléments contradictoires, M. Berryer père ne pouvait se soustraire aux influences du milieu dans lequel il se trouvait. Ses habitudes d'esprit en étaient imprégnées, et pour lui, l'idéal d'un gouvernement aurait été une royauté modérée par des institutions libérales, et dirigée par les Parlements.

Son fils fut placé au collége de Juilly pour y faire ses études. Nature paresseuse, il ne brilla point dans ses classes, et à l'exception des amplifications qu'il réussissait parfaitement et qui étaient comme le présage de ses talents oratoires ultérieurs, M. Berryer fut un élève médiocre. Après sa philosophie on eut beaucoup de peine à l'empêcher de se faire prêtre, tant étaient grandes sa piété et sa ferveur religieuse.

Il venait d'atteindre sa vingt et unième année lorsqu'il épousa mademoiselle Gauthier qui lui avait inspiré une passion des plus ardentes. On ignore généralement que M. Berryer, avant d'être avocat et orateur politique, avait essayé de cultiver la muse de la poésie. Il existe de lui une pièce de vers sur l'entrée à Paris de Napoléon et de Marie-Louise. Cette tentative ne fut pas très-heureuse, et M. Berryer fit bien de déposer sa lyre dont les accents n'étaient ni harmonieux ni surtout pindariques.

Les opinions politiques de M. Berryer n'étaient pas encore solidement établies en 1814. Il partageait bien avec son père l'admiration qu'avait alors inspirée la grande figure de Napoléon; mais ses sympathies allaient bientôt changer d'objet pour rester désormais inamovibles. On a attribué sa conversion politique à un proscrit milanais qui aurait dit au futur prince de l'éloquence française qu'il existait encore au delà des mers quelques rejetons de la famille des Bourbons. Quoi qu'il en soit de cette origine de son légitimisme, il est constant qu'à partir de cette époque M. Berryer fut inébranlablement attaché aux intérêts de la branche aînée.

Napoléon quittant l'île d'Elbe où il avait été relégué et cherchant à reconquérir le trône qu'il avait perdu, M. Berryer s'enrôla parmi les volontaires royaux qui n'empêchèrent pas le vol de l'aigle de Corse vers Paris. Mais s'apercevant après les Cent-Jours que la Restauration s'engageait dans une voie de réactions périlleuses, il s'associa à son père et à M. Dupin aîné pour la défense du brave maréchal Ney. Son éloquence, qu'il mit au service de Cambronne, sauva ce vétéran des armées impériales.

Les procès politiques n'étaient pas les seuls dont il s'occupât alors. Jurisconsulte habile, il savait démêler d'un coup d'œil les affaires les plus litigieuses. Les fameux marchés Ouvrard pour les fournitures de la guerre d'Espagne lui donnèrent l'occasion de signaler son talent dans les matières civiles. D'autres procès célèbres, entre autres celui que causa la succession du marquis de Vérac, portèrent au pinacle la réputation de M. Berryer. Outre la renommée que lui valurent ces grandes affaires, elles lui procurèrent aussi la fortune.

Lors du ministère Villèle, l'illustre orateur eut à lutter contre les tendances réactionnaires de ses amis politiques. *Le Journal des Débats*, *le Drapeau blanc*, *la Quotidienne* firent appel à son dévouement pour la cause de la liberté de la presse : M. Berryer n'y fit point défaut. Deux cercles littéraires s'établirent alors sous les noms de *Société de bonnes lettres* et *Société de bonnes études*. Dans ces réunions, composées des jeunes gens les plus distingués de l'époque, et au nombre desquels se trouvait M. Saint-Marc Girardin, M. Patin, tous deux aujourd'hui professeurs à la Sorbonne, M. Berryer fit une série de leçons sur les plus hautes spéculations de la politique. Le succès du jeune orateur fut complet. C'est alors que des ouvertures lui furent faites par M. de Villèle qui, craignant l'influence d'un talent si prodigieux, voulait la conquérir au profit de sa doctrine politique en lui offrant une place de procureur général. M. Berryer, préférant conserver son indépendance, resta avocat.

Aussitôt qu'il eut atteint l'âge requis pour l'éligibilité, M. Berryer acheta la terre d'Angerville, pour réunir les conditions de cens imposées par la loi. Nommé député par le département de la Haute-Loire à une majorité considérable, l'illustre avocat parut pour la première fois à la tribune le 9 mars 1830. A ce moment l'orage grondait et la foudre allait bientôt tomber. La fameuse adresse des 221 fut attaquée par lui avec une singulière véhémence. Le passage suivant de sa harangue en fera connaître le ton et le tour oratoire : « Que m'importe, dit-il, quand les droits du roi sont blessés, quand la couronne est outragée, que votre adresse soit remplie de protestations de dévouement, de respect et d'amour? Que m'importe que vous disiez : les prérogatives du roi sont sacrées, si en même temps, vous prétendez le contraindre dans l'usage qu'il doit en faire. »

M. de Polignac, qui devait précipiter le trône dans les abîmes de la révolution, offrit un portefeuille au brillant orateur. Mais le ministre des affaires étrangères, qui voulait faire reculer le char politique dans les ornières d'un passé plus haï encore qu'il n'était jugé, ne pouvait attirer à lui un homme qui, par ses idées sur la liberté de la presse, devait refuser son concours à une politique ultra-réactionnaire.

La révolution de Juillet survient. M. Berryer, comme député, s'empressa de protester dans la séance du 7 août, contre les attributions que s'arrogea la chambre. Il ne voulut pas lui reconnaître le droit de disposer d'un trône, mais son opinion ne prévalut point et Louis-Philippe fut appelé à succéder à Charles X. Une question délicate ne tarda pas à se présenter : Les légitimistes, à la tête desquels se trouvait M. Berryer, prêteraient-ils serment au nouveau pouvoir? Un grand nombre de ses coreligionnaires abandonnèrent leur poste; lui, au contraire, pensa que son devoir était de rester afin de combattre un gouvernement issu des barricades.

La tactique de M. Berryer fut très-habile. Loin de perdre son temps en récriminations dolentes, ce puissant orateur attaqua avec les armes du libéralisme un pouvoir engendré par la liberté. Prenant l'initiative de diverses propositions favorables au peuple, telles que l'application du jury aux délits de la presse, l'élargissement des droits électoraux, l'abolition du cens, M. Berryer, quoique légitimiste, conquit les bonnes grâces de l'opposition libérale. Un député, M. de Bricqueville, ayant demandé le bannissement des Bourbons, M. Berryer s'élança à la tribune pour combattre cette proposition. Partisan de l'hérédité de la pairie, il prononça un discours pour soutenir ce principe monarchique et il rencontra sur ce terrain M. Thiers, qui devait bientôt jouer un grand rôle politique.

Ordinairement écouté par la gauche avec faveur et presque sympathie, M. Berryer heurta dans cette partie de la Chambre, des préjugés hostiles quand il fit, le 21 janvier 1832, l'apologie de Louis XVI. Les murmures par lesquels les libéraux accueillirent ses paroles, lui inspirèrent un mouvement d'éloquence qui fit honte aux interrupteurs. Le voici : « Au jour du jugement il fut permis de parler des vertus de Louis XVI; je ne vois pas que la Convention ait interrompu les défenseurs du roi. »

Le parti légitimiste, devenu presqu'imperceptible dans la Chambre, ne pouvait donner aucune espérance prochaine du rétablissement de la branche aînée sur le trône, aux partisans passionnés de cette famille. La duchesse de Berry, plus impatiente que les autres, et dont l'ardeur s'accommodait difficilement avec les lenteurs des voies légales, résolut de tenter une entreprise aventureuse et prématurée en faisant un appel à ses fidèles Vendéens. Elle écrivit à Paris, et le comité légitimiste convint de députer auprès de cette princesse, M. Berryer qui avait à plaider à Vannes et qui pouvait ainsi, sans éveiller les soupçons de la police, aller s'entendre avec cette femme héroïque. La conférence eut lieu la nuit dans une pauvre cabane de paysan. Quelle situation dramatique ! Cette entrevue se prolongea et fut très-animée. Aux motifs présentés par M. Berryer pour lui faire ajourner son projet, la princesse opposait sans cesse la nécessité d'agir. Toute l'éloquence de l'orateur politique échoua contre le parti pris de la duchesse de Berry. Ils se quittèrent donc sans s'être entendus. L'un, triste et admirant l'énergie intempestive de la fille des rois ; l'autre, dépitée de n'avoir pas trouvé le concours qu'elle attendait du chef de son parti. Tandis que M. Berryer était arrêté à Angoulême se rendant en Suisse pour y prendre du repos, madame de Berry avait fait prendre les armes à ses féaux Vendéens qu'elle-même avait excités à la guerre en parcourant incognito les campagnes, les villages et les hameaux du Bocage. Quand on impose silence à sa raison, et qu'on n'envisage que le côté romanesque de cette entreprise, on se sent épris d'enthousiasme pour cette héroïne qui a quelque chose de légendaire. Mais la poésie eut tort contre le froide politique, et les efforts surhumains de cette princesse aboutirent au château de Blaye. Quel dénouement d'un drame si rempli de péripéties !

M. Berryer, accusé devant la cour de Blois d'excitation à la guerre civile, lui, qui avait voulu l'empêcher, sortit triomphant de cette épreuve. Il fut acquitté.

Toujours chevaleresque envers la duchesse de Berry, qui avait repoussé ses conseils prudents, M. Berryer appuya de son éloquence les pétitions qui demandèrent l'élargissement de cette princesse.

On le revit au barreau plaider pour M. de Chateaubriant, pour la *Quotidienne* et pour MM. Voyer d'Argenson et Audry de Puyraveau, tous deux accusés de faire partie de la *société des Droits de l'Homme*. Jamais il ne refusait le secours de sa puissante parole, quand il s'agissait de défendre la liberté.

Tous ces succès oratoires n'empêchèrent pas la terre d'Angerville, qu'il avait achetée pour devenir éligible, d'être mise en vente. Une lettre de MM. Fitz James, de Chateaubriant, Latour Maubourg, fit appel à la générosité du parti, et, bien qu'il ne se montrât pas très-empressé, la terre d'Angerville ne fut point vendue.

M. Berryer fit partie de la coalition formée contre le ministère Molé. Dans un discours qu'il prononça à l'occasion de la discussion de l'adresse, il laissa échapper quelques paroles mal sonnantes à l'oreille des légitimistes. Ainsi, par exemple, il avait loué la Convention d'avoir sauvé la France à tout prix. Ce n'est pas la seule circonstance où l'orateur légitimiste déplut à ses coreligionnaires politiques. Nature ardente et élevée, il lui arrivait parfois de se laisser aller aux inspirations de sa conscience sans se préoccuper des conséquences de son langage. On lui faisait alors de vifs reproches, on le menaçait même de l'abandonner, toujours il sortait victorieux de ces luttes intestines qui n'en étaient pas moins pour lui une source d'amertume et même de déboires. Tout n'est pas beau dans le rôle de chef de parti, et M. Berryer, plus qu'un autre, l'a souvent senti dans sa longue carrière.

Au nombre des causes criminelles plaidées par M. Berryer, l'une des plus remarquables est celle de cette jeune fille de Saumur déshonorée par Laroncière. Les murs du prétoire résonnent encore de l'éloquence du Démosthènes français. Tout le monde a lu dans le temps les détails de ce dramatique procès, jugé pendant la nuit, à la lueur sinistre des flambeaux et dans lequel M. Berryer s'est élevé jusqu'aux sommités du pathétique.

M. Berryer n'est point un homme de lettres. On a de lui quelques plaidoyers seulement et un premier volume d'un ouvrage qui a pour titre : *Modèles et leçons d'éloquence judiciaire et parlementaire*. C'est une compilation faite avec goût, mais qui n'a pas été continuée. Avec ce petit bagage littéraire, le paladin de la légitimité s'est présenté à l'Académie, mais il a échoué. On a prétendu qu'il ne suffisait pas de faire de beaux discours pour être membre du grand aréopage littéraire. On pourrait citer, sans trop de malice, quelques immortels dont les livres ne passeront pas à une postérité bien reculée, et vraiment, M. Berryer n'aurait point été déplacé dans cette illustre compagnie.

M. Berryer, représentant du peuple à l'assemblée constituante et à l'assemblée législative, a parlé dans deux circonstances importantes. Nommé rapporteur de la commission chargée d'examiner la proposition de M. Jules Favre tendant à confisquer les biens de la famille d'Orléans, il la fit repousser par la constituante formée en grande partie de républicains. Membre de la commission chargée d'élaborer une loi électorale restrictive des droits du peuple après les élections rouges de Paris, M. Berryer reçut la dénomination de *Burgrave*, donnée aux représentants qui entraînaient le pays dans les fondrières de la vieille politique. Son grand triomphe oratoire eut lieu lors de la discussion de la révision de la constitution. Tous les princes de la parole s'étaient fait entendre; l'éloquence coulait à pleins bords dans le palais Bourbon. M. Berryer monte à la tribune et il n'en descend qu'après avoir remporté la palme décernée par tous les partis.

M. Berryer assista Mᵉ Paillet dans l'affaire des biens de la famille d'Orléans plaidée en première instance. Au Conseil d'État, l'avocat des demandeurs invoqua l'opinion émise par le célèbre orateur à l'assemblée constituante, contre la confiscation proposée de ces mêmes biens. C'est sans doute à cette circonstance qu'il faut attribuer la récente nomination de M. Berryer par ses collègues qui en ont fait leur bâtonnier.

Homme du monde, M. Berryer est aussi très-amateur des beaux-arts et particulièrement de la musique. Ceux qui ont fréquenté les Italiens ont pu le voir dans ce sanctuaire du chant, surtout à l'époque où l'on y entendait Rubini, Tamburini et Lablache, ce trio magique de chanteurs qui faisait les délices des dilettantes de l'opéra bouffe.

DUPONT (de l'Eure), né à Neubourg, chef-lieu de canton de l'arrondissement de Louviers, le 27 février 1767. A peine venait-il d'être reçu avocat au parlement de Normandie, il avait alors vingt-deux ans, que la Révolution française éclata. Cette grande transformation sociale fut accueillie avec enthousiasme par le jeune disciple de Montesquieu, qui, comme tant d'autres, ne voyait pas seulement dans l'étude du droit un moyen de se faire un nom et d'acquérir de la renommée, mais au contraire puisait dans cette science du juste et de l'injuste, ou plus exactement de ce qui est licite et de ce qui ne l'est pas, des notions exactes qui fortifiaient les heureuses inspirations de sa conscience. Sa sympathie pour les principes de l'Assemblée constituante ne consistait pas simplement en une admiration spéculative; il voulut servir la Révolution d'une manière active. Aussi le vit-on successivement maire de sa commune, administrateur du district de Louviers, juge au tribunal civil de cette ville, substitut du commissaire du Directoire exécutif près le tribunal civil de l'Eure, accusateur public près le tribunal criminel du même département, membre du conseil des *Cinq Cents*, conseiller à la cour d'appel de Rouen, et enfin président du tribunal criminel d'Evreux. Dans une affaire grave, ourdie par les machinations de la police de Fouché, Dupont (de l'Eure) fit preuve de l'intégrité de son caractère, en faisant prononcer l'acquittement des accusés. Telle est l'origine de la réputation de probité qui l'a toujours accompagné, et que confirmèrent les actes postérieurs de sa vie.

Pendant une grande partie de l'Empire, Dupont (de l'Eure) se tint à l'écart des affaires; mais en 1811, époque de la réorganisation de l'ordre judiciaire, il accepta les fonctions, d'abord de conseiller puis de président de la cour impériale de Rouen. Appelé par le sénat au Corps législatif, il siégea dans cette chambre pendant les années 1813 et 1814.

Lors du retour des Bourbons, Dupont (de l'Eure) fut élu à la presque unanimité vice-président de cette Assemblée, et cependant il était notoirement opposé à la politique de Louis XVIII. Cette position lui fut conservée pendant les *Cent-Jours*. Mais après la funeste bataille de Waterloo et la seconde abdication de l'Empereur, il rédigea l'énergique déclaration par laquelle lui et ceux de ses collègues qui la signèrent, ne reconnaissaient d'autre gouvernement que celui qui garantirait la liberté individuelle, la liberté de conscience, l'égalité devant la loi et toutes les autres conquêtes civiles et politiques de 1789.

Obligé, en 1815, de quitter son siége de membre du Corps législatif, par suite de l'établissement définitif de la Restauration, Dupont (de l'Eure) y revint comme mandataire des électeurs d'Evreux en 1817, et la constance de ses opinions politiques ainsi que la place significative qu'il choisit à l'extrême gauche le firent révoquer de ses fonctions de président à la cour royale de Rouen. Il avait à cette époque vingt-sept ans de service et touchait dès lors au moment d'avoir des droits à sa retraite. L'acte qui le privait de son siége de magistrat lui enlevait donc en même temps la rémunération accordée par l'État à ses vieux serviteurs.

Pendant toute la période qui s'écoule de 1817 à 1830, Dupont (de l'Eure) parla et vota toujours contre les lois illibérales proposées par les gouvernements de Louis XVIII et de Charles X. A la fameuse séance du 4 mars 1823, dans laquelle Manuel fut livré aux gendarmes, Dupont (de l'Eure), son ami et son confrère en opposition, alla se placer auprès de lui. Dans cette circonstance, la prérogative de l'inviolabilité des membres de la Chambre des députés reçut une atteinte qui fut vivement sentie par Dupont (de l'Eure). L'opposition, qui d'abord ne formait qu'un noyau presque imperceptible, s'accrut peu à peu, et enfin elle devint si considérable et surtout si puissante sur le pays qu'elle produisit la Révolution de 1830.

Dupont (de l'Eure) n'était pas à Paris lors de la Révolution de 1830. Il s'y rendit bientôt et son nom fut un de ceux qu'on jeta dans le public pour calmer ses craintes et pour faire accepter un événement dont beaucoup de personnes redoutaient les conséquences. Le chevaleresque Lafayette, le généreux Laffitte et l'intègre Dupont (de l'Eure), facilitèrent le triomphe du duc d'Orléans, qu'avait préparé avec beaucoup d'habileté le pamphlétaire Paul-Louis Courrier. Sollicité par Laffitte, Dupont (de l'Eure) accepta le portefeuille de la justice. Elevé à ce poste par une Révolution, le ministre libéral crut devoir destituer tous les magistrats qui ne présentaient pas suffisamment de garanties au nouvel ordre de choses. Ce fut une faute : on n'improvise pas des magistrats, et ceux qu'il nomma provoquèrent en général des réclamations fondées.

Louis-Philippe, qui voyait le mauvais accueil qu'on faisait aux magistrats de nouvelle fabrique, eut à ce sujet un entretien assez vif avec son ministre de la justice. Le roi des barricades, dont l'intelligence politique était bien supérieure à celle de Dupont (de l'Eure), avait heureusement qualifié cette mesure en l'appelant : « une Saint-Barthelémy de fonctionnaires. » On a rapporté diversement le colloque de ces deux personnages. Suivant les uns Louis-Philippe se serait fait remarquer par une grande violence et Dupont (de l'Eure) par beaucoup de dignité et de convenance. Au dire des autres, les rôles seraient renversés. La partialité des partis se montre évidemment dans cette appréciation contradictoire d'un même fait, et ni l'une ni l'autre de ces versions n'est assez authentique pour la donner ici.

La suppression du grade de commandant de la garde nationale était le signal de la rupture de de Louis-Philippe avec Lafayette et le parti qui l'avait élevé au trône, mais qui devenait compromettant; Dupont (de l'Eure) donna sa démission de ministre de la justice le 17 décembre 1830.

Depuis cette époque jusqu'à la Révolution de février 1848, Dupont (de l'Eure) suivit la même ligne de conduite que celle qu'il avait adoptée de 1817 à 1830, c'est-à-dire qu'il repoussa de son vote et de sa parole tous les actes du gouvernement de Louis-Philippe qui lui parraissaient contraires aux intérêts matériels et moraux de la France. Si Dupont (de l'Eure) est dépourvu des qualités brillantes qui constituent l'orateur, l'autorité de son caractère, la sobriété nerveuse de son langage et la sincérité de ses convictions le firent toujours écouter avec intérêt, et lui valurent l'honorable surnom d'Aristide de la tribune française.

En 1848 comme en 1830, Dupont (de l'Eure) servit de drapeau à la Révolution. En le voyant à la tête du Gouvernement provisoire, la frayeur diminua; et si son âge ne lui permit plus de jouer un rôle actif, le respect qu'il inspirait fit incliner beaucoup d'esprits à croire que cette révolution ne dépasserait pas les limites d'un libéralisme modéré.

La modération de son esprit le fit naturellement ranger parmi les membres du Gouvernement provisoire qui, animés d'intentions honnêtes enrayèrent le char de la révolution démocratique et sociale.

Le coup d'Etat du 2 décembre l'a fait rentrer, comme beaucoup d'autres, dans la vie calme et sereine du foyer domestique. Mais la célébrité a des inconvénients, et des électeurs, sans pitié pour sa vieillesse, viennent de le nommer membre du conseil général de l'Eure. Heureusement pour lui qu'il a un moyen de s'affranchir de cette nouvelle charge en refusant le serment. C'est vraisemblablement ce qu'il fera, et ainsi il goûtera de nouveau et définitivement, il faut l'espérer, les douces et placides jouissances qui l'attendent au sein de sa famille et de ses amis.

PRADIER (James), né à Genève en 1790, fut destiné par sa famille à la profession de graveur. Il montra, dès sa jeunesse, une passion très-vive pour le dessin. M. Denon, se prit d'affection pour le jeune Pradier et le fit entrer dans l'atelier de Lemot. A peine âgé de vingt-deux ans, Pradier concourut pour le grand prix de Rome et obtint une médaille d'or. L'année suivante, son bas-relief d'*Ulysse et Néoptolème* lui ouvrit les portes de l'Italie.

Les œuvres de ce célèbre sculpteur peuvent se diviser en trois classes : figures païennes, figures chrétiennes, sculpture monumentale. Il n'est pas difficile de prouver que Pradier, très-habile à traiter les sujets païens, réussit médiocrement dans les sujets chrétiens et que la sculpture monumentale ne convenait nullemement à son talent poli, fini, un peu précieux. On a dit, et c'est une opinion généralement accréditée, que Pradier a été le dernier des païens. Cette opinion a besoin d'être modifiée ; il n'a jamais compris que la moitié de l'antiquité. Il sait Anacréon, il n'a pas lu Homère. Il fera bien une Vénus, il ne créera pas une Minerve. Il n'a donc pas saisi l'antiquité dans son ensemble. Son talent brille particulièrement dans les sujets voluptueux. Ses statues éveillent le désir ; sous son ciseau gracieux, la forme s'arrondit et palpite, la chair vit, le sein bat, la bouche respire, mais son art n'atteint jamais l'idéal. Il se rabaisse et fait tressaillir la matière. Il parle aux yeux. Le *Cyparisse* cependant restera comme une des œuvres les plus gracieuses de Pradier; *Vénus et l'Amour,* quoique imitée de la *Vénus accroupie* qui se trouvait déjà au Louvre, est une œuvre de mérite. Sa *Phryné,* la *Poésie légère,* que possède le musée de Nîmes, le *Printemps, l'Atalante,* sont des groupes remarquables, mais susceptibles du reproche que méritent presque toutes les œuvres de Pradier : c'est de la sculpture lascive et provocante. Ce n'est pas le souffle pur de l'art grec qui a inspiré ces statues. Deux figures que chacun peut voir en traversant les Tuileries, le *Phidias* et le *Prométhée,* marquent nettement les limites du talent de Pradier dans la sculpture païenne. Ces deux statues sont l'expression suprême de son talent. Il y a certainement dans la figure de Prométhée une rare habileté, bien qu'elle manque de noblesse et qu'elle ne représente pas, à notre sens, le Prométhée d'Eschyle, cette victime terrible du courroux céleste, ce supplicié divin. Il est cloué sur son rocher, mais son regard puissant jette encore un défi sublime au Dieu qui l'a foudroyé. Pradier a mis toute l'expression sur le torse ; les membres frémissent sous les chaînes, le corps se tord impuissant sous la terrible étreinte, la tête est muette. Qu'on regarde *Laocoon!* Quelle expression? comme le visage exprime l'angoisse suprême de la douleur! le *Phidias* est fort beau d'exécution, de modelé, mais c'est un praticien ; rien dans le front, rien dans les yeux qui indique l'artiste inspiré. La *Sapho,* exposée cette année au Palais-Royal, est la dernière œuvre de Pradier. Deux fois, déjà, il avait tenté cette épreuve, deux fois il avait échoué. La dernière tentative n'a pas été plus heureuse. La Sapho de cette année est une figure habilement drapée, mais parfaitement insignifiante. C'est une amante ennuyée. Nous préférons de beaucoup le tableau de Gros, bien qu'il soit d'un effet un peu théâtral.

Dans les sujets chrétiens, Pradier a toujours été bien au-dessous de lui-même et il eût été impossible qu'il en fût autrement. L'art chrétien est essentiellement chaste et la manière de Pradier est voluptueuse parfois jusqu'à l'indécence. Il a fait quelques statues pour l'église Saint-Roch et le *Mariage de la Vierge* pour la Madeleine.

Dans la sculpture monumentale, il s'est essayé plusieurs fois. Les *Renommées* placées sur les deux impostes de l'Arc-de-Triomphe de l'Etoile ne manquent pas d'élégance, mais elles laissent beaucoup à désirer pour la précision des formes ; la *Muse comique* et la *Muse sérieuse* de la fontaine Molière ne sauraient être acceptées que comme une débauche de talent. Pourquoi cette attitude provocante ? ces hanches voluptueusement contournées ? la muse de Molière n'était point une courtisane et ce n'étaient pas ces formes impudiques que le sculpteur devait lui prêter. *Les Femmes savantes* et le *Misanthrope* n'ont point été conçues dans une nuit d'orgie, au milieu des filles de joie. Quant aux douze *Victoires* du tombeau de Napoléon, voici le jugement de Drolling : « Nous n'avons, disait-il, qu'une seule manière d'exprimer notre opinion, c'est de déclarer qu'elles ne sont pas de Pradier. Lui attribuer de tels ouvrages serait faire injure à son talent. »

Dans l'exécution, Pradier est un sculpteur de premier ordre ; dans la conception, il est de beaucoup inférieur. C'est un talent charmant, ingénieux et délicat. Il possédait à un degré rare l'habileté de la main et la science des contours ; malheureusement on peut lui reprocher d'avoir trop négligé la méditation et de s'être laissé dominer par son goût pour les compositions érotiques. Il recherchait la forme, il méprisait la pensée; il parlait aux sens, il est populaire. Il n'aura pas la gloire des grands maîtres de la sculpture, parce qu'il a méconnu le caractère dominant de son art : la chasteté.

Disons cependant que c'est un des artistes éminents, de notre époque, et tous ceux qui s'intéressent aux destinées de l'art doivent déplorer la mort si subite qui a frappé Pradier dans l'éclat de sa gloire et la puissance de son génie.

PORTALIS (Joseph-Marie, le comte), premier président de la cour de cassation et vice-président du Sénat, est né à Aix en 1778. Comme son père, le fameux collaborateur du Code civil, M. Portalis fils fut ministre des cultes, ainsi qu'on le verra plus loin. Issu d'une de ces familles honorables de la Provence qui, autrefois, jouissaient dans le pays d'une considération qu'elles devaient, non à la fortune, mais à une constante pratique du bien, Joseph-Marie Portalis reçut avec le lait maternel les principes traditionnels d'honneur et de justice qui constituaient le noble patrimoine de sa maison. Les libertés municipales et provinciales qui existaient avant 1789, avaient singulièrement développé, au sein de la bourgeoisie éclairée, le goût des études sérieuses et particulièrement de celles qui conduisent au pouvoir. Les parlementaires formaient en France une classe puissante qui, à son insu, et en vertu même des principes qu'elle professait, conduisit la royauté, qu'elle voulait maintenir, sur le bord du précipice où elle s'engloutit. M. Portalis appartient à l'une de ces familles bourgeoises qui, par la prééminence de leur savoir, obtinrent sous l'ancienne monarchie les charges les plus importantes. La science, qui était l'instrument de l'élévation de cette classe moyenne, y était naturellement fort cultivée; aussi Joseph-Marie Portalis fit-il de très-bonnes études. Un article sur Monstesquieu, insérée dans le *Républicain français*, en 1796, fut son début littéraire. Ce travail, où se révèle une précoce maturité d'esprit en même temps qu'une certaine hardiesse juvénile, eut l'honneur d'éveiller l'attention publique. A dix-huit ans, exciter l'intérêt dans des matières si sérieuses, c'était un véritable succès. Le fameux coup d'État du 18 fructidor (4 septembre 1797) ayant obligé son père à quitter la France, Joseph-Marie Portalis l'accompagna dans son exil en Allemagne. Loin de son pays, il occupa ses loisirs à composer divers écrits. Il trouva dans la maison qui lui avait offert l'hospitalité, non-seulement les jouissances intellectuelles que lui faisait goûter la réunion d'hommes distingués, mais encore les douceurs ineffables du foyer domestique. M. le comte de Reventlau, qui lui avait donné un asile si rempli de charmes, élevait dans sa maison sa nièce et sa pupille, la comtesse de Kolck, dont il fit l'épouse de M. Portalis.

Rentré en France après le 18 brumaire, il fut employé dans la diplomatie et assista au congrès d'Amiens. Nommé premier secrétaire de légation, il suivit le général Andréossy, d'abord à Londres, puis à Berlin. Enfin ministre plénipotentiaire à Ratisbonne, en 1804, il termina là sa carrière diplomatique. Un an plus tard, M. Portalis devint secrétaire général du ministre des cultes, puis ensuite conseiller d'État et directeur de la librairie.

A cette époque, on parlait beaucoup d'une conspiration dirigée par la cour de Rome contre Napoléon. Des écrits contre l'empereur étaient, disait-on, colportés clandestinement à Paris et répandus dans le public. M. Portalis fut soupçonné de favoriser cette conspiration. Que cette imputation soit vraie ou fausse, Napoléon l'apostropha vivement en plein conseil d'État, le priva de toutes ses charges et dignités et le proscrivit à quarante lieues de Paris. L'opposition faite par M. Portalis à la nomination du cardinal Maury au siége archiépiscopal de Paris, nomination contre laquelle avait protesté la cour de Rome, ne fut sans doute pas étrangère à la disgrâce de conseiller d'État. Rentré en grâce deux ans après par le crédit de M. Molé, alors grand juge, M. Portalis fut nommé premier président de la cour impériale d'Angers. C'est dans cette situation que la première Restauration le trouva. La cause des Bourbons qu'il embrassa ne lui fit point perdre néanmoins, pendant les Cent-Jours, le siége qu'il occupait dans le département de Maine-et-Loire; il représenta même au Champ-de-Mai la cour impériale d'Angers. Le conseil d'État ayant été réorganisé après le retour de Louis XVIII, M. Portalis y reprit la place dont il avait été privé six ans auparavant. Sous le ministère Decazes en 1819, il devint conseiller à la cour de cassation et pair de France. Cinq ans après, il fut promu à l'un des siéges de président de la cour de cassation.

L'opposition libérale devenant de plus en plus forte et par conséquent plus exigeante, Charles X chargea M. Martignac, esprit conciliant et habile, de former un ministère. M. Portalis en fit partie et obtint le portefeuille du département des cultes. On criait depuis longtemps contre les Jésuites : le moment parut opportun pour frapper contre cette institution tant redoutée. Alors parut la fameuse ordonnance contre les petits séminaires à laquelle M. Portalis attacha son nom. Le même ministre fit supprimer la censure. Après ces deux actes importants, M. Portalis échangea son portefeuille contre celui des affaires étrangères qu'il se vit obligé de céder, en 1829, à M. de Polignac. Alors on le nomma premier président de la cour de cassation et membre du conseil privé.

La révolution de 1830 survint : elle n'étonna point M. Portalis, qui s'attacha à la branche cadette des Bourbons comme à la seule planche de salut subsistant au milieu des ruines d'une révolution dont quelques-uns voulaient faire sortir une république.

Elevé à la vice-présidence de la chambre des pairs par Louis-Philippe, et décoré du grand cordon de la Légion d'honneur, M. Portalis fut désigné comme assesseur de MM. Decazes et Pasquier dans l'instruction du procès d'avril 1834, contre les insurgés de Lyon. L'hérédité de la pairie trouva en lui un défenseur chaleureux et le divorce un adversaire formidable.

M. Portalis fut un des premiers à se rallier au gouvernement de Louis-Napoléon. Appelé à l'Élysée, comme presques tous les hommes considérables qui pouvaient prêter au nouveau pouvoir l'éclat de leur autorité, le premier président de la cour de cassation comprit bientôt que le coup d'État du 2 décembre était providentiel et qu'il sauvait la société menacée jusque dans ses fondements.

Lors de la prestation de serment par les grands pouvoirs de l'État, le nom de M. Portalis n'ayant pas été appelé, il réclama contre cette omission. Le vice-président du sénat fit preuve de zèle dans cette circonstance.

Outre l'article sur Montesquieu, par lequel il inaugura son talent d'écrivain, on doit à la plume de M. de Portalis un écrit intitulé : *Du devoir de l'historien de bien considérer le caractère et le génie de chaque siècle en jugeant les grands hommes qui y ont vécu*, et un discours sur l'*Utilité des académies de province*. Un travail sur Mirabeau, qu'il publia ensuite, fut vivement attaqué par Poultier dans l'*Ami des Lois*. La notice sur Lebrun, insérée dans le *Plutarque français* a été écrite également par M. Portalis. Mais si l'on veut se faire une idée de la variété des connaissances du premier président de la cour de cassation, il faut lire l'introduction qu'il a placée en tête de l'ouvrage de son père sur l'*Usage et l'abus de l'esprit philosophique au* XVIII*e siècle*. Parcourant les diverses phases de l'histoire des belles-lettres en France, l'auteur apprécie successivement les influences qu'elles ont subies, et ainsi il fait arriver le lecteur au XVIIIe, auquel seulement s'applique l'ouvrage de son père, écrit pendant son exil en Allemagne, et dans lequel on trouve de judicieuses critiques de la philosophie Kantienne. Le passage suivant de l'introduction de M. Portalis fils montrera et la finesse d'observation et le genre de style de l'auteur:

« Il est probable que les femmes bannirent définitivement du langage ces inversions forcées, originaires du latin ou du tudesque, et qui, dans une langue surchargée d'auxiliaires et d'articles, ne pouvaient être intelligibles qu'à l'aide d'une autre langue que les femmes ne savaient pas. En s'abandonnant à cette justesse d'esprit qui est le bon goût inné, elles refusèrent de sanctionner la réunion souvent monstrueuse de deux idées différentes en un seul mot, et renversèrent d'un souffle l'échafaudage pédantesque des mots combinés ; innovation contraire au génie analytique de notre langue, et sans utilité pour le talent, qui n'est jamais plus sublime que lorsqu'il abandonne aux mots en apparence les plus communs et les plus familiers l'expression d'une belle pensée. Ni leurs bouches délicates, ni leurs oreilles chatouilleuses ne purent s'accommoder du rapprochement multiplié des consonnes, ni du choc trop fréquent des voyelles. »

Inspiré par son père, Joseph-Marie Portalis se livra à l'étude de la philosophie, et il fut choisi l'année dernière par le ministre de l'instruction publique, pour présider le jury d'examen du concours d'agrégation. Jurisconsulte distingué, politique ami des tempéraments, homme de lettres studieux, M. Portalis a déjà rempli une carrière honorable, et il a ainsi continué les traditions que lui léguèrent ses aïeux.

MORNY (de) né en 1811. Entré très-jeune au collége Bourbon, aujourd'hui lycée Bonaparte, il fit dans cet établissement universitaire des études classiques brillantes. A dix-neuf ans il entrait à l'école d'état-major pour en sortir deux ans après sous-lieutenant. Accompagnant le prince royal — le duc d'Orléans — en Afrique, il fit, sur cette terre devenue notre principale possession extérieure, la campagne de Mascara et la première campagne de Constantine Sa conduite dans les différentes affaires où il se trouva, le fit citer dans le rapport officiel qui en fut dressé, et la croix de la Légion d'honneur brilla sur sa poitrine; il avait alors vingt-deux ans.

En 1838, M. de Morny quitta la carrière militaire dans laquelle il s'était fait remarquer pour se livrer à l'industrie et à l'agriculture. A cette époque on s'occupait beaucoup du sucre de betteraves. Un grand nombre de propriétaires, en France, alléchés par les produits que ce végétal avait procuré dans certaines localités transformèrent leurs champs en *betteravières*, et plusieurs d'entre eux éprouvèrent bientôt de cruelles déceptions. M. de Morny devenu agronome, fonda en Auvergne une fabrique de sucre. Les producteurs de cette substance, ayant formé une commission, M. de Morny en fut nommé le secrétaire et bientôt après il en devint le président, à la suite d'une brochure qui fit sensation. Membre du Conseil général de l'agriculture et du commerce, en 1840, à peine ses trente ans avaient-ils sonné, qu'il fut envoyé à la Chambre des députés par le département du Puy-de-Dôme. On ne tarda pas à apprécier son esprit net et sa connaissance des affaires, car dès l'année suivante, — en 1843, — il fit partie de la commission du budget. La discussion de la loi sur la police de la chasse lui a fourni l'occasion d'un succès ; un amendement qu'il a présenté et soutenu avec talent, a été adopté. Son triomphe de tribune eut lieu lors de la discussion de la loi sur les sucres; dans cette circonstance il captiva l'attention de la Chambre, et désormais dans cette question son autorité est assurée. Les haras, les remontes, le recrutement de l'armée, toutes ces questions furent traitées par lui en homme pratique qui a étudié de près tous les intérêts auxquels elles se rattachent La conversion de la rente 5 0/0 qui n'a jamais pu aboutir sous le gouvernement de Louis-Philippe et qu'un pouvoir plus fort a récemment décrétée, valut à M. de Morny un nouveau succès. Un amendement proposé par lui est devenu la base du système adopté par la Chambre en 1845. La discussion de la loi sur les fonds secrets, ce terrain choisi habituellement par l'opposition pour lutter contre le ministère et le renverser, fit signaler le sens politique de M. de Morny. Le discours qu'il prononça fut écouté avec beaucoup d'attention ; il insistait particulièrement sur la nécessité d'apporter la plus grande réserve dans les questions diplomatiques qui sont l'objet de discussions parlementaires. Cette doctrine de l'école politique anglaise n'était pas du goût de l'opposition qui, dans beaucoup de circonstances, commit la faute de découvrir le pouvoir au moment où des négociations internationales étaient entamées. M. de Morny montra alors un tact politique que les événements récents n'ont fait que confirmer. Dans les derniers temps du règne de Louis-Philippe, une petite phalange de députés s'était formée sous la direction du rédacteur en chef de la Presse : ils s'appelaient conservateurs-progressistes. M. de Morny en faisait partie. On n'a pas oublié le fameux amendement par lequel, le député du Puy-de-Dôme fit déclarer à ses collègues qu'ils étaient *satisfaits*.

M. de Morny disparaît à peu près du théâtre de la politique jusqu'au 2 décembre. Convaincu que le coup d'Etat était nécessaire pour sauver la France, il s'associa à cet acte hardi et heureux. Au plus fort de la crise, M. de Morny fit preuve de beaucoup de sang-froid et d'une grand présence d'esprit. Les mesures prises par lui ont été généralement bien accueillies; elles étaient presque toutes marquées au coin de l'opportunité. Homme du monde, aimant le plaisir, M. de Morny ne pouvait rester longtemps dans un ministère qui prenait tout son temps. Aussi ne laissa-t-il pas échapper l'occasion de le quitter ; les décrets sur les biens de la famille d'Orléans la lui fournirent.

Les qualités politiques de M. de Morny ont été appréciées par tout le monde dans son trop court passage au ministère de l'intérieur. Deux colléges du Puy-de-Dôme lui témoignèrent leur reconnaissance, en l'envoyant à la Chambre législative, et il vient d'être nommé membre du Conseil général de ce département.

Amateur de beaux-arts et de la peinture en particulier, M. de Morny a vendu, il y a peu de temps, quelques tableaux qui ont été exposés à l'hôtel des commissaires-priseurs. Le produit qu'il en a retiré a été assez considérable.

RAVIGNAN (JULES-ADRIEN-DELACROIX DE) naquit à Bayonne en 1793. Sa famille, quoique patricienne, échappa à la hache révolutionnaire qui décimait alors la France. Envoyé au collége Bourbon, à Paris, pour faire ses études, il ne tarda pas à s'y distinguer; et dès ce moment on pouvait pressentir la célébrité qu'il allait bientôt acquérir.

Destiné par sa famille à la magistrature, le jeune de Ravignan devint élève de l'École de droit. Bientôt il se fit remarquer dans des conférences d'étudiants, où les qualités de son esprit méridional et sa dialectique puissante émerveillaient ses condisciples. Et, chose rare, il sut se concilier l'affection de tous ses camarades à l'École de droit, tant il avait, dans ses rapports avec eux, de douceur et d'aménité, et savait faire accepter sa supériorité incontestée. Sans avoir un goût très-vif pour le monde, il le fréquentait cependant, et la distinction de ses manières, sa conversation animée et pleine de charme en faisaient un homme très-goûté.

Devenu avocat, il ne tarda pas à se faire une clientèle, et déjà elle était assez considérable quand on le nomma en 1816, conseiller-auditeur à la cour royale. Il avait alors vingt-deux ans. Cette nomination, loin d'être blâmée par ses concurrents, fut au contraire accueillie par eux comme un acte de justice.

Ce fut à cette époque que commencèrent à pénétrer dans son esprit les premiers rayons de la grâce qui devait, quelques annés plus tard, lui faire quitter la magistrature pour le sacerdoce. Cinq ans se passèrent ainsi dans cette situation indécise. Allait-il céder aux tentations de l'ambition? Écouterait-il, au contraire, les inspirations de son cœur? Sa promotion aux fonctions de substitut du procureur du roi de la Seine le trouva dans cette incertitude. En apprenant cette nomination, M. le premier président Séguier dit : « Laissez-le faire, laissez-le venir, mon fauteuil et moi nous lui tendons les bras. »

La sévérité de ses principes, tempérée par la charité chrétienne, firent de M. de Ravignan un des plus dignes substituts qu'ait jamais entendu le prétoire. Pouvant aspirer aux plus hautes fonctions de l'ordre judiciaire par son propre mérite, il ne recourait point à ces moyens oratoires, souvent en dehors de la cause, à l'usage de beaucoup de jeunes magistrats ambitieux. A une époque où les partis politiques étaient en pleine effervescence, M. de Ravignan aurait pu faire du zèle afin de complaire au pouvoir et conquérir ainsi des positions éminentes, il n'en fit rien. La gravité de son esprit et le sentiment profond de la justice l'éloignaient des passions du moment, et c'est ainsi qu'il put compter dans les camps opposés de sincères appréciateurs de son talent et de son caractère.

Au milieu des succès les plus honorables, en face d'un avenir brillant, sur le point d'unir sa destinée à celle d'une autre personne, M. de Ravignan sentit une voix intérieure lui parler plus impérieusement. Il obéit à cette impulsion surnaturelle et écrivit à M. de Frayssinous pour le prier de vouloir bien l'admettre au séminaire de Saint-Sulpice. Ce prélat, qui craignait les conséquences de cette détermination, représenta au jeune magistrat combien une pareille résolution affligerait sa famille : « Soyez un magistrat modèle, lui dit-il, la gloire et le salut sont là autant et peut-être plus qu'ailleurs. » — « Monseigneur, répliqua M. de Ravignan, Dieu m'appelle; souffrez, je vous en conjure, que j'obéisse à sa voix. » Voyant la vocation du jeune magistrat, M. de Frayssinous ne fit plus d'objection; il lui accorda la permission d'entrer à Saint-Sulpice. Au comble de ses vœux, M. de Ravignan envoya sa démission de substitut à M. Bellart, alors procureur général. L'opposition qu'il avait d'abord rencontrée dans M. de Frayssinous fut encore plus vive de la part de M. Bellart. Cet honorable magistrat tenait à conserver un homme qui jouissait de l'estime générale. La lettre de M. Bellart, à M. de Ravignan, au sujet de la démission de celui-ci, ayant été rendue publique, on peut sans indiscrétion en faire connaître les passages principaux. Ils serviront à faire connaître et le degré d'affection de M. Bellart pour M. de Ravignan et l'élévation des idées de l'ancien chef de la magistrature :

« Mon bon et cher Ravignan, si je n'étais pas comme vous, bien détrompé de toutes les illusions humaines, votre lettre m'affligerait profondément. Je regretterais, pour le monde et pour moi, un bon et aimable jeune homme qui promettait d'être l'ornement de la magistrature et de rendre des services distingués à son pays. Je regretterais que vous missiez vous-même un terme à une carrière que tout présageait devoir être brillante, et procurer à votre orgueil bien placé de nobles jouissances, en même temps qu'elle vous aurait fourni de grandes occasions d'être utile au roi, à la religion, à la société tout entière, par une haute profession des bonnes doctrines et par une distribution éclairée de la justice. Tout en étant donc fort enclin à vous applaudir par mes dispositions personnelles et par le goût que me donne si souvent le spectacle de démence et de perversité auquel j'assiste, je crois devoir m'élever au-dessus de cette espèce d'égoïsme qui me fait envier plutôt que désapprouver votre résolution, pour vous inviter, mon cher Ravignan, à la bien méditer de nouveau. Elle est grave, elle va vous imposer des devoirs très-austères, beaucoup de privations surhumaines auxquelles il faut que vous soyez bien sûr de vous ployer aujourd'hui, demain, des années, à jamais, votre vie tout entière, sans murmures et sans regrets.

» . . . .
. . . .

» J'honore assurément du fond du cœur ces héros de la religion qui se dévouent à cette vie de perfection et de sacrifices continuels dans laquelle, quand ils n'y portent que les vues du ciel et que la charité, il y a tant à faire à soi-même et aux autres. Mais il faut obtenir, des grâces du Tout-Puissant, d'être un héros véritablement, car si on retombe, si on redevient un homme, on devient moins qu'un homme.

» . . . .
. . . . »

Cette dernière phrase a de la profondeur, et elle décèle un homme habitué aux méditations philosophiques.

Cette lettre, si affectueuse et si sage, ne détourna point M. de Ravignan de son projet, elle le fit toutefois réfléchir; et quand il fut bien convaincu que toutes les considérations humaines seraient impuissantes pour le faire renoncer à ce qu'il croyait désormais un devoir, il fit son entrée au séminaire de Saint-Sulpice. Ne trouvant pas dans cette institution l'inflexibilité de doctrine que réclamait son esprit, et ne voyant pas d'ailleurs dans les Sulpiciens un assez grand éloignement pour les choses terrestres, M. de Ravignan quitta Saint-Sulpice au bout de deux ans pour entrer chez les jésuites, à Montrouge.

Voulant alors briser le dernier lien par lequel il tenait encore au monde, il fit appeler un notaire pour rédiger l'acte de partage entre ses héritiers des biens qu'il possédait. Le notaire refusa son ministère à l'accomplissement d'un dessein qu'il considérait comme devant être mûri pendant quelque temps. L'affaire fut ajournée à quinze jours. Quand le notaire revint à Montrouge, à l'expiration de ce délai, il comptait trouver M. de Ravignan dans d'autres dispositions : il se trompait. M. de Ravignan, bien que jeune, avait une grande maturité, et sa résolution, loin d'être un caprice passager, était le résultat d'une longue et sérieuse délibération avec lui-même. L'acte de donation fut donc rédigé, et, après avoir apposé sa signature, M. de Ravignan adressa à Dieu un prière de remerciements.

A Montrouge, comme dans la magistrature et au barreau, la supériorité de son intelligence fut bientôt constatée. Devenu prêtre, on le nomma professeur de dogme. Puisant la science aux sources les plus pures, dans saint Paul, saint Augustin et saint Thomas, il acquit promptement les connaissances qui lui étaient nécessaires et que quelques années plus tard il devait développer dans la chaire de Notre-Dame en présence des esprits les plus éminents de notre siècle.

Le fondateur des conférences de Notre-Dame, monseigneur de Quélen, appela M. de Ravignan pour remplacer le révérend père Lacordaire. L'éloquence éclatante de celui qui, comme lui, avait été naguère avocat, avait laissé à Notre-Dame des souvenirs formidables pour son successeur. M. de Ravignan n'en fut point effrayé. Plus logicien que le père Lacordaire, il s'adressait à d'autres facultés de l'intelligence. L'imagination dominait chez le premier, la raison chez le second. Le père Lacordaire plaît peut-être davantage, M. de Ravignan convainc mieux. Les conférences du père jésuite sont de véritables thèses; celles du dominicain sont des morceaux de rhétorique religieuse. Quand parut le nouveau conférencier, la presse libérale, le *Constitutionnel* en tête, annonça l'arrivée d'une armée de jésuites à Paris. La question du progrès des lumières dans ses rapports avec le catholicisme fut le sujet de sa première conférence. Cette thèse, si souvent controversée, lui donna l'occasion de jeter un regard sur les sociétés modernes. Sa parole vive et pénétrante causa une émotion profonde, et il paraît que M. Scribe en sortant de Notre-Dame, où il s'était fourvoyé, aurait dit : « Il y a dans les paroles que nous venons d'entendre de quoi faire bâtir plus d'églises que je n'ai composé de pièces. » Il eut le bonheur de toucher le cœur d'un autre sceptique, — M. Eugène Briffault, qui écrivit dans le *Temps*, le lendemain du jour où il avait entendu M. de Ravignan : — Celui-là est plus prêtre que les autres.

On parla tellement de la première conférence du jésuite, que la seconde eut pour auditeurs, MM. de Chateaubriand, Berryer, Dupin, de Lamartine. Guizot, etc. Il s'agissait cette fois de démontrer que le dogme du péché originel est la véritable et la seule base de la philosophie de l'histoire. Question immense et qui exigeait, en présence d'un pareil auditoire, l'accord de la science et de la foi. En voici un extrait :

« Jésus-Christ, dit-il, est présenté au temple. A l'âge de douze ans, il confond les docteurs. Une voix du ciel le proclame le fils de Dieu. Il sort de sa retraite; chacun des jours de son ministère est marqué par des prodiges : on le voit marcher sur les flots et commander à la tempête..... D'une parole, il rend la vue aux aveugles, l'ouïe aux sourds, le mouvement aux paralytiques; à sa voix, les morts déjà infects, sortent de leur tombeau..... Il expire : le ciel s'obscurcit, la terre tremble..... Jésus sort vainqueur du tombeau. Tel est le récit évangélique. Ce sont là évidemment les faits les plus merveilleux, les plus extraordinaires, les plus surnaturels, ou il faut renoncer à penser ou à parler dans aucune langue.....

On dira que ces merveilles peuvent s'expliquer par les sciences occultes ou par le magnétisme... Je m'adresse ici à cette partie de la jeunesse qui se livre à l'étude de l'art de guérir; j'ai lu, dans les savants ouvrages de vos maîtres, que le magnétisme présentait les plus grands dangers pour la morale publique; qu'il pouvait produire les plus déplorables effets sur l'organisme; qu'il pouvait donner la mort; mais je cherche les boiteux qu'il a fait marcher, les aveugles qu'il a guéris, les morts qu'il a ressuscités. Au reste, il est des objections auxquelles on ne peut descendre pour y répondre : ce sont celles que ne croient pas fondées ceux qui les font. De ce nombre est l'impertinente et sotte impiété : Jésus-Christ, magnétiseur !.....

» Jésus passait : il voit un aveugle de naissance; il prend un peu de boue, en met sur les yeux de l'aveugle et lui dit : « Allez vous laver dans la fontaine de Siloé. » L'aveugle va, et se lave, il voit. On se demande : N'est-ce pas celui qui mendiait là, assis? On le conduit devant les pharisiens; le mendiant est interrogé et il répond : « Je suis allé, je me suis lavé, je vois... » On dit à l'aveugle : « Cet homme dont tu parles est un pécheur. — Je n'en sais rien, répond-il; mais ce que sais bien, c'est que j'étais aveugle, et que maintenant je vois. — Mais on ne sait d'où vient cet homme. — C'est bien étonnant que vous ne sachiez pas d'où il est venu, lui qui m'a ouvert les yeux : s'il n'était envoyé de Dieu, il ne pourrait pas rendre la vue à un aveugle.

Non, ce n'est pas ainsi qu'on invente! s'écriait l'inconséquent auteur d'*Émile;* et un autre philosophe, plus grave que Rousseau, Charles Bonnet, a dit que ce trait seul suffit pour démontrer la divinité de Jésus-Christ. »

Voici comment, dans son discours de réception à l'Académie, M. le baron Pasquier, qui succédait à M. de Frayssinous, apprécia l'éloquence de M. de Ravignan : « Celui qui est en possession de remuer les âmes et d'entraîner les convictions avec une puissance qu'aucun autre peut-être n'exerce au même degré, cet orateur qui semble avoir recueilli l'héritage tout entier de mon prédécesseur, c'est le néophyte d'Issy, c'est cet abbé de Ravignan auquel il imposait les mains en 1822. »

L'institut des jésuites étant ardemment attaqué dans la presse, au Collége de France, à la tribune, M. de Ravignan fut chargé de le défendre. Le petit livre qu'il publia à ce sujet est un chef-d'œuvre de raison, qui eut l'insigne honneur d'inspirer à Royer-Collard, ce pontife du libéralisme tempéré, les paroles suivantes, qu'il adressa à l'auteur : « Votre éloquent plaidoyer pour l'*Institut des Jésuites*, me fait comprendre l'énergie de cette création extraordinaire et la puissance qu'elle a exercée. Autant qu'on peut comparer les choses les plus dissemblables, on pourrait dire qu'à la distance de la terre au ciel, Lycurgue et Sparte sont le berceau de saint Ignace. Sparte a passé, les jésuites ne passeront pas. »

Les témoignages de MM. Pasquier et Royer-Collard ne sont pas suspects. Il a fallu que l'un et l'autre fussent obligés par leur conscience de rendre justice à un homme qui fait partie d'une congrégation religieuse dont le nom est si impopulaire en France.

M. de Ravignan n'a pas cessé de mettre au service de toute œuvre de bienfaisance les trésors d'éloquence dont Dieu l'a pourvu. Ainsi donc, il sert la religion de deux manières : en répandant la parole de vérité dans les esprits ou prévenus ou sceptiques, et en stimulant la charité, cette plante féconde du christianisme.

Poissy. — Typographie Arbieu.

NICOLAS Ier (Paulowitch), empereur de Russie, fils de Paul Ier et frère d'Alexandre, né le 6 juillet (25 juin) 1796. Si la Russie a pu être appelée par Sully un pays de barbares, elle ne mérite plus aujourd'hui cette méprisante qualification. Quels pas de géant a faits cet empire depuis le xviie siècle! Pierre le Grand, Catherine II et Nicolas Ier lui ont imprimé un mouvement qui ne paraît pas devoir s'arrêter encore. Les conquêtes successives des princes de cette nation en ont fait le plus vaste empire du monde, et Dieu seul sait quel rôle il est destiné à jouer dans l'avenir. L'empereur actuel n'est point un homme ordinaire, et tant qu'il gouvernera l'immense pays qui lui est soumis, il est permis de croire qu'il le conservera puissant et redouté. La Russie est peu connue, le prince qui la régit encore moins. Beaucoup de gens se contentent de savoir qu'il est autocrate, c'est-à-dire qu'il possède le pouvoir absolu par lui-même et sans délégation. Cette notion vague et générale sur un homme aussi considérable que Nicolas Ier ne suffit pas. Il importe donc de le mieux faire connaître, et les renseignements qui vont suivre ont pour but de tracer quelques linéaments de cette grande figure.

Nicolas Ier reçut une éducation soignée. Confié d'abord aux soins de la comtesse de Lieven, il fut initié par le célèbre humaniste Adelung à la connaissance des littératures modernes. Storch lui enseigna les sciences politiques et économiques. Toutes les branches de la science militaire furent embrassées par lui avec ardeur; la castramétation surtout obtint ses préférences. La musique lui agréait aussi beaucoup, et on dit qu'il a composé des marches militaires. Après la guerre de Russie, à laquelle son âge ne lui avait pas permis de prendre part, il visita les champs de bataille illustrés par les Russes. En 1817, il épousa Charlotte-Louise-Frédérique-Wilhelmine, fille aînée de Frédéric Guillaume III, roi de Prusse. Il satisfaisait sa passion pour la vie militaire en se familiarisant, quoique en paix, avec les habitudes et la discipline des camps, qu'il observait scrupuleusement. A la mort d'Alexandre, en 1825, il prêta serment de fidélité à son frère aîné le grand-duc Constantin, vice-roi de Pologne. Mais parmi les papiers laissés par Alexandre se trouvait l'abdication de Constantin. Désigné par son frère Alexandre pour lui succéder et muni de l'acte d'abdication du vice-roi de Pologne, Nicolas exigea en outre de ce dernier une nouvelle renonciation à ses droits sur le trône de Russie. Michel, le plus jeune des trois frères, fut alors chargé d'aller demander à Constantin un désistement absolu que celui-ci ne refusa point. Alors Nicolas prit les rênes de l'empire le 1er décembre (19 novembre) 1825, publia son manifeste et se fit prêter hommage par les trois corps suprêmes de l'État. L'armée, qui devait également prêter serment, s'y refusa, et, à l'instigation de quelques ambitieux et mécontents, se révolta contre le pouvoir nouveau. Nicolas, dans cette circonstance, déploya une énergie qui ne l'abandonna jamais. Une autre insurrection éclata dans le gouvernement de Kief, dont le sang-froid de Nicolas vint également à bout. Par suite d'un jugement prononcé contre les rebelles, cinq d'entre eux furent mis à mort, les autres envoyés en Sibérie. Cette conduite énergique de Nicolas, qui n'avait pas craint de payer de sa personne, lui conquit l'affection et le respect de son peuple. Après avoir ainsi inauguré son règne, Nicolas s'occupa activement de politique intérieure. La législation de la Russie appelait de grandes réformes qu'il accomplit en partie. L'administration était livrée à un désordre déplorable, il fit ses efforts pour la régulariser. Ses tentatives pour faire disparaître la corruption des employés et des juges ne furent peut-être pas couronnées de succès; néanmoins cette plaie diminua. Il confia la politique extérieure au comte de Nesselrode, qui jouissait de la confiance d'Alexandre. Rival naturel de la Turquie, son intérêt était d'amoindrir cette puissance : aussi concourut-il à la délivrance de la Grèce et à sa constitution en royaume chrétien. Déjà Nicolas Ier avait conquis l'Arménie persane et quelques pays vers l'embouchure du Danube, et ses armées, victorieuses de la Turquie, allaient franchir le Balkan et se diriger sur Constantinople, quand l'intervention des puissances européennes les arrêta dans leur marche. L'indépendance de la Grèce, l'affranchissement de la Valachie, de la Servie et de la Moldavie, placées sous la protection de la Turquie, affaiblirent momentanément l'empire de la Russie. Le traité d'Unkiar-Skelessi (1833) a fini par assurer la prédominance du cabinet de Saint-Pétersbourg sur la Porte.

La révolution de 1830 déconcerta pendant quelque temps la politique russe. Nicolas craignait, et avec raison, que cette étincelle partie de la France n'incendiât d'autres peuples. La Pologne allait, en effet, bientôt chercher à conquérir son indépendance, mais après une lutte longue et héroïque, elle succomba, au moment où, du haut de la tribune française, tombaient ces paroles trop célèbres : « La Pologne ne périra pas. » Les sentiments de Nicolas pour Louis-Philippe étaient loin d'être bienveillants. L'antipathie du tzar pour un roi des barricades s'explique facilement. Le chef de la branche cadette des Bourbons, en montant sur le trône, portait atteinte au principe de la légitimité, et Nicolas considère ce principe comme la base de tout gouvernement solide et durable. L'origine révolutionnaire de Louis-Philippe lui déplaisait souverainement, et, dans sa réponse à la notification officielle qu'il reçut du gouvernement français au sujet de l'avénement du prince de la famille d'Orléans, il insinua diplomatiquement le peu de sympathie qu'il avait pour le roi de France. La révolte de la Pologne et la séparation de la Belgique du gouvernement de la maison d'Orange, alliée à celle de Russie, rendirent encore plus difficiles les rapports qu'étaient obligées d'entretenir les cours de Paris et de Saint-Pétersbourg.

On fit à Nicolas des reproches très-amers sur sa conduite envers les Polonais après leur insurrection. Lui-même a déclaré qu'en agissant ainsi il avait la conviction d'avoir été utile à la Pologne. Cette justification, qui semble une cruelle ironie, n'est pas dénuée de vraisemblance. Il est toujours pénible d'avoir à adresser des reproches à un peuple malheureux; mais la vérité domine toutes les considérations, et il est trop certain qu'il y a dans le peuple polonais peu d'aptitude à se gouverner. Son histoire n'est qu'une longue anarchie, et la situation qui lui est faite actuellement est une conséquence des fautes qu'il a commises.

Lors de l'invasion du choléra à Moscou, en 1831, Nicolas se rendit lui-même dans cette ancienne capitale de l'empire, et, par son sang-froid, il apaisa une révolte du peuple contre les médecins qu'on accusait d'avoir empoisonné les sources.

Toujours peu disposé pour Louis-Philippe, Nicolas reconnut cependant son gouvernement, et il se rendit à Londres pour régler le sort de la Grèce et de la Belgique. Voyant que l'Angleterre, la France, l'Espagne et le Portugal avaient formé une quadruple alliance, il se rapprocha de la Prusse et de l'Autriche. Frappé de cette idée que l'Occident se dissoudra, il a toujours les yeux tournés vers l'Orient dont il a déjà conquis une partie, et dont sa politique domine à peu près le reste. La Russie d'un côté, l'Angleterre de l'autre, cherchent à étendre leurs conquêtes sur ce vieux berceau du monde : le jour où les deux peuples se rencontreront, qu'arrivera-t-il? il n'est donné à personne de le prévoir. A partir du traité du 15 juillet 1840, qui fut signé à l'exclusion de la France, la Russie s'est rapprochée de l'Angleterre qu'elle n'aime point.

La diplomatie russe est extrêmement habile. Mélange du Grec et de l'Asiatique, le Russe possède les qualités qu'exige cette science cauteleuse. Jamais il ne se compromet dans des négociations prématurées; il sait attendre le moment d'agir parce qu'il est prudent et fort.

La révolution de 1848 a d'abord effrayé le gouvernement russe; mais après le manifeste de Lamartine, il s'est rassuré. Toutefois, Nicolas n'était pas parfaitement tranquille, et 1852 l'effrayait beaucoup. Aussi le coup d'État du 2 décembre eut-il son approbation. La restauration du principe d'autorité à laquelle il avait si vigoureusement contribué lui-même par son intervention armée en Hongrie, fut à ses yeux un grand bonheur, non-seulement pour la France, mais encore pour l'Europe, qui aurait eu beaucoup à redouter du triomphe des socialistes.

Il y a quelques années, Nicolas se rendit à Rome. Sa visite au souverain pontife fut diversement racontée, et le véritable but de son voyage dans la capitale de la catholicité est resté un mystère diplomatique. Quoi qu'il en soit, le pape lui témoigna la vive affliction qu'il avait ressentie en apprenant les violences exercées contre les catholiques romains de Pologne. Ces plaintes du pontife furent bien accueillies par Nicolas, et il résultera de cette entrevue, on doit l'espérer, une amélioration pour les catholiques soumis au gouvernement russe.

Tout récemment l'empereur de Russie a fait une visite au roi de Prusse. La politique n'est certainement point étrangère à ce voyage, et il n'est point téméraire de penser qu'il a été entrepris en vue de resserrer les liens qui unissent les deux gouvernements. Peut-être aussi la situation actuelle de la France et les éventualités probables de sa politique ne sont-elles point étrangères à cette pérégrination impériale.

Nicolas est un très-bel homme. On le dit amoureux de sa personne, fier de sa tournure martiale et heureux de la popularité de ses manières.

HUGO (Victor), fils du général comte Hugo. Sa mère était vendéenne, et on le verra d'abord s'inspirer des sentiments royalistes de l'une, puis des opinions démocratiques de l'autre. Tout le monde connaît l'âge du poëte, depuis la publication des *Feuilles d'automne*, où se trouve cet hémistiche devenu célèbre : — « Le siècle avait deux ans. » — Donc Victor Hugo a aujourd'hui cinquante ans. Cosmopolite pendant son enfance par suite des diverses positions de son père, Victor Hugo vit successivement la Corse, l'île d'Elbe, Genève, Rome, Naples, Florence, etc. Il reçut d'un ancien prêtre ses premières leçons de grec et de latin. Le général Lahorie, réfugié chez madame Hugo, pendant deux ans, se chargea de l'instruction du futur grand homme, qui obtint des accessit en mathématiques, au concours de l'Université. A 14 ans, cet âge heureux, où la passion des jeux du collége et la haine du maître d'études sont si vives, Victor Hugo écrivit une tragédie selon les règles d'Aristote. Dans cette œuvre classique, où, sous forme symbolique, était célébré le retour de

Louis XVIII, il eut été difficile de deviner le prochain hérésiarque littéraire; un an plus tard, il concourut pour un prix d'Académie sur ce sujet : — *les avantages de l'étude.* — Il aurait été proclamé le vainqueur de ce tournoi poétique, si ce jeune favori des muses n'eut, par une indiscrétion bien innocente sur son âge, rendu son identité suspecte aux doctes barbons de l'illustre aéropage. François de Neufchâteau lui adressa, à cette occasion, des vers congratulatoires. Poursuivant ses succès académiques, il fut deux fois couronné aux jeux floraux de Toulouse, une des institutions du moyen âge restées debout au milieu des ruines amoncelées par la main inexorable du temps. Un troisième prix lui fut décerné, ainsi que le grade de maître ès jeux floraux, pour son ode sur *Moïse sauvé des eaux.* Plus heureux et, il faut le dire, plus poëte que la victime de Boileau, Victor Hugo fit preuve d'inspiration poétique, et cependant plus tard il devait, lui aussi, tomber dans ces erreurs qui ont valu à Saint-Amand l'immortalité du ridicule. Le premier volume de ses *Odes et Ballades* parut en 1822, et lui fit obtenir une pension de Louis XVIII. Cette même année il épousa mademoiselle Foucher, sœur de M. Paul Foucher, romancier et dramaturge. En 1823, parut *Han d'Islande,* création fantastique à force de laideur et d'atrocités morales. *Han d'Islande* fut comme le programme de l'école nouvelle et comme un défi jeté au bon sens par les partisans du dévergondage littéraire. Son frère puîné, *Bug Jargal,* parut en 1826. Collaborateur pseudonyme du *Conservateur littéraire,* Victor Hugo y apprécia les *Méditations poétiques* de Lamartine; dans cet examen critique il fit preuve d'un purisme sévère sans refuser cependant son admiration aux qualités brillantes du poëte spiritualiste, dont la lyre avait des accents si harmonieux et si nouveaux. On a cru longtemps que Chateaubriand avait salué le poëte naissant du nom glorieux d'*Enfant sublime.* Personne ne doute plus aujourd'hui que le patriarche de la littérature contemporaine n'a jamais qualifié si magnifiquement l'auteur de drames au moins hasardés. En 1824, parut un second volume d'*Odes et Ballades,* suivi deux ans après d'un troisième et dernier. La guerre d'Espagne, la naissance du duc de Bordeaux, le sacre de Charles X furent les principales inspirations poétiques du royalisme de l'écrivain pendant la Restauration. Cette poésie monarchique fit décocher contre lui dans ces derniers temps, à l'Assemblée législative, des épigrammes acérées. Les explications qu'il chercha à donner à ses adversaires politiques ne furent pas heureuses et, les rapprochements qu'on fit de ses opinions passées et de son républicanisme de fraîche date tournèrent à sa confusion. Plusieurs fois dans ses préfaces, Victor Hugo avait émis des doctrines littéraires hétérodoxes, et on sentait alors que le poëte était en même temps un réformateur. Mais ce ne fut qu'en 1827 qu'il lança son grand manifeste en tête de *Cromwell.* La guerre était déclarée et les deux partis se rangèrent sous deux drapeaux portant pour enseigne : Classicisme et romantisme. — Ces appellations n'ont jamais été bien définies; aussi est-il souvent arrivé que les disputes qui les occasionnèrent ne présentaient aucun sens, et que les adversaires, comme le héros de Cervantes, rompaient des lances dans le vide. On aurait plus justement désigné les deux camps par les dénominations de conservateurs et de révolutionnaires. En effet, les premiers avaient horreur de toutes les nouveautés et, féroces douaniers de la pensée, ils voulaient arrêter au passage toute production qui ne portait pas l'estampille de l'antiquité. Gardiens peu clairvoyants de traditions respectables sans doute, mais singulièrement compromises pendant le premier quart de notre siècle, ils oublièrent que le meilleur argument à produire dans une discussion de ce genre, c'était d'apporter au public une bonne œuvre. Les seconds, au contraire, trop ardents dans l'attaque, avaient un souverain mépris pour les anciens, et ils auraient voulu, dans leur passion insensée, anéantir les livres qui ne procédaient pas de la nouvelle école. Aristote et Boileau étaient conspués. Racine lui-même, ce poëte si charmant, reçut les ruades de quelques disciples d'humeur guerroyante et le public, fatigué de cette controverse passionnée, souvent puérile, finit par trouver que :

> Tous les genres sont bons, hors le genre ennuyeux.

A partir de cette époque, Victor Hugo fut proclamé chef d'école. Il avait une cour composée de thuriféraires récemment sortis du collége, et pendant quelques années il reçut avec une complaisance presque héroïque l'encens nauséabond de ses adorateurs. Sa correspondance était très-active; pas un métromane de province qui n'ait un autographe du grand homme. La gloire a ses charges, et l'auteur d'*Hernani* l'a senti plus d'une fois en sa vie. La nouvelle poétique avait, entre autres malheurs, celui de servir de préface justificative à un drame *injouable*. La pratique fit tort à la théorie et on pouvait appliquer à Victor Hugo, le mot spirituel du prince de Condé sur l'abbé d'Aubignac. Les *Orientales* furent publiées en 1828, et les louanges hyperboliques qu'elles reçurent de la part des néophytes révélèrent clairement les tendances de l'école nouvelle. *L'art pour l'art* devint comme le principe et le but de la littérature romantique. On chercherait en vain dans cette œuvre une pensée, même un sentiment; mais on y trouve un coloris plein d'éclat et une merveilleuse habileté d'écrivain. En voici un échantillon :

La lune était sereine et jouait sur les flots.
La fenêtre enfin libre est ouverte à la brise;
La sultane regarde, et la mer qui se brise,
Là-bas, d'un flot d'argent brode les noirs îlots.
De ses doigts en vibrant s'échappe la guitare.
Elle écoute... un bruit sourd frappe les sourds échos.
Est-ce un lourd vaisseau turc qui vient des eaux de Cos,
Battant l'archipel grec de sa rame tartare?
Sont-ce des cormorans qui plongent tour à tour,
Et coupent l'eau, qui roule en perles sur leur aile?
Est-ce un djinn qui là-haut siffle d'une voix grêle,
Et jette dans la mer les créneaux de la tour?
Qui trouble ainsi les flots près du sérail des femmes,
Ni le noir cormoran, sur la vague bercé;
Ni les pierres du mur, ni le bruit cadencé
D'un lourd vaisseau rampant sur l'onde avec des rames.
Ce sont des sacs pesants, d'où partent des sanglots.
On verrait, en sondant la mer qui les promène,
Se mouvoir dans leurs flancs comme une forme humaine...
La lune était sereine et jouait sur les flots.

Les fanatiques du parti firent de ce livre l'archétype de la poésie romantique, et, à leurs yeux, jamais l'art humain, n'était monté si haut. Un an plus tard Victor Hugo donnait au public le *Dernier jour d'un condamné*. A part quelques pages chaudement écrites, ce volume est bien au-dessous de ce qu'on pouvait attendre de son titre. Il est vrai que la matière n'était pas favorable au génie de l'auteur; elle exigeait un psychologue ou un moraliste, et Victor Hugo n'a jamais été qu'un poëte lyrique, même dans sa prose et dans ses discours politiques.

Quatre mois avant la révolution de Juillet, le 26 février 1830, le Théâtre-Français donnait la première représentation d'*Hernani*. Composée exclusivement des amis du poëte, la salle, ce jour-là, retentit d'acclamations passionnées; les représentations suivantes, au contraire, furent troublées par des démonstrations peu littéraires. Les champions des deux écoles en vinrent littéralement aux mains, et, dans ce genre de lutte, les représentants de la jeune école remportèrent une victoire signalée sur leurs adversaires. Pendant quelque temps, le théâtre de la rue Richelieu fut transformé en gymnase grec, où les amateurs de pugilat faisaient valoir la force de leurs muscles. Que pouvaient faire contre des arguments de cette nature les vieux habitués de l'orchestre, ces fidèles amants de l'alexandrin classique? Ils finirent par se résigner, après avoir beaucoup gémi. L'Académie députa même quelques-uns de ses membres auprès de Charles X, pour lui transmettre les doléances du docte aréopage; mais le roi, se souvenant du comte d'Artois, aurait répondu : — « En fait d'art, je n'ai d'autre droit que ma place au parterre. » — Pour un monarque très-enclin à l'absolutisme, le mot est aussi libéral que spirituel.

Avant *Hernani*, Victor Hugo avait écrit *Marion Delorme*, dont la représentation fut empêchée. En dédommagement de cet acte de la censure théâtrale, M. de la Bourdonnaye fut chargé d'offrir au poëte une pension, que celui-ci refusa. Cette pièce a des qualités de style et elle ne manque pas d'un certain mouvement dramatique. Mais, à la place de la grande figure historique de Richelieu, l'auteur a fait une caricature de fantaisie. Marion Delorme n'est pas la courtisanne que nous connaissons, et Didier est une création anachronique : ce caractère n'appartient point au XVIIe siècle; il a respiré l'atmosphère morale du nôtre.

L'œuvre la plus populaire du poëte, *Notre-Dame de Paris*, parut en 1831. On a dit avec raison que ce roman était une ode à l'architecture du moyen âge. Il y a dans ce livre des détails curieux sur les mœurs du temps; la physionomie générale de la ville de Paris est tracée avec une grande puissance d'imagination. Victor Hugo a prouvé de nouveau qu'il possédait à fond la connaissance de la langue française. Sous ce rapport, *Notre-Dame de Paris* est presque un tour de force. Malheureusement il n'en est pas de même des caractères : Quasimodo est un monstre enfanté par la passion du burlesque; Esmeralda serait une créature ravissante, si un réalisme vulgaire ne ternissait les teintes idéales de cette *Gipsy*; Claude Frollo ne représente qu'une luxure grossière. Les personnages secondaires, Phœbus de Châteaupert et le frère de l'archidiacre sont plus vrais : l'un est bien ce fanfaron militaire, heureux et fier de ses belles formes; l'autre rappelle heureusement l'écolier mutin et désordonné du XIIIe siècle.

Une série de drames se succédèrent sans interruption : *le Roi s'amuse*, en 1832; *Lucrèce Borgia* et *Marie Tudor*, en 1833; *Angelo*, en 1835; *Ruy Blas*, en 1838. Le premier n'a été joué qu'une fois et a donné lieu à un procès, dans lequel Victor Hugo s'est montré très-habile avocat. On ne pouvait permettre la représentation d'une pièce où un roi de France était livré au mépris public. Si François Ier a eu des faiblesses, des vices mêmes, il n'était pas dépourvu de belles qualités qui devaient inspirer plus de respect au poëte. Les autres drames de Victor Hugo présentent tous le même défaut. La vérité historique y est outrageusement méconnue; les caractères sont généralement faux, quand ils ne sont pas entièrement creux. *Ruy Blas* surtout a justement soulevé la critique, qui a reproché au poëte d'avoir traîné une reine d'Espagne dans une intrigue galante digne d'une *posada*.

En même temps Victor Hugo publiait plusieurs volumes de poëmes. Les *Chants du crépuscule*, les *Voix intérieures en* 1837, les *Rayons* et les *Ombres en* 1840. Le doute, la colère et l'orgueil caractérisent ces dernières productions poétiques. L'auteur avait été plus heureux dans les *Odes et Ballades* et les *Feuilles d'Automne*, l'inspiration y est plus pure, les sentiments plus vrais.

On ne lira pas sans plaisir ces strophes d'une ode à son père :

Toi, mon père, ployant ta tente voyageuse,
Conte-nous les écueils de ta route orageuse,
Le soir, d'un cercle étroit en silence entouré.
Si d'opulents trésors ne sont plus ton partage,
Va, tes fils sont contents de ton noble héritage;
Le plus beau patrimoine est un nom vénéré.
Pour moi, puisqu'il faut voir, et mon cœur en murmure,
Pendre aux lambris poudreux ta vénérable armure;
Puisque ton étendard dort près de ton foyer,
Et que, sous l'humble abri de quelques vieux portiques,
Le coursier qui m'emporte aux luttes poétiques
Laisse rouiller ton char guerrier,
Lègue à mon luth obscur l'éclat de ton épée;
Et du moins qu'à ma voix, de ta vie occupée,
Ce beau souvenir prête un charme solennel;
Je dirai tes combats aux muses attentives,
Comme un enfant joyeux, parmi ses sœurs craintives,
Traîne, débile et fier, le glaive paternel.

La royauté de Juillet se montra libérale envers Victor Hugo. Promu au grade d'officier de la Légion d'honneur en 1837, il reçut du duc d'Orléans et de la duchesse sa femme un beau tableau de Saint-Eve, avec une riche bordure portant cette inscription. « En souvenir des *Voix intérieures*. » Puis il fut nommé pair de France, en 1845.

A chaque pièce nouvelle de l'auteur d'*Hernani*, les classiques faisaient entendre cette épigramme de Voltaire : « Est-ce sur le théâtre d'Iphigénie et de Phèdre, est-ce chez les Hurons, les Illinois qu'on a fait ronfler ces vers et qu'on les a fait imprimer ? »

Si les *Burgraves*, que personne n'a pris pour une pièce dramatique, mais bien pour un prétexte à tirades poétiques, n'ont pas ajouté à la réputation de l'auteur, ils ont assurément servi à commencer celle de M. Ponsard. *Lucrèce*, qui n'est pas sans beautés qui lui sont propres, a gagné beaucoup à la comparaison, et sans les *Burgraves* le chef de l'école du bon sens n'aurait point eu le succès exorbitant qu'il a obtenu.

On trouve dans le livre sur le *Rhin*, de Victor Hugo, des excentricités puériles telles que celle-ci : « Tandis que cette machine, — le télégraphe, — faisait cela, les arbres bruissaient, l'eau coulait, les troupeaux mugissaient et bêlaient, le soleil rayonnait à plein ciel, et moi je comparais l'homme à Dieu. » Quel abus de la personnalité, et quelle passion pour l'antithèse ! Il ne faut pas s'en étonner; n'avait-il pas dit, dans une de ses lettres : « Vous savez que le bon Dieu est pour moi le grand faiseur d'antithèses. » A l'occasion de ce livre politico-géographique, un plaisant a rimé les vers suivants :

Hugo s'est fourvoyé. Quelle étrange manie,
De vouloir exploiter la calme Germanie,
En facétieux pèlerin ?
Ah ! plut au ciel qu'avant d'aborder la besogne,
Il eût dit, à l'instar du greffier de Cologne :
Les Français n'auront pas le Rhin.

Sa première candidature à l'Académie lui attira ce quatrain ultra-romantique :

Où, ô Hugo, huchera-t-on ton nom ?
Justice enfin rendu que ne t'a-t-on !
Quand donc, au corps qu'Académie on nomme,
Grimperas-tu de roc en roc, rare homme ?

Après avoir bafoué l'Académie, comme tous ceux qui n'en sont pas, ce qui a fait dire à Fontenelle :

> Sommes-nous trente-neuf, on est à nos genoux ;
> Mais sommes-nous quarante, on se moque de nous.

un des vieux, à la porte de qui le candidat avait frappé, lui répondit : « Monsieur, je ne puis vous agréer, car vous n'avez pas étudié notre langue, et moi je suis trop vieux pour apprendre la vôtre. »

Arrivé à l'Académie, Victor Hugo joua de malheur. Le sort désigna M. de Salvandy pour lui répondre. La passe oratoire qui eut lieu alors entre les deux académiciens fut toute à l'avantage de l'ancien ministre de l'Instruction publique. Quelques années plus tard, M. Victor Hugo voulut reprendre sa revanche contre M. St-Marc Girardin qui avait vivement critiqué la littérature dramatique. L'avantage resta au professeur ; Victor Hugo, montra dans cette circonstance, un orgueil colossal que son *ode à Olympio* a seule dépassé.

Les spéculations de haute politique contenues dans son livre sur le Rhin avaient fait supposer que Victor Hugo développerait ses idées gouvernementales à la chambre des pairs. Le palais du Luxembourg ne l'inspira pas ; il conserva son éloquence pour une autre tribune. Nommé membre de l'Assemblée législative par les électeurs de la Seine, Victor Hugo y prononça plusieurs discours remarquables, surtout par les sentiments démocratiques qu'ils renferment. La conversion politique de Victor Hugo le plaça à la chambre dans une situation difficile. Le parti conservateur lui reprochait constamment d'avoir abandonné son drapeau, et les électeurs qui l'avaient nommé ne trouvaient pas en lui le défenseur de leurs opinions. Cette situation fausse était devenue presqu'intolérable pour lui. Les épigrammes et les interpellations pleuvaient de la droite, et son nouveau parti ne le soutenait pas toujours suffisamment.

L'Événement, dont ses deux fils étaient les collaborateurs, fut fondé sous le patronage de Victor Hugo. La partie littéraire de ce journal rappelait les mauvais jours du romantisme.

Depuis le 2 décembre, Victor Hugo a quitté la France. Réfugié pendant plusieurs mois en Belgique Victor Hugo a fait dans ce pays un triste pamphlet intitulé : *Napoléon le Petit*. Ce petit livre, gonflé de fiel et de rancune, n'ajoutera rien à la gloire du poëte. Il n'a pas même eu l'honneur d'exciter la colère de celui qu'il a voulu flétrir. On rapporte que le prince dit après l'avoir lu : *Voici Napoléon le Petit par Victor Hugo le Grand*. C'est tout ce que méritait un libelle où la rage s'exalte jusqu'à la folie. Victor Hugo habite aujourd'hui avec sa famille l'île de Jersey.

ORNANO (Philippe-Antoine d'), grand chancelier de la Légion d'honneur, est né à Ajaccio, le 17 janvier 1784. Sa famille, illustrée dans le pays, fournit à la France deux maréchaux sous les règnes de Henri IV et de Louis XIII. Fils de Louis d'Ornano et d'Isabelle Bonaparte, cousine germaine de Charles Bonaparte, père de l'empereur Napoléon, il est allié au prince-président.

Entré au service dès l'âge de 16 ans, comme sous-lieutenant au 9e régiment de dragons, il fit la campagne de Marengo. Son parent, le général Leclerc, l'ayant nommé son aide de camp, il accompagna à Saint-Domingue le chef de cette expédition transatlantique. A la tête des chasseurs corses qu'il commandait à Austerlitz, sa bravoure lui valut sur le champ de bataille la croix d'officier de la Légion d'honneur. Nommé colonel du 25e régiment de dragons après la bataille d'Iéna, il fit en cette qualité les campagnes de Prusse et de Pologne. Les actes courageux par lesquels il se signala dans la guerre d'Espagne, sous les ordres du maréchal Ney, le firent citer avec honneur dans les rapports de cette expédition, qui mentionnent particulièrement sa conduite dans le combat d'Alba de Tormès, où il enleva quatre pièces d'artillerie. Ses brillants faits d'armes à Fuente d'Onoso le firent nommer général de brigade.

Alors il quitta l'Espagne pour se rendre auprès de Napoléon, prêt à entreprendre cette guerre de Russie qui lui fut si fatale. Commandant de toute la cavalerie du 4e corps à la bataille de la Moskowa, il fut promu au grade de général de division, et le maréchal Ney s'exprima ainsi dans son rapport sur les opérations de cette journée. « La cavalerie du général d'Ornano a rendu les plus grands services, et aucun officier général n'a fait, en cette circonstance, son devoir mieux que lui. Après la bataille de Malojaroslawetz, l'un des faits d'armes les plus brillants de la campagne de 1812, et dans laquelle le général d'Ornano trouva l'occasion de se distinguer d'une manière éclatante, l'Empereur prononça ces paroles qui s'adressaient à lui et au prince Eugène : « Messieurs, l'honneur de cette journée vous appartient tout entier. »

Atteint par un boulet qui le renversa de cheval, il fut laissé pour mort à Krasnoë. Le prince Eugène ordonna qu'on l'enterrât sous la neige. M. de Tarches, aide de camp du vice-roi, avait déjà commencé à mettre cet ordre à exécution, lorsque M. Delaberge, aide de camp du général d'Ornano, ne voulant pas laisser en Russie le corps de son général, le plaça en travers sur son propre cheval. Déjà la mort du général d'Ornano était annoncée à l'Empereur, qui témoigna la vive affliction qu'il éprouvait de cette perte, lorsque le général donna quelques signes de vie et on parvint à le sauver. Après avoir ainsi miraculeusement échappé à la mort, le général d'Ornano fit la campagne de 1815, à la tête de la première division de la garde, et le commandement de toute la cavalerie de la vieille garde lui fut conféré, à la mort du maréchal Bessières.

Les armées coalisées trouvèrent en lui un formidable champion de l'honneur français. Couvrant Paris avec les réserves de la garde impériale, il montra dans cette défense honorable tout ce que l'énergie alliée au dévouement peut produire.

Ensuite il rejoignit à Fontainebleau l'Empereur, qui s'occupait alors de réorganiser l'armée pour marcher sur Paris, dans le but de reconquérir ses droits et surtout de chasser l'ennemi de cette capitale, sur laquelle l'invasion avait jeté un voile d'ignominie.

Sa fidélité envers Napoléon ne se démentit point dans cette calamiteuse circonstance. Il put recevoir, sans reproches de sa conscience, les derniers adieux de l'Empereur. Il a ainsi mérité de figurer dans le tableau d'Horace Vernet, représentant cette anxieuse séparation.

Une blessure, reçue dans un duel, l'empêcha de prendre une part active aux événements des Cent Jours. Le gouvernement de Louis XVIII le fit arrêter dans son lit pour le conduire à l'Abbaye, d'où il ne sortit qu'à la condition de se rendre en Belgique. Pendant cet exil il épousa la comtesse Walewska, veuve du comte Polonais Colonna Walewski et fille du staroste Laczynski.

Ce ne fut qu'en 1817 qu'on lui permit de rentrer en France, et à peine commençait-il à jouir de cette faveur qu'il perdit sa femme. Éloigné des affaires publiques pendant la Restauration, le comte d'Ornano fut néanmoins chargé en 1828, par Charles X, d'inspecter la cavalerie, et cette mission lui valut le cordon rouge.

La révolution de 1830 devait naturellement rappeler le général d'Ornano. Aussi reçut-il le commandement de la 4e division militaire, dont le quartier général est à Tours. Il conserva ce poste jusqu'en 1848. Nommé pair de France en 1832, le comte d'Ornano siégea plusieurs fois dans cette assemblée, où il apporta les lumières de son expérience. Son nom figure sur l'Arc-de-Triomphe, parmi ceux de ses compagnons de gloire.

Voici en quels termes il envoya sa démission au ministre de la guerre, le 14 mai 1848 :

« Citoyen ministre,

» Mes forces trahissent ma volonté; je ne puis me dissimuler que le temps du repos est venu.

» Il a fallu, citoyen ministre, la gravité des circonstances que nous venons de traverser, tout mon désir de donner au gouvernement républicain un gage éclatant de mes sympathies, pour me déterminer à conserver un commandement qui exige plus d'activité, plus de jeunesse, plus de force physique.

» Aujourd'hui que le calme règne, que la France est grande et forte, que la suppression de la 4e division m'en fournit une occasion toute naturelle, il doit être permis au vieux soldat qui a donné quarante-huit ans de sa vie à son pays de remettre l'épée dans le fourreau, non sans jeter un regard en arrière et en faisant des vœux pour la prospérité croissante de la République. »

Le général d'Ornano fut envoyé à l'Assemblée nationale et à l'Assemblée législative par le département d'Indre-et-Loire, qui avait pu apprécier ses qualités, pendant les dix-huit ans qu'il y commanda les forces militaires.

Nommé grand officier de la Légion d'honneur, le 18 avril 1834, il fut promu au grade de grand'croix par décret du Président de la République, en date du 5 avril 1850. Enfin, le 17 août de l'année présente, le général Ornano a été élevé à la dignité de grand chancelier de la Légion d'honneur.

DUPREZ (Gilbert), est né à Paris en 1806. Dès son enfance il commença l'étude de la musique et y fit de rapides progrès. Séduit par sa remarquable organisation musicale, Choron, qui eut l'occasion d'entendre chanter cet enfant, le fit entrer à l'école de musique qu'il dirigeait, et donna à son éducation artistique les soins les plus assidus. Une connaissance solide et étendue de toutes les parties de la musique fut donnée au jeune Duprez, qui justifia les espérances qu'il avait inspirées. Le premier essai de son talent qui fut fait en public eut lieu dans des représentations de l'*Athalie* de Racine, en 1820, au Théâtre-Français, où l'on avait introduit des chœurs et des solos. Duprez y chanta une partie de soprano, dans un trio composé pour lui et deux autres élèves de Choron par M. Fétis. L'accent expressif qu'il mit dans l'exécution de ce morceau fit éclater les applaudissements dans toutes les parties de la salle. Bientôt après vint la mue de sa voix, qui l'obligea de suspendre les études de chant. Pendant cette crise de l'organe vocal, il apprit l'harmonie et le contrepoint, et ses essais en composition prouvaient un esprit également propre à rendre les œuvres des grands maîtres et à créer lui-même. Cependant, une voix de ténor avait succédé à sa voix enfantine : d'abord faible et sourde de timbre, elle ne laissa que peu d'espoir pour l'avenir ; mais le sentiment musical de Duprez était si beau, si actif, si puissant, qu'il triomphait des défauts de son organe. Au mois de décembre 1825, il débuta au théâtre de l'Odéon, dans le rôle d'*Almaviva*, de la traduction française du *Barbier de Séville* de Rossini. Il lui manquait alors de la confiance en lui-même et de l'expérience dans l'art du chant scénique; toutefois, on put comprendre dès lors que, malgré la faiblesse de sa voix, Duprez serait un chanteur distingué. Il resta au théâtre de l'Odéon jusqu'en 1828, époque où l'Opéra cessa d'être joué à ce théâtre. Il partit alors pour l'Italie, et y obtint des engagements qui ne le firent pas remarquer d'abord, mais qui furent utiles à son talent et au développement de sa voix, qui acquit plus de puissance. De retour à Paris en 1830, il donna quelques représentations à l'Opéra-Comique et dans le rôle de *Georges*, de *la Dame Blanche*, les connaisseurs l'applaudirent et remarquèrent ses progrès; mais, n'ayant pu contracter d'engagement à ce théâtre, il retourna en Italie. Il ne tarda pas à revenir en France, où il fut engagé à l'Opéra. A partir de cette époque, la renommée de Duprez grandit tous les jours. Le rôle d'*Arnold*, de *Guillaume Tell*, ne fit que l'accroître, et l'on sait que le triomphe éclatant qu'il obtint alors inspira à Adolphe Nourrit une jalousie fatale. Duprez marcha de succès en succès, jusqu'à ce qu'enfin sa voix, fatiguée, cessât de produire sur les spectateurs cette émotion magique qui les entraînait. Il se soutint encore quelques années, à force de science et de goût, mais enfin il se retira du théâtre, chargé de gloire et de couronnes. Loin de demeurer dans l'oisiveté, le grand chanteur rêve un autre avenir. Il ne sera plus seulement l'interprète, il veut être le créateur. Il a fait représenter en 1852, à l'Opéra-National, un opéra en trois actes, intitulé *Joanita*, qui a produit une vive sensation dans le monde musical et qui révèle chez Duprez d'excellentes qualités comme compositeur. Certainement, il ne s'en tiendra pas là. Duprez a renfermé dans un excellent ouvrage dédié à Rossini tous les principes de sa méthode si remarquable. C'est un livre précieux, qui dévoile aux artistes les secrets si difficiles de l'art du chant.

FOULD (Achille), ministre d'État, né en 1799. L'ancienne maison Fould et Fould Oppenheim, dont le ministre actuel est un des associés, a une grande notoriété publique. La richesse de M. Achille Fould, ainsi que ses connaissances spéciales en finances, en travaux publics, en agriculture, lui valurent, sous le gouvernement de Louis-Philippe, un siége à la Chambre des députés. Israélite, comme son confrère M. Rotschild de Londres, il ne s'est pas vu fermer les portes du prétoire législatif. A la Chambre de même qu'au sein du conseil général du commerce, dont il est membre, M. Achille Fould a souvent rendu de grands services par son expérience des affaires et son esprit éminemment pratique. Outre sa compétence dans les matières financières qui lui donnèrent un certain crédit sous le gouvernement précédent, il était encore très-écouté, soit dans les bureaux, soit dans la Chambre même, quant il traitait la question des haras et celle des remontes. Grand amateur des chevaux, M. Fould a fait courir avec succès, et il a prouvé ainsi qu'il n'était pas seulement un bon théoricien. L'élève des chevaux, en France, est d'une importance capitale, et il est heureux que des hommes comme M. Fould prennent à cœur le développement et l'amélioration de la race chevaline qu'on a trop longtemps négligée parmi nous. Heureusement des essais intelligents sont en ce moment tentés dans nos possessions de l'Algérie, et il est permis d'espérer que de ce côté la France trouvera une compensation aux énormes sacrifices qu'elle a faits pour la conservation de ce fertile pays.

Conservateur en politique, M. Achille Fould n'est pas ennemi d'un progrès sage et modéré. A la Chambre des députés où il avait été envoyé par l'arrondissement de Tarbes, dans les Hautes-Pyrénées, M. Fould votait avec le ministère. Il lui prêta même son concours dans une circonstance délicate, qui attira sur le gouvernement de Louis-Philippe un orage d'opposition formidable. Il s'agissait de l'indemnité Pritchard, cet apothicaire politique qui s'était mêlé de nos affaires en Océanie, et dont le châtiment, qu'il avait justement reçu de notre marine, avait déplu à nos voisins d'outre-mer. Cette affaire, très-peu importante au fond, fut grossie par les passions politiques qui préludaient déjà à la révolution de Février. A partir de cette époque surtout, le trône de Louis-Philippe a été ébranlé jusqu'au moment où la colère du peuple a cru devoir se faire justice.

Les premières élections, faites sous la République, laissèrent de côté M. Achille Fould. On ne voulait alors que des républicains de la veille, et le député des Hautes-Pyrénées n'avait pas donné de preuves de son républicanisme. Mais aux élections de septembre 1848, il fut appelé à l'Assemblée nationale par le département de la Seine en même temps que Louis-Napoléon, qui devait bientôt jouer un si grand rôle sur la scène politique.

En possession du portefeuille des finances sous l'Assemblée législative, il rendit dans ce département les services qu'on devait en attendre. Pendant ce ministère, il a élaboré un projet de loi sur les retraites des fonctionnaires publics, dont on a parlé avec beaucoup d'éloges. Depuis plus de vingt ans on prépare cette loi; bien des commissions ont été nommées dans ce but, et aucune solution n'a encore reçu la sanction législative. Le travail de M. Fould paraît appelé à élucider cette question à laquelle se rattachent tant d'intérêt légitimes.

Les décrets relatifs aux biens de la famille d'Orléans ont éloigné M. Fould du ministère. Il vient d'y rentrer en qualité de ministre d'État. Le prince-président l'apprécie beaucoup, et il est vraisemblable qu'il restera dans le poste qui vient de lui être confié. On a vu avec déplaisir la rentrée de M. Fould inaugurée par la révocation de trois conseillers d'État honorables; il vient heureusement d'attacher son nom à une mesure plus populaire, celle qui permet à quelques exilés de respirer l'air et de fouler le sol de la patrie.

HALÉVY (Jacques-Fromenthal) naquit à Paris, le 27 mai 1799, de parents israélites. Son goût naturel et ses dispositions le portant vers la musique, il se présenta au Conservatoire et fut admis comme élève de solfége, le 30 janvier 1809. Deux ans après, il étudia l'harmonie sous Berton d'abord, puis ensuite sous Cherubini. Enfin, en 1816, il est admis à concourir pour le grand prix de composition. Le sujet de la cantate était *Herminie*. Il remporte le prix en 1819 et part pour Rome, où il reste deux ans. De Rome, il va à Vienne, où il est présenté au célèbre Beethoven, comme élève de Cherubini, que l'illustre auteur de la *Symphonie pastorale* aimait beaucoup. Enfin, il revient à Paris en 1822.

Avant son départ pour l'Italie, il avait composé un opéra qui ne fut jamais représenté, *les Bohémiennes*, et, chose assez bizarre! il devait faire un opéra, intitulé *les trois Flacons de Marmontel*, avec M. Cousin, le chef de l'éclectisme, qui sans doute se souvenait que Socrate, son maître en philosophie, avait sacrifié aux muses. De retour en France, il prépare un grand opéra, *Pygmalion*, qui, la veille de la représentation, est arrêté, par suite d'intrigues.

Cette espérance déçue, le jeune compositeur ne se décourage pas, cependant. Il écrit la musique d'un opéra-comique, *les Deux Pavillons*, et ne peut le faire représenter. Enfin, en 1827, il donne à Feydeau *l'Artisan*, opéra-comique en un acte, qui n'eut pas un très-grand succès, mais dont deux morceaux, néanmoins, obtinrent les honneurs du *bis*. En 1828, et pour la fête de Charles X, il compose *le Roi et le Batelier*; en 1829, pour les Italiens, *Clari*, puis *le Dilettante d'Avignon*. En 1830, *Manon Lescaut*, ballet; ensuite *Yeola* et *la langue musicale*, en 1831. De concert avec Gide, il fait la musique de *la Tentation*. En 1834, pour Martin, il écrit *les Souvenirs de Lafleur*. A ce moment, Hérold venait de mourir, laissant, entre autres œuvres inachevées, un opéra-comique, intitulé *Ludovic*, sur lequel on comptait beaucoup. Le directeur de l'Opéra-Comique propose à M. Halévy de terminer la partition. Celui-ci accepte et *Ludovic* est joué. La réputation de M. Halévy commençait à s'établir, lorsqu'une œuvre immortelle vint la sceller définitivement. *La Juive* parut en 1835. La manière du grand compositeur était désormais fixée; sûr de lui-même, maître de son génie, il allait s'élancer dans une carrière où chacun de ses pas serait marqué par le succès.

Dans cette œuvre colossale, à côté des plus splendides beautés d'orchestration se montrent des mélodies délicieuses, écrites avec l'âme, pleines de passion, empreintes d'un caractère céleste et de l'enthousiasme du martyr, dans la bouche d'Eléazar, suaves et charmantes dans celle de Rachel ou de Léopold. L'inspiration déborde en torrents d'harmonie. La foi un peu sauvage d'Eléazar est rendue avec une grande vérité d'expression. C'est une œuvre complète dans toutes ses parties, partout également soignée, étincelante de beautés diverses. Aussi avec quel empressement le monde musical salua-t-il ce soleil, qui se levait ainsi sans aurore!

Après *la Juive*, *l'Eclair*; après la tragédie sublime, pâle effrayante, commençant devant une église et finissant sur un échafaud, la comédie gracieuse, touchante, fine et spirituelle. La plume de

M. Halévy, comme celle de tout homme de talent, se prête à l'expression des divers sentiments de l'âme.

Viennent ensuite *Guido et Ginevra*, puis *les Treize*, *le Shérif*, *le Guitarrero*; en 1841, *la Reine de Chypre*; en 1842, *Charles VI*, avec son admirable chant de guerre et *le Lazzarone*; en 1846, *les Mousquetaires de la reine*; en 1848, *le Val d'Andorre*, *la Fée aux Roses*, *la Dame de Pique*, *la Tempesta*, enfin le *Juif-Errant*, œuvre grandiose et mystique, improvisée en six mois. M. Halévy a l'intelligence dramatique, son orchestre est parlant; sa mélodie, toujours distinguée est, souvent originale. Son récitatif est large, et frappé au bon coin. C'est assurément une des gloires musicales de la France. Il est maintenant dans toute la force et la maturité de son talent, et nous avons encore beaucoup à attendre de lui.

Mais, comme il faut que toute belle médaille ait son revers, la juste admiration qu'inspire le haut talent de M. Halévy ne doit pas aveugler au point d'interdire une critique fondée. Le grand compositeur qui nous a donné *la Juive* et le *Juif-Errant*, a les défauts de ses qualités. Il abuse trop souvent, au profit de sa paresse, d'une prodigieuse facilité, d'une verve incomparable. Plus d'une fois il lui est arrivé d'écrire au fur et à mesure des répétitions. Aussi, à l'exception de deux œuvres colossales *improvisées* plus à loisir, la musique de M. Halévy a le cachet brillant d'un premier jet, d'une ébauche échappée à un artiste savant et fougueux qui reviendra sur son esquisse. Certes, il est difficile de trouver ailleurs plus que dans *le Juif-Errant* la science des combinaisons sonores, empruntées à toutes les ressources de l'art harmonique, à tous les progrès de l'instrumentation moderne : mais ces beautés de premier ordre ne sont peut-être pas suffisamment reliées entre elles. On cherche dans l'œuvre du maître cette vaste unité, cette conscience scrupuleuse qui dominent les laborieuses et profondes partitions de Meyerbeer. La simple et riche maturité du style y est trop souvent remplacée par la recherche de l'effet, par la foudroyante harmonie des cuivres, par le *paroxysme musical*.

On vient de voir l'artiste, maintenant un mot sur l'homme privé. M. Halévy a de l'esprit et du plus charmant. Sa conversation est vive, légère, empreinte d'un cachet de bonhomie qui séduit. Il a le trait facile et mordant. C'est ensuite un homme de cœur. Ceux qui ont le bonheur de vivre dans son intimité savent à combien de jeunes artistes il a prêté l'appui de son talent et de son nom.

WELLINGTON (Arthur Wellesley, duc de). Il est peu de noms plus populaires, mais en même temps plus diversement jugés, que celui du duc de Wellington. L'Europe entière, vaste enjeu de la lutte de 1815, a appris à prononcer ce nom à côté de ceux de Napoléon et de Waterloo, et pour les uns Wellington est devenu le génie guerrier le plus grand de l'époque; un jour et une bataille ont égalé sa gloire à celle du Bonaparte d'Italie et du Napoléon d'Austerlitz : exagération qui témoigne évidemment de l'excès de crainte que leur inspirait l'Empereur. Pour les autres, Wellington n'a été qu'un capitaine secondaire, inférieur à tous ceux que la France comptait en si grand nombre dans ses armées, et heureux un jour de la fatalité qui a pesé sur le grand adversaire qu'il n'était pas digne de combattre; ils n'ont pas vu ce qu'offrait de grandeur cet esprit froid, certainement incapable de combinaisons puissantes, mais opiniâtre et d'une ténacité prodigieuse.

Arthur, quatrième fils de Gérard-Colley Vellesley, comte de Mornington, et d'Anne Hill, fille du vicomte Dunganon, naquit à Dungan-Castle, le 1er mai 1769, trois mois avant Napoléon. Le jeune Arthur fut élevé au collége d'Éton, puis envoyé à l'école militaire d'Angers; car, déjà à cette époque, c'est en France que se trouvaient les meilleurs établissements militaires. Il entra bientôt au service et débuta par un grade d'officier dans le 41e régiment. En 1793, il acheta, selon l'usage dans les grandes familles, une lieutenance-colonelle, et fit partie de l'expédition d'Ostende contre la république française; il commandait une brigade dans la retraite de Hollande, sous le duc d'York. De retour dans sa patrie, le jeune officier fut destiné pour commander une expédition en Amérique : puis, retardé par les vents et une tempête, il fut envoyé dans les colonies anglaises de l'Inde, dont son frère, le marquis Wellesley, venait d'être nommé gouverneur général. Il eut dans ce pays quelques succès qui lui valurent, entre autres récompenses, l'ordre du Bain de la part du roi et des remerciements du parlement. Rentré en Angleterre, il s'occupa de politique.

On sait que deux partis divisent l'Angleterre depuis Charles II, sous le nom de whigs et tories; c'est dans ce dernier, refuge et soutien de l'aristocratie, que sir Wellesley prit place. En 1806, Neuwport, dans l'île de Wight, le nomma son député à la chambre des communes. Cette même année, il épousa miss Pakenham, sœur du comte de Longford. En 1807, il fut nommé premier secrétaire de l'Irlande, sous le duc de Richemond. L'année 1808 est célèbre dans la vie du général anglais; il reçut l'ordre d'embarquement pour la Corogne, la flotte se dirigea sur Oporto, et sir Arthur débarqua en Portugal.

L'Espagne, envahie par la France, n'avait en ce moment d'espoir que dans l'Angleterre : le général anglais fut accueilli en libérateur; de toutes parts des volontaires accoururent sous ses drapeaux. En Portugal, il se trouva en face de Junot, qui, par quelques combats heureux, s'était emparé du pays.

Le *Moniteur* français de cette époque, organe de Napoléon même, s'exprime sur le compte du général anglais d'une manière peu flatteuse. « Lord Wellington, y est-il dit, ne montre nullement cette prévoyance, caractère si essentiel à la guerre et qui conduit à ne faire que ce qu'on peut soutenir et à n'entreprendre que ce qui présente le plus grand nombre de chances de succès. Lord Wellington n'a pas montré plus de talent que les hommes qui dirigent le cabinet de Saint-James. Vouloir soutenir l'Espagne contre la France et lutter sur le continent avec la France, c'est former une entreprise qui coûtera cher à ceux qui l'ont tentée et qui ne leur rapportera que des désastres. »

Après Junot, il eut à combattre le général Soult; c'était un ennemi plus habile et dont il était plus difficile de triompher. Un grand engagement eut lieu à la *Talaveyra de la Reyna* : le résultat fut incertain; mais les Anglais, qui sans doute s'attendaient à une défaite, célébrèrent cette bataille comme la victoire la plus décisive; l'enthousiasme fut à son comble, et, malgré l'opposition, les deux chambres votèrent des remerciements à sir Arthur. Il reçut en outre une annuité de deux mille livres sterling, et le cabinet l'éleva à la pairie avec le titre de lord vicomte Wellington de Talaveyra. La junte de Cadix, qui jusqu'à ce moment l'avait mal accueilli, lui offrit le rang et les appointements de capitaine général de l'armée espagnole; mais Wellington sut n'accepter qu'un présent de quelques chevaux andaloux offerts au nom de Ferdinand VII. La marche rapide des généraux Soult et Ney, qui passaient de Salamanque dans l'Estramadure, le força à rétrograder; il traversa le Tage et prit une forte position de résistance au passage d'Almarez. En ce moment, Masséna entrait dans le Portugal, où il assiégeait les villes de Ciudad-Rodrigo et d'Almeida; ainsi le général anglais avait devant lui les capitaines les plus habiles et les plus renommés de Napoléon : Soult, Masséna, Ney, puis Marmont. Sa tactique consistait entièrement dans la défensive. Six mois Masséna demeura devant les travaux de son ennemi, impatient de combattre et demandant à grands cris des renforts à la France; les renforts ne vinrent pas : l'Anglais recevait tous les jours des secours et des approvisionnements; il fallut que le maréchal, à bout de ressources, cédât, et cette fois comme plus tard, à Waterloo, l'impétuosité française se brisa contre le calme et la froide résistance du général anglais. Ainsi fut délivré le Portugal. Le Parlement adressa des remerciements au général qui relevait dans la Péninsule la fortune de l'Angleterre, et, pour perpétuer le souvenir de son héroïque résistance, on lui décerna le titre de marquis de Torres-Vedras. Heureusement pour l'honneur des armes françaises, tout n'était pas succès pour l'ennemi. Wellington perdit la bataille de Fuente-d'Onoso; mais ce revers ne l'empêcha pas de passer le Tage pour s'opposer au ravitaillement de Ciudad-Rodrigo. Il emporta en onze jours cette place d'assaut, puis s'empara de Badajoz.

Après la prise de Badajoz, Wellington entra en Castille; il était à la tête de trois armées parfaitement approvisionnées; il avait à grand'peine introduit quelque discipline dans les rangs des Espagnols et des Portugais, et si les généraux qu'il avait à combattre étaient de grands capitaines, supérieurs par le génie individuel, leurs opérations étaient paralysées par la rivalité et la défiance mutuelle qui les séparaient en toute circonstance. Vainqueur à Salamanque, Wellington marcha sur Valladolid, et, inclinant à droite, se porta sur Madrid. Joseph Bonaparte se retira sur Burgos. La guerre d'Espagne semblait de la sorte décidée. L'Angleterre, qui cherchait dans ses généraux un homme qu'elle pût opposer à Napoléon et qui balançât sa fortune, crut l'avoir trouvé dans le commandant de son armée d'Espagne et lui vota de nouveaux remerciements. Un mouvement hardi du maréchal Soult, bien combiné avec l'armée du général Souham, faillit compromettre toute cette gloire. Les lignes de Wellington furent débordées et il fut forcé à une prompte retraite; mais ce succès des armées françaises ne fut pas durable. Lord Wellington se rendit à Cadix en janvier 1813, pour communiquer en personne avec la régence; il surmonta les dernières répugnances des Espagnols et prit, avec le commandement immédiat de leurs armées, le titre de généralissime, s'avança à la tête de toutes ses forces vers Vittoria, capitale de la province basque d'Alava, sur la Zadovia. C'était en juin 1813; la nouvelle des désastres de Russie était parvenue en février dans la Péninsule, avec l'ordre de diriger trente mille hommes d'élite vers l'Allemagne. Cette perte de leurs meilleurs soldats avait obligé les généraux français à se retirer derrière l'Ebre; Wellington passa ce fleuve le 15 sans obstacle, et le 21 rencontra l'armée française, commandée par le roi Joseph et le maréchal Jourdan. Notre désastre fut complet.

Ici commence l'une des invasions en France: ce nom de France inspirait aux ennemis un tel respect, qu'ils n'avançaient qu'avec une extrême circonspection; et une guerre de stratégie remarquable commença entre Soult, ce grand général, l'un des premiers de Napoléon, et son adversaire. Le Français s'enferma dans des retranchements solides; Wellington ne les attaqua pas, il les déborda. L'Empereur avait ordonné à son maréchal d'opérer une lente retraite et d'arrêter autant que possible les Anglais, les Espagnols et les Portugais, par de petits combats; lui-même avait traité avec Ferdinand, espérant de la sorte diviser et séparer les alliés. Mais il était trop tard, les Pyrénées étaient franchies et la bataille d'Orthez livrait aux Anglais la route de Bordeaux.

A ce moment la ruine de l'empire était à peu près consommée : les villes du midi de la France accueillaient avec faveur le retour des Bourbons; Bordeaux, surtout, se prononçait en faveur de Louis XVIII. Wellington laissa faire; sans hâter le mouvement, il ne l'arrêta pas. La France, disait-il, est libre de son choix; d'ailleurs je suis général, la politique m'intéresse peu. Et, sans proscrire le drapeau tricolore, il ne s'opposa point à ce que le drapeau blanc fût arboré. Lord Castlereagh, décidé pour la restauration de Louis XVIII, approuva cette conduite. Quelques jours après, le maréchal Soult livra cette glorieuse bataille de Toulouse, où le sang des courageux défenseurs de l'empire coula vainement, sans que la marche des armées anglaises en fût entravée. Tout était fini, Louis XVIII avait pris possession de Paris. Les Anglais occupèrent Toulouse, et la paix du mois de mars 1814 fut conclue par toutes les puissances coalisées. Lord Wellington n'intervint pas dans ce traité, il n'exerçait aucune influence politique; cependant il assista au congrès de Vienne. Les talents qu'il avait déployés dans la guerre de la Péninsule, l'habileté et la persévérance de sa lutte, avaient jeté beaucoup d'éclat sur sa personne. Le duc de Wellington avait alors 45 ans; son extérieur était calme et froid, on le recherchait avec empressement : il eut à Vienne beaucoup de succès, et, lorsqu'on apprit, au milieu des distractions du congrès, la grande nouvelle du débarquement de Napoléon, les puissances, de nouveau coalisées, n'hésitèrent pas à lui confier, comme au général le plus capable de lutter contre leur redoutable ennemi, le commandement de toutes leurs armées. La Grande-Bretagne se retrouvait à la tête de la coalition, il semblait naturel qu'un Anglais fût nommé généralissime des forces unies. Wellington se rendit en toute hâte en Angleterre, puis dans les Pays-Bas, pour y concerter son plan de campagne. Comme en Espagne il s'arrête à un système de résistance, laissant son ennemi établir ses plans, ne lui opposant pas des combinaisons dont il était incapable, mais cherchant à pénétrer les siennes et à les détruire, en opposant au génie toujours fougueux et puissant de son adversaire, sa grande qualité, son opiniâtreté.

Napoléon, maître de la capitale, s'était inutilement efforcé de séduire ou de diviser ses ennemis. L'empereur de Russie, Alexandre, avait entièrement oublié les anciens serments d'amitié; l'empereur d'Autriche était indifférent aux raisons d'alliance et de famille; l'Angleterre revoyait avec lui toutes les misères du blocus et les dangers de l'invasion : il fallait en appeler aux armes, et la victoire pouvait seule rendre à l'homme de génie couronné sa place au milieu des rois. L'Empereur eut vite fait ses plans : l'Angleterre et la Prusse pouvaient seules entrer en campagne ; il en presse l'ouverture avant que la Russie et l'Autriche n'intervinssent dans la lutte. Il s'agissait de surprendre Blücher et de le détruire avant sa jonction avec les troupes de Wellington. Des combats décisifs allaient avoir lieu sur le sol belge, si longtemps incorporé à la France, encore français et dévoué à nos intérêts, surtout depuis qu'on l'avait cédé à la Hollande. L'entrée en campagne rappelait le double anniversaire de Marengo et de Friedland : ce temps de gloire et de bonheur n'était plus ; il avait fait place à la trahison et à un malheur obstiné comme la fatalité antique. Ce n'était certes pas que l'habileté ou le génie manquassent aux plans de cette campagne, les plus beaux faits militaires du consulat et de l'empire, se retrouvent dans l'attaque de Waterloo ; mais il y manque le bonheur de Napoléon plus jeune, et le consentement de la fortune. Il fut vaincu.

Rien n'égala la popularité du général anglais après sa victoire.

Par le traité de novembre 1815, lord Wellington reçut le commandement de l'armée d'occupation en France, auquel il joignit le gouvernement et l'inspection des forteresses des Pays-Bas. Investi de ces fonctions, il fixa sa résidence à Paris et devint l'un des conseillers de Louis XVIII. Il est juste de dire qu'il ne passa pas pour avoir été l'un des moins libéraux, et que dans cette époque d'opprobre pour la France et de honte pour beaucoup de ceux qui environnaient le trône, il y en eut plus d'un dans les hauts conseils qui ne craignit pas de se montrer moins français que le duc de Wellington. Consulté sur la possibilité de diminuer l'armée d'occupation, le duc avait, à plusieurs reprises, répondu que l'état général des esprits permettait ce soulagement. C'est à cette époque qu'une tentative d'assassinat mit sa vie en danger. Après le départ de l'armée d'occupation et la signature du traité d'Aix-la-Chapelle, le général anglais quitta la France et alla commencer dans sa patrie la grande carrière politique qui remplit la deuxième partie de son existence. Appelé en vertu de ses titres à siéger à la chambre des lords, Wellington prit parti, comme autrefois, pour les tories. Ils avaient conduit la guerre ; ennemis de la France et des opinions démocratiques, ils avaient rendu à leur patrie de grands services, la prépondérance de l'Angleterre en Europe semblait un résultat décisif de la dernière guerre, et, dans l'état de dénuement où se trouvaient la France, l'Espagne et les autres pays maritimes, un monopole commercial de l'Europe leur était pour longtemps assuré. Mais avec la paix, lord Castlereagh et le cabinet tory virent décliner leur influence, le parti whig et radical reconquit une grande autorité. Lord Wellington soutint constamment, avec lord Aberdeen, le ministère Castlereagh, et sacrifia volontiers sa popularité à ses opinions. Froid et positif, incapable d'enthousiasme pour quoi que ce fût, il ne se souciait pas d'être lui-même l'objet de l'engouement populaire. Tel il avait été à l'armée, tel il se montra à la tribune ; il prit souvent part aux discussions de la chambre des lords, jamais éloquent mais clair, allant au fond des idées sans s'arrêter à la forme brillante dont on pouvait les avoir revêtues ; type, si j'ose dire, de prosaïsme, mais de bon sens, aussi peu accessible aux mouvements de l'éloquence qu'il s'était montré peu capable à la guerre de grandes inspirations et de combinaisons fougueuses, il apportait dans les débats parlementaires une dialectique impitoyable et un esprit positif que rendait précieux une connaissance approfondie des affaires et des intérêts généraux de l'Europe. L'influence de lord Wellington décroissait à la chambre avec celle de son parti, mais elle se maintint dans la diplomatie. Il assista au congrès qui se tint à Vérone du mois d'octobre au mois de décembre 1822 ; avec lui se trouvait réunie l'élite de la diplomatie européenne : le duc de Montmorency, le vicomte de Chateaubriand, le prince de Metternich, le comte Bernstorff, Pozzo di Borgo, etc. Bien que le duc de Wellington ne se trouvât à cette grande réunion des représentants de l'Europe qu'en simple voyageur, il eut une grande part dans les décisions, particulièrement pour l'autorisation qui fut accordée à la France d'entrer en Espagne, et pour l'abandon des Grecs insurgés depuis 1821 et implorant dès cette année l'assistance ou l'intervention des puissances européennes.

Ce fut à cette époque de luttes héroïques pour la Grèce que se manifesta dans toute son impitoyable rigidité l'absolutisme des convictions du noble lord. Pour ce tory inflexible, maintenir les vieux traités, garder à tout prix le *statu quo* des constitutions de l'Europe, ne rien concéder à l'esprit libéral qu'il appelait l'esprit anarchique et révolutionnaire, était la condition essentielle du bon ordre et de la sécurité. Les peuples étaient une armée, les souverains des arbitres suprêmes, et partout où Wellington entrevoyait une réclamation, fût-elle juste, il signalait une rébellion et un acte d'indiscipline; quels que fussent le sort des Grecs sous la domination turque et les droits qu'ils avaient de revendiquer leur indépendance, les Turcs étaient leurs maîtres en vertu d'une prescription reconnue par les traités, les Grecs devaient rester esclaves et victimes. Cependant sous le ministère Canning, quand la nation hellénique, à force de persévérance et d'héroïsme, se fut acquis le droit de vivre et eut vaincu le mauvais vouloir de l'Europe, l'Angleterre se constitua avec la France et la Russie arbitre de ses destinées, et ce fut du duc de Wellington que le cabinet fit choix pour la représenter dans les conférences qui eurent lieu à ce sujet. Le duc connaissait personnellement l'empereur Nicolas et s'était trouvé intéressé dans la plupart des questions politiques; ce fut le motif de la préférence dont il devint l'objet. Le but de sa mission se rattachait à la circonscription territoriale de la Grèce. Au retour de Wellington, Canning était mort. Son successeur, lord Goderich, était impuissant à dominer les partis; le roi jugea opportun de former un ministère tory : il le composa de lord Aberdeen, de Robert Peel et de Wellington. C'était un cabinet institué surtout contre les empiétements de la Russie. Le duc de Wellington, ministre, contribua puissamment à l'émancipation catholique.

Sur ces entrefaites éclata la révolution de Juillet : c'était pour les tories un coup fatal, cependant il fallait reconnaître le fait accompli ou consentir à un embrasement général de l'Europe, lord Wellington reconnut la dynastie de Juillet, mais il n'attendit qu'une occasion pour quitter sa haute position; il ne voulait plus d'une direction politique qui l'entraînait où il ne voulait pas aller, loin de ses convictions absolues; il donna sa démission et devint le chef du parti conservateur et des tories de la chambre des lords. En vertu de ce principe conservateur, le duc s'opposa aux réformes introduites dans la vieille constitution anglaise; tel fut son rôle jusqu'en 1833.

Cette année, le gouvernement voulut de nouveau recourir à un ministère tory, en présence d'éventualités menaçantes pour la paix de l'Europe; le chef de cette combinaison ministérielle fut Robert Peel, dont on attendait beaucoup, parce qu'il était en même temps tory et issu de la bourgeoisie. Lord Wellington y entra, mais ne fut pas chef de ce cabinet, où sa position resta secondaire. Ce ministère n'eut pas de durée et lord Wellington vint de nouveau siéger dans la chambre des lords, prenant part aux débats avec la mesure et la gravité qui le distinguaient. Mais son rôle politique était achevé dans sa partie active; il est resté influent dans son pays comme doit l'être celui que l'Angleterre a nommé unanimement son libérateur. Ses conseils sont toujours favorablement écoutés, mais il a senti le besoin de donner ses derniers jours à la retraite, et c'est dans son palais d'Apsley-House que, entouré des souvenirs de sa vie militaire, depuis ses débuts dans l'Inde jusqu'à la journée de Waterloo, il vit paisiblement au milieu de quelques amis. Toujours inébranlable dans ses opinions, le duc de Wellington a vu les révolutions de ces dernières années agiter l'Europe sans abandonner d'une heure un passé qui tombe en ruines; le souffle populaire a ébranlé les trônes, mais sans émouvoir l'inflexible vieillard. Aujourd'hui, parvenu à sa quatre-vingt-troisième année, il déploie encore une activité indicible; ses contemporains sont morts presque tous, la génération qui leur a succédé se fait déjà vieille, mais le duc n'est pas au milieu d'elle comme un inconnu; vivant il jouit d'une gloire qui, sur la terre, n'est guère réservée qu'aux morts illustres. Partout dans Londres son nom et le symbole de sa victoire sont glorifiés; sur les places publiques sa statue s'élève, statue en pied, statue équestre, images de toutes sortes, honneurs plus grands qu'il n'est donné d'en jouir sur terre, souvenirs de gloire que rien ne trouble, rien qu'une pensée peut-être : celle que son rival du champ de bataille, le grand génie des temps modernes, est mort à Sainte-Hélène, quand, avec un peu de générosité, le duc de Wellington, si influent et si populaire en 1815, l'eût arraché à cette captivité qui a certainement hâté sa mort.

L'Angleterre vient de perdre ce Nestor, qu'elle consultait dans les grandes circonstances politiques, et que, dans son incommensurable orgueil, elle plaçait au-dessus de toutes les illustrations modernes.

Poissy. — Typographie Arbieu.

PROUDHON (Pierre-Joseph), est né le 8 janvier 1808, à Besançon (Doubs). Sa famille, originaire des montagnes du Jura, comptait parmi ses membres, le célèbre jurisconsulte Proudhon, mort professeur à l'école de droit de Dijon. Son père, peu fortuné, cumulait la double profession de tonnelier et de brasseur. Des trois fils du brasseur franc-comtois, l'un tomba à la conscription et fut tué en duel; l'autre, Charles, apprit le métier de maréchal-ferrant, qu'il exerce encore aujourd'hui dans une petite commune du Doubs. Le troisième, Pierre-Joseph, fut le seul à qui il fut donné de faire des études. Envoyé au collége royal de Besançon, il s'y distingua bientôt et y remporta tous les premiers prix. Pendant ces premières années, son courage fut mis à une dure épreuve. La gêne de ses parents était telle, que souvent ils ne pouvaient fournir l'argent nécessaire à l'achat des livres classiques, et plus d'une fois, le jeune Proudhon en fut réduit pour faire ses devoirs à copier ses textes dans les livres de ses camarades. Ces obstacles sans cesse répétés, finirent par le décourager. Ses succès s'arrêtèrent à la rhétorique, et il quitta le collége sans avoir fait sa philosophie.

Une fois livré à lui-même, il lui fallut travailler pour vivre. D'abord compositeur d'imprimerie à Arbois, il entra deux ans après en qualité de prote, dans la maison Gauthier, de Besançon, librairie ecclésiastique assez importante. Là, par son instruction supérieure à son état, il se fit remarquer des théologiens qui y faisaient éditer leurs ouvrages. Quelques-uns l'encouragèrent, lui facilitèrent le travail, et on lui dût à cette époque la *Bible de Besançon*, bible annotée et enrichie de tables chronologiques. Ces premières études conduisirent le jeune correcteur à des études plus profondes de philologie et de linguistique. En 1839, il publia un *Supplément à la grammaire générale de Bergier*; mais, peu content de ce travail, il en retira presque aussitôt tous les exemplaires de la circulation et refondit, en 1841, ce petit ouvrage dans un *Mémoire sur les catégories grammaticales*. Quelques mois plus tard, il fit paraître le premier écrit qui attira l'attention. Ce fut une brochure ayant pour titre : *De la célébration du Dimanche*. L'Académie de Besançon accorda à l'auteur l'encouragement annuel dont une fondation de madame Suard lui permet de doter les jeunes Francs-Comtois sans fortune, qui poursuivent la carrière des lettres ou des sciences. Ce secours permit à M. Proudhon le voyage de Paris.

C'était en 1840. Un grand nombre d'intelligences s'étaient éveillées aux recherches sociales et économiques, à la suite des tentatives avortées des partisans de Fourier et de Saint-Simon. Les éléments nouveaux de la société moderne, les questions de crédit, de richesse et de travail, attiraient les esprits les plus curieux et les plus hardis. M. Proudhon fut entraîné vers ces études qui recélaient une science nouvelle. Le 30 juin 1840, il publia un *Mémoire sur la Propriété*. Cette brochure resta à peu près inconnue, et cependant elle renfermait le fameux axiome destiné plus tard à un retentissement inouï : *La Propriété, c'est le vol.*

Le peu de succès de ce premier essai, rappela M. Proudhon vers les idées pratiques. En 1841, il retourna à Besançon, et y fonda une imprimerie. Mais il n'avait pas abandonné l'espoir de prendre place parmi les publicistes. Le 1er août de la même année, il fit paraître, sous forme de lettre adressée à M. Blanqui, un second *Mémoire sur la Propriété*. Le 1er janvier 1842, l'économiste révolutionnaire obtint enfin, son premier scandale. Son *Avertissement aux propriétaires* lui valut un procès et le jury du Doubs l'acquitta le 9 février suivant. Une autre brochure, *Création de l'ordre dans l'humanité* (1843), fut peu remarquée. L'année suivante, M. Proudhon quitta, une fois encore, sa ville natale et entra, en qualité de commis, dans la maison de MM. Gauthier frères, entrepreneurs de transport par eau à Lyon. Il resta là, jusqu'au mois d'octobre 1847, publiant dans l'intervalle son *Système des contradictions économiques* et mettant la dernière main à une brochure intitulée : *Solution du Problème du Prolétariat.*

Vers la fin de l'année 1847, M. Proudhon revint à Paris. Les doctrines démocratiques et socialistes s'affirmaient chaque jour davantage à cette époque. De sourds ébranlements semblaient annoncer la dissolution de la société française, et il semblait qu'à l'anarchie dans les idées dût bientôt succéder l'anarchie dans les faits. M. Proudhon prit place parmi les écrivains révolutionnaires, par la publication d'un journal intitulé *le Peuple*.

Mais jusqu'alors, les paradoxes vigoureux de M. Proudhon, n'avaient pas dépassé un certain cercle de novateurs obscurs. Il fallut la révolution de février pour les mettre en lumière. A la théorie révolutionnaire succédait la pratique. M. Proudhon marcha résolument à la réalisation de toute cette métaphysique nébuleuse, qui n'avait été encore pour lui qu'un exercice de logique. Son tempérament agressif se révéla dans une série de critiques violentes du gouvernement provisoire. Deux de ces publications parurent sous ce titre : *Solution du Problème social*. En même temps, il poursuivait son idée favorite dans une brochure intitulée : *Organisation du Crédit et de la Circulation.*

Mais, à cette époque de désordre et de luttes bruyantes, il fallait mieux que des livres pour attirer l'attention publique. M. Proudhon s'associa à MM. Fauvety et Viard, dans la rédaction du journal *le Représentant du Peuple*. Malgré toutes ses violences de langage, malgré toutes les menaces adressées à la bourgeoisie, au gouvernement révolutionnaire, M. Proudhon ne réussit à faire patroner sa candidature aux élections générales pour l'Assemblée constituante, que par les délégués des clubs et du Luxembourg. Il échoua, en compagnie des Huber, des Charassin et des Malarmet.

Mais, enfin, l'écrivain avait réussi à fixer sur lui les regards de la foule. On apprenait à connaître ses théories si longtemps ignorées; on se redisait, avec admiration ou avec effroi, cette maxime : *La propriété c'est le vol*, et la démocratie des faubourgs appliquait déjà la célèbre formule en refusant aux propriétaires le paiement des loyers. Le nom de M. Proudhon commençait à se dégager de cent autres par l'étrangeté cherchée de ses doctrines, et les dernières couches de la démagogie, l'acceptaient comme un drapeau. Les élections complémentaires du 8 juin pour les départements de la Seine, le portèrent au onzième rang, et il fut nommé représentant du peuple par 77,094 suffrages. Paris nommait le même jour, le prince Louis-Napoléon Bonaparte, MM. Thiers et Changarnier, et la province envoyait à l'Assemblée les chefs futurs du parti modéré.

La lutte fratricide de juin, sortit des excitations incessantes que les écrivains révolutionnaires ne cessaient d'adresser à la partie la plus dangereuse du peuple, embrigadée dans les ateliers nationaux. Dans une de ses proclamations pendant le combat, l'Assemblée nationale rejeta hautement la responsabilité de la guerre sociale sur « ces doctrines sauvages où la famille n'est qu'un nom et *la propriété qu'un vol.* » Et cependant, le lendemain de la lutte, quand les blessures des défenseurs de la société saignaient encore, quand les prisons regorgeaient de malheureux, égarés par des doctrines funestes, le sophiste de journal osa chercher à donner le change sur les causes de ces scènes terribles. Il accusa la réaction de complot contre le peuple; et, quant à lui-même, interrogé plus tard sur le rôle qu'il avait joué pendant ces journées néfastes, il avoua naïvement s'être rendu dans une maison voisine du théâtre du combat pour *admirer* sans danger *la sublime horreur de la canonnade!*

Il faut, au reste, que l'histoire recueille les contradictions monstreuses de M. Proudhon, ne fût-ce que pour apprécier sa valeur politique. Devant la commission d'enquête, nommée après la lutte, il s'exprime ainsi : « Le 23 juin, j'avais cru que c'était une conspiration de prétendants, s'appuyant sur des ouvriers des ateliers nationaux. *J'étais trompé* comme les autres. *Le lendemain j'ai été convaincu que l'insurrection était socialiste.* » Huit jours après, le même homme écrivait ces lignes : « Non, mille fois non; *le socialisme et la démocratie n'étaient pas en cause.* Ce mouvement prétendu démocratique, portait dans ses flancs l'aigle de l'empire, le drapeau blanc ou celui de la régence. » Tout l'homme est dans ces deux affirmations contradictoires.

Le calme matériel rétabli, au moins à la surface, M. Proudhon s'empressa de porter à la tribune de l'Assemblée nationale, une proposition tendant à la réduction du prêt à intérêt, du loyer, de la rente. Les développements donnés à cette proposition par son auteur eurent le succès de scandale qu'il en attendait. Il affirma hautement le droit au travail, le droit au crédit, le droit à l'insurrection, et annonça paisiblement à la société que si elle ne consentait pas à sa propre liquidation, on y procéderait sans elle. La réponse de l'Assemblée indignée, fut l'ordre du jour fameux du 31 juillet.

« L'Assemblée nationale, considérant que la proposition du citoyen Proudhon, est une atteinte odieuse aux principes de la morale publique, qu'elle est une violation flagrante du droit de propriété, base de l'ordre social, qu'elle encourage la délation et fait appel aux plus mauvaises passions; considérant, en outre, que l'auteur a calomnié la révolution de février en voulant la rendre complice des théories qu'il est venu développer à la tribune, passe à l'ordre du jour. »

Sur 693 votants, deux voix seulement protestèrent, celles de MM. Proudhon et Greppo.

L'avenir devait montrer si M. Proudhon avait réellement calomnié la révolution de février.

C'est ainsi que M. Proudhon, à la recherche du scandale, se laissait entraîner sur la pente glissante du paradoxe. Il avait, pour s'assurer une bruyante réclame, rompu avec le bon sens, avec la conscience universelle de l'humanité. Forcé à la témérité par la témérité même, il attaquait tour à tour toute autorité, humaine ou divine. Héraut indiscret de la démagogie, il en révélait le dernier mot. M. Thiers choisit habilement comme une personnification du socialisme, le sophiste déjà célèbre, qui n'a été en fin de compte pour le socialisme qu'un enfant terrible, dangereux par ses boutades, par ses aveux compromettants, par ses exagérations de logique subversive. Cette âcreté de bile qui se répand volontiers en injures et en menaces, M. Proudhon l'a surtout déversée sur ses amis, sur ses coreligionnaires politiques. On sait de quels arguments extra-parlementaires, il assaillit un jour M. Félix Pyat, son collègue à l'Assemblée : actions ou paroles, il n'a cessé de traiter ainsi lestement les démocrates et la démocratie elle-même. « La démocratie, disait-il dans son journal, est matérialiste et athée; la démocratie est l'ostracisme des capacités et le patriciat des médiocrités envieuses et remuantes; la démocratie est rétrograde; elle est plus chère que la monarchie. » On ne saurait mieux dire. C'est ainsi encore que dans le plus étendu de ses ouvrages, *le Système des contradictions économiques ou philosophie de la misère*, il réfute longuement et suffisamment le communisme. Il lui donne son vrai nom, son sobriquet le plus énergique, *la religion de la misère*.

Mais c'est surtout contre ses collègues, ou plutôt contre ses rivaux en démocratie, que M. Proudhon a déployé tous les trésors de sa verve brutale. M. Cabet, M. Pierre Leroux, Fourier, dictateur, visionnaire, songe-creux; M. Louis-Blanc, petit rhéteur, cigale de la révolution qui se flattait d'en être l'abeille; J.-J. Rousseau lui-même, déclamateur perfide, charlatan genevois, philosophe égoïste, misanthrope incurable, âme pétrie d'orgueil, de bassesse et d'ingratitude. J'en passe et des meilleurs.

Au fond, à part l'instinct d'un bon sens très-réel, qui montre clairement à M. Proudhon, le point faible de toutes les utopies, à l'exception de la sienne, il n'y avait là que des querelles de boutique. Car, par une insigne imprudence, M. Proudhon devait échouer de gaîté de cœur contre l'écueil ordinaire de tous les réformateurs peu sérieux, la pratique. Le philosophe de la négation et de la contradiction voulut affirmer, à son tour, et réalisa, le 10 février 1849, un projet longtemps annoncé de *Banque du Peuple*. Le sophiste hégélien, protestant, papiste, panthéiste, monarchique, aristocrate, babouviste, car il a successivement passé par ces camps divers, déclara que dans cette banque était le socialisme tout entier. Lui, qui avait fait bruyamment profession d'athéisme, fit serment devant Dieu et devant les hommes, sur l'Evangile et la Constitution que, dans cette institution nouvelle, il jouait son va-tout révolutionnaire; que si l'insuccès lui démontrait son erreur, il se retirerait de l'arène, appelant à l'avance sur sa tête le mépris des honnêtes gens et la malédiction du genre humain s'il devait continuer plus longtemps à agiter les esprits. Malgré cette mise en scène solennelle, la banque du peuple, avec ses bons de circulation, sa gratuité de crédit et d'échange, avorta misérablement. M. Proudhon ayant été, le 29 mars 1849, condamné à trois ans de prison, pour outrage à la personne du Président de la République, argua de cette incarcération pour justifier la chute de son institution morte avant de naître. Il ne put toutefois cacher que des dissensions intérieures et l'indifférence du public avaient été la cause véritable de l'insuccès.

Le 13 juin 1849 vit mourir le journal *le Peuple* qui avait en vain excité la démagogie à cette prise d'armes que déjoua l'énergie du général Changarnier. En octobre 1849, M. Proudhon, du fond de sa prison, fonda une feuille nouvelle, *la Voix du Peuple*. Le gouvernement avait, depuis six mois, rendu très-douce à l'écrivain cette incarcération politique. On s'étonnait souvent de rencontrer le célèbre révolutionnaire dans les rues de Paris, quand les journaux de la démagogie le représentaient gémissant sous les verroux. M. Proudhon abusa de cette indulgence, et, après plusieurs mises au secret, méritées par des violences inouïes de langage, il fallut le transférer à Doullens.

En mai 1850, le journal *la Voix du Peuple* fut supprimé de fait par le retrait du brevet de l'imprimeur. M. Proudhon concourut encore à la rédaction d'une autre feuille, *le Peuple de 1850*; mais ce nouveau journal, dirigé par M. Marc Dufraisse, orateur de la Montagne, ne fut pas l'expression vraie des doctrines de M. Proudhon qui y travailla rarement. Depuis cette époque, M. Proudhon a publié une *Idée générale de la Révolution* au XIXe siècle (10 juillet 1851) et, après l'acte du 2 décembre, un pamphlet intitulé : *la Révolution sociale démontrée par le coup d'État du 2 décembre* (30 juillet 1852). Ce dernier ouvrage, dont la publication a été due à la générosité un peu dédaigneuse du prince Louis-Napoléon, a eu un succès de curiosité; mais il a servi à démontrer que les utopies révolutionnaires ne sont dangereuses qu'en raison du milieu dans lequel elles se produisent. Le sophiste démolisseur a paru passablement dépaysé en pleine réorganisation sociale, et ses théories, veuves de leur sinistre arrière-garde, ont fait sourire ceux qu'elles alarmaient naguère. Aujourd'hui, M. Proudhon s'est réfugié dans les calmes études de l'histoire, et il prépare une *Histoire de la Démocratie moderne*.

Soyons justes avec M. Proudhon, aujourd'hui qu'on peut l'être sans se faire le complice de la destruction. Même dans ses plus grands écarts, il respecte, il aime, assez mal il est vrai, cette pauvre liberté dont les autres théoriciens de la République font si bon marché. Pour qui a le secret de sa manière, il n'est pas si noir qu'il veut le paraître : même quand il fait sa plus grosse voix, quand il menace et injurie le bourgeois, approchez, n'ayez peur du spadassin qui mène tout ce bruit, et vous reconnaîtrez que vous avez affaire à un bourgeois. Dépouillez sa pensée de la formule bruyante, allez droit au monstre, et vous trouverez une idée juste, qu'un esprit d'élite eût mieux exprimée avec plus de calme, mais que le pitre avec ses lazzis fait cent fois mieux comprendre au menu monde. Cela est si vrai qu'il ne tient pas à ses formules. Ce sont des machines destinées à faire du bruit, à attirer les badauds. Plus le bruit est grand, plus grande est la curiosité ; aussi, comme Rousseau son maître, il ne marchande pas avec le gros mot. Que si plus tard on se souvient trop de son coup de tam-tam, il se fâche et crie aux niais : « *La propriété c'est le vol? Cela se dit une fois et cela ne se répète pas.* Laissons cette *machine de guerre*, bonne pour l'insurrection, mais qui ne peut plus servir aujourd'hui qu'à contrister les pauvres gens. » C'est lui-même qui vous le dit, et il en est ainsi de tous ses paradoxes. Le bruit fait, il n'y tient guères.

Dans ce livre fameux de *la Propriété*, où il accable d'injures propriété et propriétaires, à grand renfort de termes métaphysiques, que croyez-vous qu'il veuille? Détruire la propriété, non sans doute. Il combat la propriété, mais il admet la *possession*. Il donne, comme toujours, au mot qu'il veut ruiner, la signification la plus absurde ; puis, don Quichotte nouveau, court sus à son hypothèse. En somme, ce qu'il attaque, « c'est l'abus, non la chose. » Reste la question de forme. De même pour l'*an-archie*. Qu'entend-il par là? Rien d'autre, assurément, que la liberté. Mais il fallait marquer l'idée d'un mot facile à retenir. M. Proudhon déplore, et il a encore raison, cette tendance qu'ont les peuples de race gallo-romaine à se reposer de tout sur le gouvernement. Or, pour mieux appuyer sur l'idée, il supprime d'un coup le gouvernement quel qu'il soit. Mais laissez-le dire. Le jour où sergents de ville et gendarmes auraient disparu, le jour où la force seule ferait loi, où chacun serait chargé de se protéger lui-même, M. Proudhon serait le premier à réclamer un gouvernement. Seulement il ferait mieux : il irait droit au bout de sa pensée, et il demanderait le despotisme. Ces habitudes de style et de pensée peuvent donc se traduire ainsi : Demander plus pour avoir moins. Aussi, sommes-nous fermement convaincus que l'athée, par exemple, n'est pas plus sérieux en lui que le démagogue. M. Proudhon a, comme quelques autres bons esprits, le préjugé du jésuite ; mais nous espérons que le fanfaron d'athéisme mourra en bon chrétien, comme le farouche adversaire de la famille et de la propriété, s'est transformé en propriétaire aisé et en excellent père de famille.

L'idée sérieuse qui domine toutes les théories de M. Proudhon, c'est la gratuité du crédit. Ce qu'il y a de vrai dans cette idée, comme aussi dans le fameux projet de banque qui supprimait la tyrannie du capital en abolissant le numéraire, c'est ceci : la révolution de février ayant été surtout une révolution économique, elle doit se résoudre surtout par un progrès dans les institutions du crédit. Le crédit plus accessible, voilà le mot simple de tout ce fatras révolutionnaire, voilà l'idée juste enfouie au fond de la ridicule banque d'échange.

On ne connaît guère de M. Proudhon que le démolisseur et on s'imagine que comme Cromwell il a toujours dit : « Ce que je ne veux pas, je le sais; ce que je veux, je l'ignore. » Mais *l'Idée générale sur la révolution au* XIXe *siècle ou Choix d'études sur la pratique révolutionnaire et industrielle* a révélé des prétentions honorables bien qu'injustifiées au rôle d'organisateur. *Destruam et ædificabo*, telle a été sa nouvelle formule : après le sapeur, l'architecte. Dédié à la bourgeoisie dans une préface aigrement doucereuse, ce livre se ressent du lieu qui l'inspira, la Conciergerie. Il veut prouver la nécessité de reprendre incessamment la besogne révolutionnaire ; tout temps d'arrêt amène la compression, toute compression la réaction. Tous les gouvernements passés, présents ou futurs, sauf le proudhonien, bien entendu, y sont pulvérisés à coups d'arguments et d'injures ; puis, tous les compétiteurs écrasés, un seul réformateur surnage, M. Proudhon, une seule théorie, *l'an-archie! l'an-archie!* principe organisateur par excellence. Et là dessus reviennent les folies qu'on connaît, la liquidation volontaire de la vieille société, l'organisation du bon marché, la suppression de Dieu et du budget des cultes, le règne d'Astrée sur la terre, la loyauté devenue la nature même de l'homme, qu'une formule a tout à coup rendu capable de tout ce qui la veille était impossible, le monde enfin *Proudhonisé*. C'est ainsi qu'à sa vieille formule : *la Propriété, c'est le vol*, le sophiste franc-comtois, ajoute cette formule nouvelle : *le Pouvoir c'est l'usurpation*. Après quoi il se repose, croyant avoir rempli la promesse de construire après avoir renversé.

Un autre livre qui peint l'homme, c'est : *Les Confessions d'un révolutionnaire*, titre humblement orgueilleux, confessions d'un homme qui serait bien fâché de n'avoir pas péché. Dans ce livre bizarre, M. Proudhon s'enivre, comme toujours, de sa propre personnalité; il pousse l'amour, ou plutôt l'adoration de son moi, jusqu'à l'horreur de toute idée antérieure à lui-même. Il y foule aux pieds de son apparente logique tout ce qui n'est pas lui; c'est l'ivresse du monologue. Il est des esprits délicats et fins, qui, rebutés à la vue de cette monstruosité, prétendue philosophique, ont cherché l'arcane de cette pensée si follement habillée. Ils ont voulu trouver le mot de l'énigme dans la dernière page de ce livre, dans l'invocation à *la douce, pure et chaste ironie*, compagne fidèle qui protége contre toute espèce de préjugé, *entre autres contre l'adoration de soi-même*. Ce serait là la moelle du livre.

Une incontestable qualité a fait, auprès des esprits sérieux, la fortune de M. Proudhon. C'est, nous ne dirons pas son style, mais le mouvement de sa pensée, sa verve gauloise très-naturelle et pleine de suc. Le naïf orgueil de l'écrivain est un de ses mérites littéraires. Il a au plus haut degré, comme les Allemands dont il est le disciple, le préjugé de la puissance indéfinie de l'esprit humain : son seul tort est de résumer l'humanité en lui-même.

Au physique, M. Proudhon est un bon bourgeois bien nourri, à la figure forte et ordinaire dont la supériorité ne se révèle que par l'éclair malin de petits yeux cachés derrière ses lunettes. Colérique par tempérament, il est serviable et affable quand son amour-propre n'est pas en cause. L'air béat et placide de sa physionomie forme un contraste amusant avec les énormités qu'il débite d'un ton convaincu. Il n'est pas orateur : sa voix, pénétrante et franche dans l'entretien, devient glapissante à la tribune. En somme, c'est un esprit vigoureux bien que dévoyé, mais un peu surfait par la fortune des révolutions.

LEROY DE SAINT ARNAUD, général de division, membre du sénat et ministre de la guerre, est né à Paris le 20 août 1801.

A 15 ans il entra dans les gardes du corps, compagnie Grammont. Après avoir successivement fait partie, en qualité de sous-lieutenant, de la légion départementale de la Corse, de celle des Bouches-du-Rhône et du 49ᵉ de ligne, M. de Saint-Arnaud quitta le service actif pour le reprendre en 1831. Nommé lieutenant au 64ᵉ d'infanterie de ligne en décembre 1831, il quitta ce régiment en 1836 pour passer à la légion étrangère dans laquelle il reçut l'année suivante les épaulettes de capitaine. Le 25 août 1840, il fut promu au grade de chef de bataillon dans le 18ᵉ régiment d'infanterie légère, d'où il alla six mois après dans le corps des Zouaves. Lieutenant colonel du 53ᵉ d'infanterie de ligne le 25 mars 1842, il devint colonel du 32ᵉ le 2 octobre 1844 et quelques jours après du 53ᵉ.

Dès qu'il eut été élevé à la dignité de maréchal de camp, M. de Saint-Arnaud fut mis à la disposition du gouverneur général de l'Algérie. C'était à la fin de l'année 1847. Deux ans après il commandait la division de Constantine, et, le 10 juillet 1851, le *Moniteur* annonçait sa nomination au grade de général de division. Le 26 du même mois, le gouvernement l'appela au commandement de la deuxième division de l'armée de Paris. Le 20 août suivant le portefeuille du département de la guerre lui fut conféré.

Ses promotions dans l'ordre de la Légion d'honneur eurent lieu de la manière suivante: chevalier le 11 novembre 1835, officier le 17 août 1841, commandeur le 25 janvier 1846.

M. de Saint-Arnaud a pris part à toutes les campagnes d'Afrique, depuis 1837 jusqu'en 1851. Il doit son avancement rapide dans la carrière militaire, à la valeur et à l'habileté qu'il n'a pas cessé de déployer dans toutes les circonstances où ces deux qualités étaient nécessaires. Blessé à l'attaque du col de Mouzaia, il fut un de ceux qui, sous la conduite du maréchal Bugeaud, se distinguèrent dans les expéditions qui eurent lieu autour des montagnes désignées sous le nom de grande Kabylie, pays longtemps insoumis, mais dont la pacification est désormais un fait accompli. Seul avec les propres forces dont il disposait à Médéah, il débloqua cette ville en 1842, et fit partie de l'expédition de l'Ouarenseris. Commandant supérieur de la subdivision d'Orléansville, il imprima à la fondation de cette ville une impulsion considérable et livra dans le Dahra pendant trois années, une série de combats parmi lesquels figurent en première ligne ceux de Djebel-Krenença et de Sidi-Abbes. M. de Saint-Arnaud eut l'honneur de mettre fin à la lutte acharnée du fameux Bou-Maza, qu'il obligea de se constituer prisonnier. Cette importante capture lui valut, le 25 janvier 1846, le grade de commandeur de la Légion d'honneur.

Après avoir été commandant de la subdivision de Mostaganem, puis de celle d'Alger, M. de Saint-Arnaud fut appelé en 1850, au commandement supérieur de la province de Constantine. Grâce à son activité et aux mesures qu'il prit alors, le pays arabe, abattu par l'affaire malheureuse de Zaatcha, reçut une nouvelle organisation, et les révoltés de l'Aourès comprirent, par le châtiment qui leur fut infligé, que la domination française devait être acceptée. On se souvient de l'expédition qu'il dirigea en 1851, dans les régions montagneuses comprises entre Bougie, Sétif, Callo et Djidjelly, pays auquel on a donné le nom de petite Kabylie. Cette importante et décisive campagne a duré quatre-vingts jours, et on y a compté jusqu'à vingt-six combats.

Par cette guerre de la Kabylie, le général de Saint-Arnaud avait conquis cette sorte de notoriété qui fait d'un homme jusqu'alors distingué, mais peu connu, un des héros de la renommée. Désormais on avait à compter avec lui; quelque temps après il fut nommé au commandement d'une des divisions de l'armée de Paris.

Appelé par le Président de la République, à remplir les fonctions de ministre de la guerre dans les derniers jours d'octobre 1851, il s'associa aux vues et à la politique du chef de l'État. Les mesures qu'il prit dans les journées de décembre, le signalèrent comme un homme actif et résolu. Si le concours qu'il prêta dans cette circonstance à Louis-Napoléon fut grand, la récompense ne se fit pas attendre. Lors de la constitution du sénat, M. de Saint-Arnaud reçut un brevet de sénateur, qui lui permit de conserver son portefeuille de ministre.

Nommé membre du conseil général du département de la Gironde, il présida cette assemblée devant laquelle il prononça un discours dont voici quelques passages :

« Il y a plusieurs années, messieurs, que la session du conseil général ne s'est ouverte au milieu de circonstances aussi favorables. Vous vous rappelez les luttes politiques, qui, depuis 1848, agitaient ses délibérations; vous vous rappelez les préoccupations profondes, qui, depuis cette époque, pesaient sur tous les esprits. Ces préoccupations ont disparu; et, plus rassurés sur l'avenir, nous pouvons nous livrer avec calme à l'étude des questions administratives et financières qui intéressent ce beau département.

« Le Prince ferme et éclairé qui nous gouverne, a montré lui-même l'importance qu'il attachait à la bonne administration départementale; vous savez qu'au lendemain d'une lutte suprême contre l'anarchie, il a le premier introduit dans nos lois le principe de la décentralisation administrative.

« Jouissons, messieurs, des biens qu'apportent à notre pays le rétablissement de la paix publique et le triomphe des vrais principes du gouvernement; sachons les féconder par nos efforts. Sachons surtout les rendre durables, car la stabilité constitue cette garantie de l'avenir qui seule peut permettre à la France de reprendre le cours interrompu de ses destinées. »

A la gloire brillante conquise sur le champ de bataille, M. de Saint-Arnaud parait vouloir ajouter celle plus modeste, mais non moins utile de bon administrateur. Les mesures prises par lui au ministère de la guerre sont généralement satisfaisantes, et font espérer qu'elles seront fécondes en bons résultats.

Le général de Saint-Arnaud est honoré de la confiance du Prince-Président, qui s'est fait accompagner par lui dans son voyage à Strasbourg, et dans celui qu'il a accompli plus récemment à travers le midi de la France.

LA GUÉRONNIÈRE (le vicomte ARTHUR de) naquit en 1816, à Limoges d'une famille distinguée dont un des chefs combattit, pendant les guerres de la Vendée, auprès de Larochejaquelein. Après des études assez médiocres qu'il refit plus tard à loisir, à l'aide d'un jugement solide et d'une volonté tenace, le jeune La Guéronnière épousa à dix-huit ans mademoiselle Descstang. M. de La Guéronnière tenait, par des traditions respectées, à la branche des Bourbons que la révolution de juillet venait de précipiter du trône. Aussi, le jour où il pensa à prendre sa part des luttes de la presse, il se tourna naturellement vers l'opinion légitimiste. Son frère aîné, Alfred, rédigeait à Limoges l'*Avenir national* : c'est là que M. de La Guéronnière fit ses débuts. Il avait alors vingt ans et ses premiers articles révélèrent un talent large et sûr, que faisait remarquer plus encore une forme élégante et correcte. Bientôt il rédigea lui-même un journal de Clermont, l'*Union provinciale*.

M. de La Guéronnière était légitimiste alors : mais il appartenait à cette pléiade peu nombreuse qui cherchait à concilier les droits de la nation et ceux du monarque, à fonder solidement le trône traditionnel sur l'assentiment populaire. Héritiers directs de M. Châteaubriand, cet amant enthousiaste des rois et de la liberté, M. de Genoude, M. de Lourdoueix, M. de La Guéronnière proclamaient la souveraineté du peuple, dogme terrible entre les mains d'ambitieux démagogues, instrument puissant de grandeur et de stabilité dans la pensée des néo-légitimistes. Dès cette époque, le jeune publiciste s'attacha par une admiration passionnée au grand poëte qui cherchait aussi l'idéal de la monarchie populaire, à M. de Lamartine. Dans ces combats journaliers de la presse, M. de La Guéronnière fut blessé plus d'une fois. L'affaire célèbre de la jurisprudence Bourdeau lui valut une amende considérable.

La royauté transitoire qui n'était ni le droit divin, ni le droit populaire ne put dans sa chute emporter les regrets du publiciste. Il se sentit, au contraire, attiré, séduit par la victoire apparente du peuple souverain. Comme M. de Lamartine, il vit dans la conspiration républicaine l'aurore brillante d'une démocratie et, quand l'auteur des *Girondins* fut ministre des affaires étrangères, M. de La Guéronnière fut appelé auprès de lui comme chef de cabinet. Nommé peu de temps après commissaire extraordinaire à Tulle (Corrèze), il resta fidèle à la fortune de M. de Lamartine et il s'associa à la fondation du *Bien public*, journal dévoué aux intérêts du poëte homme d'Etat. La candidature de M. de Lamartine à la présidence de la république fut appuyée dans ce journal avec un talent qu'on se rappelle. Mais la popularité du héros de février s'était perdue à force de faiblesses. Le grand nom de Napoléon fut acclamé par la France.

M. de La Guéronnière vit tomber la feuille qu'il rédigeait et il donna à M. Emile de Girardin les abonnés du *Bien public*. Lui-même avait essayé un moment de revenir en arrière : il avait prêté sa plume brillante aux aspirations démocratiques et religieuses à la fois de l'*Ère nouvelle*, journal du R. P. Lacordaire. Mais l'imposante manifestation de cette souveraineté du peuple qui avait toujours été son idole lui fit un devoir d'oublier des principes condamnés par le juge suprême et sans appel, la nation. M. de La Guéronnière crut pouvoir accepter la place qui lui fut offerte dans la rédaction de la *Presse*. Seul il rédigea ce journal pendant près d'une année, tandis que M. Emile de Girardin était absorbé par ses luttes de la tribune. Mais bientôt une direction nouvelle fut imprimée au journal : les doctrines démagogiques s'y étalèrent, rendues plus redoutables encore par le talent du plus vigoureux des publicistes modernes. M. de La Guéronnière ne put accepter plus longtemps la responsabilité de ces doctrines. M. de Lamartine venait de retrouver un organe dans *le Pays*. Le 8 avril 1851, M. de La Guéronnière quitta la *Presse*, et ce ne fut, dit-il alors, ni par inconstance ni par ingratitude, mais par scrupule de conscience. Il venait de reconnaître son drapeau dans la main de M. de Lamartine.

Le Pays journal *conservateur de la République*, avait pour ligne de conduite apparente la révision de la Constitution, le suffrage universel, la réélection possible du Président de la République : il est permis de croire que le but secret de cette feuille était encore la candidature de celui dont M. de La Guéronnière était le premier lieutenant. Mais l'esprit, naturellement impartial, de celui-ci n'avait pu méconnaître la grandeur du chef que s'était donné la France. Il traça de Louis-Napoléon un portrait célèbre que M. de Lamartine trouva trop bienveillant. L'homme politique fut inquiété de ces éloges si noblement donnés à un rival. Le publiciste allait, avec la même impartialité, crayonner les figures du comte de Chambord et du prince de Joinville. Un *veto* parti des hauteurs de la rédaction, arrêta sa plume.

Le coup d'État du 2 décembre choqua cet amour de la légalité qui distingue M. de La Guéronnière. Il se retira tout d'abord de la rédaction du *Pays* et refusa, au nom de son frère, la sous-préfecture de Bressuire. Mais le bill d'indemnité si hautement donné par la France à Louis-Napoléon sanctionna à ses yeux la mesure violente qui avait sauvé la société. Il est aujourd'hui député au corps législatif.

HAMEL (le comte VICTOR-AUGUSTE du) est né à Paris, le 17 avril 1810. Le comte du Hamel appartient à une ancienne et illustre famille originaire de Picardie dont les deux branches principales s'établirent en Guyenne et en Champagne. La galerie des hommes illustres du Musée de Versailles renferme le portrait d'un du Hamel, homme de guerre distingué et ambassadeur de France au 18e siècle. Le cardinal de Richelieu lui confia plusieurs missions diplomatiques en Allemagne et en Suède. Il se nommait Jacques du Hamel. Louis Joseph comte du Hamel, père du comte Victor Auguste, était chevalier de Malte de minorité. Il eut l'honneur d'être tenu sur les fonts baptismaux par Son Altesse Royale Monsieur, depuis Louis XVIII, et par la princesse de Savoie, sa femme. Maître des cérémonies et introducteur des ambassadeurs à la cour de l'empereur Napoléon, Louis Joseph du Hamel se montra administrateur distingué dans un temps où la science des affaires était impérieusement exigée de ceux qui aspiraient aux choix du gouvernement. Il fut successivement préfet des Pyrénées orientales, de la Dordogne et de la Vienne. Député de la Gironde, en 1820, il fut promu, en 1822, à la dignité de conseiller d'État.

Fils de Louis Joseph du Hamel et de mademoiselle Henriette de Chasteigner de la Chasteigneraie, l'homme politique dont nous racontons la vie, a épousé la veuve du marquis de Salignac la Mothe

Fénélon, fille du marquis de Roncherolles, premier baron de Normandie, et de Delphine de Lévis-Mirepoix.

Il semblait que la carrière si honorablement parcourue par le père dût être aussi celle du fils, et M. du Hamel paraissait naturellement destiné à l'administration. Mais on était alors dans ces années qui précédèrent ou suivirent immédiatement la révolution de juillet. Toutes les intelligences étaient en éveil. La plume était une puissance; la presse était une tribune. M. du Hamel fut entraîné vers les lettres. Mais sa haute raison le préserva des écarts si nombreux de la littérature du temps. Une de ses œuvres les plus importantes fut une étude politique du premier ordre, *l'Histoire constitutionnelle de la monarchie espagnole*. Il y éclairait le présent et l'avenir politique de l'Espagne à l'aide du flambeau des premiers âges. Il y recherchait le caractère propre de la nationalité péninsulaire depuis l'invasion des barbares jusqu'à la première apparition des *fueros* ou libertés municipales, depuis l'expulsion des Maures jusqu'à Ferdinand VII. L'Académie des sciences morales et politiques remarqua ce livre plein de faits et de pensées dû à la plume d'un jeune homme. Par l'organe de son secrétaire perpétuel, M. Mignet, elle accorda à l'auteur une mention honorable. De son côté, le ministre de l'instruction publique fit souscrire à cet ouvrage toutes les bibliothèques de France.

Cette place brillante conquise ainsi de haute lutte dans le domaine des lettres sérieuses valut, plus tard, à M. du Hamel une autre distinction flatteuse. En 1847, le ministre de l'instruction publique le proposa pour la croix de la Légion d'honneur. Le brevet qui lui fut délivré spécifiait que la croix de chevalier lui était conférée en récompense de ses travaux historiques.

Pendant le règne de Louis-Philippe, les lettres ne furent pas la seule occupation du comte du Hamel. Son intelligence droite et pratique lui avait rendu facile l'accès des questions industrielles, et, l'un des premiers, il avait compris l'importance de cet élément nouveau de la civilisation moderne. On lui doit, entre autres créations utiles, la restauration de l'ancien établissement thermal de Sail-lès-Château-Morand, dans le département de la Loire.

L'anarchie des idées, en 1848, révolta cet esprit juste et il consacra sa verve et son jugement sûr à la défense de la société. Le Prince-Président de la République cherchait déjà à réunir autour de lui les hommes d'une capacité éprouvée, d'un caractère honorable et courageux, pour en former, en quelque sorte, l'avant-garde de la civilisation française contre les doctrines funestes qui la menaçaient. Au mois de novembre 1849, M. du Hamel fut nommé préfet du Lot. L'événement justifia ce choix. Placé sur un terrain miné par les sociétés secrètes, chargé de représenter le gouvernement dans une contrée éloignée de l'action centrale, au milieu de populations ignorantes et passionnées, M. du Hamel déploya pendant la crise sociale de décembre 1851, une énergie indomptable. Les habitants du département lui ont témoigné leur reconnaissance par le don d'une épée d'honneur et par la présentation d'une adresse au courageux administrateur du Lot. Un décret, en date du 9 février 1852, autorisa l'acceptation de cet honorable gage de l'estime publique. Cette épée, sortie des ateliers de Froment Meurice, porte inscrite sur la poignée la légende suivante :

Énergie, Sagesse, Dévouement.

Et on lit sur la coquille :

Les habitants du Lot au comte Victor du Hamel, leur préfet. Témoignage d'estime et de reconnaissance.

M. Lafon de Caix, au nom des habitants du Lot, adressa, à cette occasion, le discours suivant à M. du Hamel.

« Monsieur le Préfet,

« Nous sommes heureux de vous remettre cette épée, qui vous est offerte par l'estime et la reconnaissance publique des habitants du département du Lot.

« Portez-la comme un témoignage des luttes que la société a dû livrer, depuis quatre ans, contre les passions anarchiques, et dont vous avez si dignement pris votre part, comme courageux fonctionnaire.

« Entre vous et le Quercy, il doit désormais exister un lien indissoluble : c'est le souvenir du bien que votre administration a fait dans notre pays.

« Les populations du Lot ont la mémoire du cœur,

et votre nom sera toujours pour elles le symbole de l'énergie la plus inébranlable dans la défense sociale, unie au dévouement le plus intelligent et le plus heureux pour les intérêts. »

M. du Hamel répondit :

« Messieurs,

« C'est à l'épreuve des temps difficiles que se forment les liens les plus solides. Quel que soit l'avenir, toujours le souvenir des années passées au milieu de vous sera cher à mon cœur. Le témoignage de ces sentiments si flatteurs pour moi, que vous voulez bien m'exprimer au nom des habitants du Lot, est la plus précieuse récompense de mon administration. En faisant choix aussi, Messieurs, de personnes telles que vous, pour m'offrir ce gage si honorable de leur affectueuse estime, les habitants du Lot en ont encore rehaussé la valeur à mes yeux.

« Croyez à toute ma profonde reconnaissance, et veuillez en être l'interprète auprès de vos concitoyens. »

Ce fut une véritable fête de famille.

Le dévouement et l'habileté administrative de M. du Hamel, ont été récompensés par le Prince-Président. Le préfet du Lot a été appelé, le 9 mai 1852, à la préfecture importante du Pas-de-Calais. Une autre distinction plus récente a appelé l'attention sur les qualités de l'homme privé, en même temps qu'elle consacrait sa valeur administrative. Sa Sainteté, le pape Pie IX, vient de conférer au nouveau préfet du Pas-de-Calais la décoration de commandeur de l'ordre de Saint-Grégoire le Grand, en récompense des services rendus par lui à la religion pendant les années difficiles que nous venons de traverser.

Outre son *Histoire constitutionnelle de la monarchie espagnole*, M. le comte du Hamel a donné plusieurs ouvrages importants, parmi lesquels nous citerons les suivants :

Considérations sur l'état politique de la noblesse (Paris, 1838, in-8°); La *Ligue d'Avila*, ou l'*Espagne en 1520* (Paris, 1840, 2 volumes in-8°), ouvrage traduit en espagnol et en anglais. *Mémoires d'un vieux de la Gastine*, feuilleton d'un journal qui fut imprimé ensuite sous le titre : le *Château de Rochecourbe* (Paris, 1843, 3 volumes in-8°). La *duchesse d'Halluye*, roman de mœurs (Paris, 2 volumes, in-8°); *El Mentidéro*, recueil de nouvelles (Paris, 1847, 2 volumes in-8°).

EL-HADJ-ABD-EL-KADER-BEN-MAHHI-ED-DIN est né, selon les uns en 1802, selon la tradition arabe le 25e jour de la lune de Muharem, de l'an de l'hégyre 1222, correspondant à l'année 1807 de l'ère chrétienne. Il vit le jour à Guetna, petit village situé près de la ville de Mascara, et dépendant du territoire des Hachems, dans la province d'Oran. Son père, Sidi-Mahhi-ed-Din, était un marabout respecté qui faisait remonter son origine aux califes Fatimites et portait, en conséquence, le titre de chérif. Homme de grande tente, sa maison avait droit d'asile et de refuge, privilége inestimable, dont cinq maisons seulement jouissaient en Algérie sous le gouvernement des Turcs.

Élevé par son père dans la haine des Turcs, le jeune Abd-el-Kader fut, de bonne heure, destiné par lui à restaurer la nationalité arabe et à régner sur le Maghreb. Pour lui donner le saint caractère nécessaire au succès d'une telle entreprise, son père le conduisit, en 1827, à la Mecque d'où il rapporta le titre respecté de pèlerin (*Hadji*). On raconte que pendant ce voyage, à Bagdad, le jeune Arabe fut visité par son patron Sidi-Abd-el-Kader-el-Djelah, l'un des saints les plus vénérés de l'Islamisme. Le bienheureux se présenta devant le pèlerin sous les traits d'un nègre, qui lui remit une orange, en lui promettant l'empire du Couchant.

Revenu à Mascara en 1828, Hadj-Abd-el-Kader se livra aux pratiques les plus austères de l'Islamisme. Sa réputation de sainteté se répandit bientôt parmi les tribus, et déjà sa popularité naissante inquiétait le gouvernement turc, quand Alger tomba aux mains d'une armée française. La vieille politique des Turcs avait été celle des Carthaginois et des Romains : diviser pour régner. Après la prise d'Alger, les tribus de toutes les provinces parmi lesquelles avaient été soigneusement entretenues des divisions nombreuses se firent une guerre acharnée. Aucun pouvoir central ne contenait plus les haines; mais quelques marabouts entreprirent de tourner contre l'ennemi commun ces armes impies, et d'organiser énergiquement la résistance à la domination des infidèles. Parmi eux, un des plus autorisés, Mahhi-ed-Din destina à son fils le rôle qu'il n'avait plus le temps de jouer lui-même. La mission d'Abd-el-Kader fut hautement annoncée dès que les infidèles eurent souillé la ville sainte de leur présence. Tous ceux qui auraient pu hésiter à lever l'étendard de la révolte contre la domination des Turcs, accueillirent avec enthousiasme la révélation des desseins de Dieu sur le jeune croyant. Ce jeune homme était bien, en effet, celui qu'attendaient les Arabes, ils avaient besoin d'être gouvernés, d'être réunis contre l'ennemi commun. Il fallait que leur chef fût un chef religieux, représentant à la fois de la nationalité et de la religion arabes. Fanatique et ambitieux, sa foi sincère justifiait à l'avance son but et ses moyens; agenouillé cinq fois par jour devant sa tente, aux yeux de tous, le front dans la poussière, dur envers lui-même plus encore qu'envers les autres, il laissait lire sur sa pâle figure, dans son regard mélancolique et fier, le droit et la volonté de gouverner les hommes.

Quels moyens humains, quelles influences religieuses Mahhi-ed-Din employa-t-il pour persuader les tribus de la mission de son fils, il serait difficile de le dire : mais il est certain que, fortune ou adresse, le vieux marabout avait ouvert à son jeune fils la voie dans laquelle il a marché depuis.

L'insurrection de septembre 1832, causée par les actes impolitiques de M. le duc de Rovigo, alors gouverneur d'Alger, fut l'occasion de l'élévation d'Abd-el-Kader. Déjà, le 3 mai 1832, Si-Mahhi-ed-Din avait conduit sous les murs d'Oran quelques milliers d'Arabes. Pendant six jours la place avait été vigoureusement attaquée, mais sans résultat; c'est là qu'Abd-el-Kader fit ses premières armes. Il n'était encore à cette époque, comme il l'a dit depuis, qu'un des quatre fils de son père. Le 22 novembre, l'Algérie était en feu. Les tribus, malgré leurs divisions réciproques, se réunissaient dans une même haine de l'infidèle. Trois des plus puissantes furent convoquées par Si-Mahhi-ed-Din dans la plaine d'Eghris : c'étaient les Hachems, les Beni-Amer et les Garabas. Le marabout leur annonça le choix de Dieu, et prédit que sa propre mort suivrait au bout d'un an, l'élévation de son fils. Cette prophétie s'accomplit à la lettre. Le fils de Zohra fut acclamé Emir-el-Moumenin (prince des croyants).

Petit, maigre, faible, le jeune Hadji ne paraissait pas devoir être un chef guerrier, mais un saint. Sa vie était pure, rigide. Il avait rapporté de la Mecque une amulette mystérieuse qui, deux fois par la suite, dit la légende arabe, le sauva des mains des Français. Les tribus avaient besoin, moins d'un chef militaire, que d'un juge inspiré. Ce fut sa mission première. Cette position le mettait au-dessus des influences et des rivalités de tribus : il n'avait pas de famille particulière attachée à son étendard. Il était le chef religieux du mahométisme algérien. Il sut faire de cette autorité un levier politique. Et d'abord il se créa des ressources en levant des impôts sur les tribus, en frappant des contributions sur les coulouglis et sur les juifs. En 1835, l'émir avait une véritable armée, ses partisans augmentaient sans cesse, tandis que, dans le parlement français, on rognait le budget de l'Algérie, on marchandait les soldats aux généraux, on mettait même en doute la durée de l'occupation française. Cette politique déplorable amena l'échec de Constantine et la défaite de la Macta. Abd-el-Kader triomphant se voyait déjà maître d'Alger. Mais cette journée funeste l'avait révélé à la France. Il fallut prendre un parti. L'expédition de Mascara fut résolue et le duc d'Orléans placé sous les ordres du maréchal Clausel, montra, par sa présence, quel prix on attachait à la défaite de l'émir. Abd-el-Kader vaincu dans les combats du Sig et de l'Habra vit de sa retraite la sombre lueur de l'incendie qui dévorait Mascara. Il ne se découragea pas, et étendant la main dans la direction d'Alger, il s'écria : « Dieu est grand, que sa volonté s'accomplisse. Un jour, je régnerai sur la cité d'Hussein ! »

L'infatigable émir souleva de nouveau les tribus. Vaincu encore à Tlemcen, il parvint à entourer le camp de la Tafna d'une nuée d'Arabes. Mais dans la journée glorieuse de la Sickak, en 1836, le maréchal Bugeaud écrasa l'émir : cette défaite était grave.

Avant le combat Abd-el-Kader avait prédit la victoire à son armée, en appuyant sa promesse d'un passage du Coran. La déroute détruisit en partie l'influence acquise sur les Arabes. Beaucoup méconnurent son autorité : quelques-uns allèrent jusqu'à piller sa tente et ses magasins de Mascara. Aussi, fut-il heureux de pouvoir, l'année suivante, faire établir par le traité de la Tafna une partie des droits qu'il réclamait. Déjà un premier traité conclu avec le général Desmichels, et violé par l'émir, lui avait donné le pays qui s'étend entre les frontières du Maroc et le Chéliff. Le traité de la Tafna y ajouta la province de Tittery, une grande partie de celle d'Alger et les premières crêtes du petit Atlas, d'où le nouvel allié de la France pouvait contempler d'un œil jaloux les charrues françaises sillonnant la Métidja. L'erreur commise par le maréchal Bugeaud fut de personnifier tous les Arabes dans un seul et de consacrer la puissance improvisée d'Abd-el-Kader. Ce fut seulement à partir du traité de la Tafna que l'émir put établir réellement son autorité à Milianah et à Médéah et faire tourner à son profit l'influence des familles princières des Berkani, des Embarek installées dans ces deux villes. Peu à peu, son autorité s'affermit, il réussit à se soustraire au protectorat inquiétant des Hachems auxquels il dut enlever par la ruse sa smala, sa mère, ses femmes et ses enfants restés en otage dans la plaine d'Eghris.

C'est alors qu'Abd-el-Kader, profondément frappé des forces inconnues de cette civilisation européenne avec laquelle il venait de se mesurer, conçut l'idée d'emprunter à ses ennemis, pour le tourner contre eux, l'instrument de leur puissance. Il créa une armée régulière, permanente, recevant une solde, noyau redoutable destiné à la fois à combattre la France et à contenir les tribus. La nécessité d'entretenir cette armée l'amena à lever des impôts réguliers, à établir un système administratif. Fonderies, mines, ateliers d'équipement, fortifications, fabriques de poudre et de fusils, il lui fallut tout créer. Ses émissaires parcoururent l'Europe, étudiant nos arts de la guerre, embauchant des ouvriers, faisant des essais de toute espèce. Lui, avec l'aide d'un jeune renégat français qu'il employait comme secrétaire interprète, il cherchait à s'instruire des affaires de l'Europe. Il s'abonnait à plusieurs journaux, il avait fait venir de France un exemplaire de la charte constitutionnelle, non sans doute pour l'appliquer au gouvernement des Arabes, mais pour pénétrer les mystères de notre système politique.

Le traité de la Tafna cachait pour l'émir lui-même plus d'un danger sérieux. D'abord, lui le chef religieux il traitait avec l'infidèle; puis, s'il exécutait les conventions, il laissait s'établir entre la France et les Arabes des liens d'intérêt qui bientôt eussent donné l'influence à ses ennemis. Le traité stipulait, en effet, la liberté de commerce entre les deux nationalités. L'émir, par instinct, par nécessité, par politique préférait le monopole. A son retour de la Mecque, il avait pu voir le monopole fortement organisé en Égypte par Méhémet-Ali. Il voulut imiter ce puissant réformateur, mais il avait affaire à des guerriers, fiers de leur indépendance, et non à des fellahs. Il dut renoncer à son projet; au moins, il interdit le commerce avec les Français, espérant le concentrer tout entier dans ses propres mains: en quelques mois il s'aperçut de son erreur. La paix entretenait des relations toujours croissantes avec les infidèles. Abd-el-Kader recourut à la guerre.

Jusqu'à la guerre sainte de 1839, l'émir l'œil toujours fixé sur Constantine, avait profité de l'anarchie qui régnait au milieu des tribus de Tittery et du Hamza, pour intervenir et s'emparer d'une portion du territoire situé à l'extrémité de la province de Constantine. C'était une violation directe du traité, seulement Abd-el-Kader, ne voulant pas encore jeter ouvertement le masque, avait tourné les Biban ou *Portes de fer*, au lieu de s'en emparer de vive force. Et cependant cet ennemi peu scrupuleux ne cessait de se plaindre de notre manque de foi : les récriminations partaient de son côté, et il se représentait lui-même comme une victime de sa fidélité à la parole donnée; il réclamait hautement Blidah et Coléah, et, en attendant, il levait l'impôt sur ces deux villes.

Enfin il fallut châtier l'allié perfide qui se jouait des traités. La guerre recommença, quelquefois heureuse comme lors de l'expédition de Médéah ou du passage du col de Mouzaïa; mais le plus souvent lente et difficile jusqu'au jour où, après dix ans d'hésitations, d'expériences cruelles, de sacrifices inutiles, le maréchal Bugeaud inaugura, en Algérie, ce système de guerre mobile qui allait bientôt enlacer le pays dans un réseau d'acier. Cédant à cette tactique supérieure, Abd-el-Kader dut reporter ses armes dans la province d'Oran, premier berceau de sa puissance: c'est alors que commença la guerre de tribus. Pendant l'hiver de 1841-1842, de vigoureux coups de main forcèrent celles de la Métidja à se soumettre. L'automne de 1842 vit les troupes françaises s'avancer jusque dans la province d'Oran. Les soumissions se multipliaient, Abd-el-Kader perdait du terrain, il joua, cette fois encore, une partie énergique. Pendant l'hiver de 1843, il fait une pointe rapide dans la partie montagneuse de la Kabylie qui sépare Cherchell de Milianah, soulève les Beni-Menacer, rallume la résistance dans l'Ouarensceris, dans la vallée du Chéliff et dans le petit désert. Le général Changarnier fut chargé de combattre l'émir : sept colonnes habilement dirigées parcoururent le pays et eurent bientôt raison de la révolte. Cinq mois après, de Teniet-el-Had à Milianah, du désert jusqu'à Alger, on ne trouvait selon l'expression arabe que *la paix et le bien*. On se rappelle les coups successifs portés à l'émir; le 16 mai 1843, le duc d'Aumale enlève par le brillant coup de main d'Aïn-Tagguin la smala d'Abd-el-Kader et celle de ses khalifas. A partir de ce jour, le chef arabe n'est plus qu'un fugitif que les colonnes françaises ne laisseront plus reposer une seule nuit sous sa tente. Le 11 novembre, ses dernières ressources ne consistent plus qu'en un bataillon de huit cents réguliers placé dans la vallée de l'Ou ed-Malah, sous le commandement de Sidi-Embarek. Le général Tempoure et le colonel Tartas écrasent cette petite troupe, et le brigadier Gérard tue de sa main le plus redoutable des ennemis de la France, Sidi-Embarek, premier lieutenant de l'émir. Cette mort refroidit le zèle des derniers partisans d'Abd-el-Kader et amena un grand nombre de soumissions; l'homme qu'il venait de perdre était son bras droit : l'ascendant irrésistible de Sidi-Embarek s'exerçait sur tous les Arabes et sur Abd-el-Kader lui-même, auquel il était supérieur comme chef militaire.

Ainsi était tombé pièce à pièce cet édifice de nationalité arabe élevé avec tant de peine, avec tant d'habileté par l'émir. Il lui fallut chercher un asile hors de l'Algérie devenue française. Abd-el-Kader se retira dans le Maroc. L'empereur le vit dans ses États avec une inquiétude mêlée d'envie; mais les populations marocaines accueillirent avec enthousiasme le marabout vénéré, le saint adversaire des infidèles. L'émir profita de ces bonnes dispositions pour surveiller de près la frontière algérienne, il entretint des relations actives avec les tribus les moins soumises, et parvint à en faire émigrer quelques fractions. Avec ces nouveaux auxiliaires, il recomposa une petite troupe régulière qui se grossit incessamment des débris de son ancienne armée. Pour mieux engager l'empereur, l'habile politique envoya un ambassadeur à Fez, et la position particulière de Mouley-Abd-er-Rhaman, ne lui permit pas de refuser comme chef spirituel son approbation, ou au moins sa tolérance aux incursions fréquentes de l'émir sur le territoire français. Cette conduite de l'empereur fut considérée à juste titre comme ouvertement hostile. Bientôt, malgré les énergiques représentations de la diplomatie française à Tanger, des troupes marocaines secondèrent Abd-el-Kader dans ses attaques sur la banlieue de Tlemcen. Le 10 mai 1844, le général de Lamoricière fut attaqué en avant de Lalla-Maghrnia. Le maréchal Bugeaud, après une première leçon donnée au lieutenant de l'empereur, El Guennaoui, dans les combats du 15 juin et du 13 juillet, battit à Isly le 14 août, les masses profondes commandées par le fils de l'empereur.

Le traité de Tanger stipula l'expulsion d'Abd-el-Kader; mais, entouré de ses réguliers, soutenu par les émigrés de l'Algérie, par les montagnards fanatiques du Riff, Abd-el-Kader se sentait dans le Maroc plus solidement établi que l'empereur lui-même. Tout en menaçant la puissance d'Abd-er-Rhaman, il prépara une insurrection nouvelle qui éclata tout à coup, en 1845, comme un coup de foudre. Le maréchal Bugeaud était en France; il accourut : la campagne de 1845-1846 fut décisive pour l'occupation française; l'insurrection s'était étendue sur l'Algérie tout entière. *L'homme à la chèvre*, Bou-Maza, prophète de dernier ordre, charlatan de basse naissance qui rivalisait Abd-el-Kader, avait mis en feu le territoire des Flittas de la plaine de la Mina près de Mostaganem jusqu'aux limites du Tell. De la frontière de l'ouest jusqu'au delà des Kerraïch, toutes les tribus imitaient cet exemple. L'émir, de son côté, soulevait la puissante tribu des Ouled-Naïl et s'avançait hardiment jusque sur le territoire des Issers, à dix lieues d'Alger. Ce fut le dernier effort de l'Islamisme. Abd-el-Kader fut rejeté dans le Maroc et son dernier pas sur la frontière française glissa dans le sang des prisonniers français massacrés par son ordre. En vain il a cherché à nier sa participation à cette boucherie humaine, mais l'Europe ne doit pas juger cet acte du point de vue de sa civilisation chrétienne. Si l'émir a, un jour, fait mettre en liberté sans conditions quatre-vingts Français, si, un autre jour, il a accordé à l'évêque d'Alger, monseigneur Dupuch, un échange de prisonniers, il faut en louer non son humanité, mais sa politique. Il faut bien qu'on le sache, ce héros qu'on s'est plu à parer en France de toutes les grandes qualités du guerrier chrétien, n'a jamais entendu la lutte contre les infidèles autrement que les autres Arabes. Il s'intitulait lui-même le *coupeur de têtes de chrétiens pour l'amour de Dieu.*

Par les mêmes motifs d'habileté politique, l'émir a montré plus d'une fois envers les siens une générosité qui n'est pas dans le caractère arabe. Pendant l'expédition d'Ain-Madhy qui dura plus de huit mois, Abd-el-Kader avait laissé à Milianah sa famille sous la garde de son lieutenant Sidi-Embarek. Lalla-Khrera, femme de l'émir, était enceinte de six mois quand son mari revint. L'ami auquel Abd-el-Kader avait confié son honneur avait trahi sa confiance, l'émir pardonna à l'épouse adultère : sa vengeance ne tomba que sur deux esclaves coupables d'avoir favorisé ces criminelles amours, et dont le gouvernement français eut la faiblesse d'accorder l'extradition. Sidi-Embarek chercha un asile dans la Kabylie, et se fit pardonner plus tard sa trahison par la part brillante qu'il prit, pendant quatre années, à la lutte recommencée en 1839. En politique habile, Abd-el-Kader sut oublier les haines de l'homme privé, et conserva ainsi à la résistance arabe le chef qui, plus qu'Abd-el-Kader lui-même, en fut l'âme et le bras.

L'empereur du Maroc ne pouvait tolérer sur son territoire celui qui lui avait attiré une défaite honteuse, et qui menaçait même son autorité religieuse. Le 9 décembre 1847, l'émir fut sommé de déposer les armes; bien qu'il n'eût que dix-huit cents hommes environ, il prit le parti désespéré d'attaquer les camps marocains. Dans la nuit du 11, il jeta la confusion dans ces camps en y lançant des chameaux enduits de goudron enflammé. Mais, le 12, une attaque générale des Marocains écrasa la petite armée dont les restes furent enfermés dans un cercle qui ne s'ouvrait que sur la frontière française. Rejeté de l'autre côté de la Malouïa, il n'avait plus qu'à s'enfuir seul au désert. Sa deïra allait tomber aux mains du général de Lamoricière qui occupait tous les passages : il se rendit, demandant seulement à être conduit à Alexandrie ou à Saint-Jean-d'Acre. Cette condition fut acceptée par le général et ratifiée par le duc d'Aumale, gouverneur général de l'Algérie ; mais la politique ne pouvait encore consacrer cette promesse généreuse. L'émir fut conduit au fort Lamalgue. La révolution de février ne brisa pas ses fers ; malgré sa protestation, on lui donna pour prison le château d'Amboise, puis celui de Pau. Le 25 décembre 1848, Abd-el-Kader adressa une nouvelle réclamation au prince Louis-Napoléon. Mais le président de la République n'était pas libre de prendre une décision aussi grave. En vain, dans des lettres assez déplacées de la part d'un Anglais, lord Londonderry, rappela-t-il au prince les sentiments de compassion et de générosité qu'il avait laissé entrevoir dans l'intimité : ce ne fut qu'au retour de ce voyage où la France entière l'avait acclamé Empereur, que Louis-Napoléon crut pouvoir délivrer le vieil ennemi de la France. Cet acte de clémence, qui honorera à jamais Louis-Napoléon , ne pouvait descendre que du haut d'un pouvoir incontesté.

Et maintenant Abd-el-Kader tiendra-t-il sa parole ? renoncera-t-il à l'espoir de soulever une fois de plus l'Algérie contre la France ? finira-t-il sa vie dans sa retraite de Brousse? Quelles que soient la mobilité et la perfidie du caractère arabe, nous aimons à croire que l'émir a trop le secret de notre force, qu'il a vu de trop près notre civilisation, nos ressources pour s'abandonner à de plus longues illusions.

Quoiqu'il en soit, enregistrons sa promesse déposée entre les mains du prince Louis-Napoléon.

« Louange au Dieu unique !

« Que Dieu continue à donner la victoire à Napoléon, à notre Seigneur, le seigneur des rois. Que Dieu lui vienne en aide et dirige ses actions.

« Celui qui est actuellement devant vous est l'ancien prisonnier que votre générosité a délivré, et qui vient vous remercier de vos bienfaits, Abd-el-Kader, fils de Mahhi-ed-Din.

« Il s'est rendu près de Votre Altesse pour lui rendre grâce du bien qu'elle lui a fait, et pour se réjouir de sa vue ; car, j'en jure par Dieu, le maître du monde, vous êtes, monseigneur, plus cher à mon cœur qu'aucun de ceux que j'aime. Vous avez fait pour moi une chose dont je suis impuissant à vous remercier, mais qui n'était pas au-dessus de votre grand cœur et de la noblesse de votre origine. Vous n'êtes point de ceux qu'on loue par le mensonge et que l'on trompe par l'imposture.

« Vous avez cru en moi, vous n'avez pas ajouté foi aux paroles de ceux qui doutaient de moi, vous m'avez mis en liberté, et moi je vous ai juré solennellement par le pacte de Dieu, par ses prophètes et ses envoyés (*c'est le plus grand serment que puisse faire un musulman*), que je ne ferai rien de contraire à la confiance que vous avez mise en moi, que je ne manquerai jamais à mes promesses, que je n'oublierai jamais vos bienfaits, que jamais je ne remettrai le pied en Algérie. Lorsque Dieu a voulu que je fisse la guerre aux Français, je l'ai faite; j'ai fait parler la poudre autant que je l'ai pu; et quand il a voulu que je cessasse de combattre, je me suis soumis à ses décisions et je me suis retiré! ma religion et ma noble origine me font une loi de tenir mes serments et de repousser toute fraude. Je suis *chérif* (descendant du prophète), et je ne veux pas qu'on puisse m'accuser d'imposture. Comment cela serait-il possible, quand votre bonté s'est exercée sur moi d'une manière si éclatante? Les bienfaits sont un lien passé au cou des gens de cœur.

« Je suis le témoin de la grandeur de votre empire, de la force de vos troupes, de l'immensité des richesses de la France, de l'équité de ses chefs et de la droiture de leurs actions. Il n'est pas possible de croire que personne puisse vous vaincre et s'opposer à votre volonté, si ce n'est le Dieu tout-puissant.

« J'espère de votre bienveillance et de votre bonté que vous me conserverez une place dans votre cœur, car j'étais loin, et vous m'avez placé dans le cercle de vos intimes; si je ne les égale pas par mes services, je les égale, du moins, par l'amitié que je vous porte.

« Que Dieu augmente l'amour dans le cœur de vos amis, et la terreur dans le cœur de vos ennemis.

« Je n'ai plus rien à ajouter, sinon que je me confie à votre amitié. Je vous adresse mes vœux et vous renouvelle mon serment.

« Écrit par Abd-el-Kader-ben-Mahhi-ed-Din (30 octobre 1852). »

Abd-el-Kader dont on a tracé tant de portraits de fantaisie a la figure longue, assez grave et d'une mate et chaude pâleur. Ses yeux, fort beaux comme ceux de presque tous les Arabes, contrastent par leur mobilité curieuse avec l'immobilité affectée de la tête. Sa barbe est très-noire et bien fournie; ses mains, quoiqu'on en ait dit, sont vulgaires. Il est petit, et cette stature médiocre est encore réduite par la projection très-marquée de la tête rejetée en avant par le lourd capuchon du burnous. Par la même cause, ses épaules sont un peu voûtées; sa voix est caverneuse et monotone, son élocution facile et brillante quand quelque passion l'anime. Son débit est saccadé, dans les moments d'exaltation, et il jette des phrases plutôt qu'il ne les prononce, en homme dont les pensées confuses et multipliées ne sont pas armées d'un instrument suffisant pour les traduire. La phrase traditionnelle *in ch'Allah*, s'il plaît à Dieu, revient à tout moment dans ses discours, le plus souvent sans qu'il y attache un sens déterminé. C'est une formule qui lui donne le temps de trouver les mots plus nécessaires. Sa politesse est outrée, métaphorique comme celle de tous ses compatriotes, toute brodée de compliments interminables. Son costume est d'une extrême simplicité; il n'a jamais déployé de luxe que pour ses armes et ses chevaux; ses vêtements se composent d'un pantalon serré autour du corps par une ceinture, d'un haïck attaché autour de la tête avec une corde de poil de chameau, d'un bournous bleu ou blanc, quelquefois recouvert d'un burnous de couleur brune. Un chapelet à gros grains est suspendu à son cou. Rigide observateur des préceptes du Coran, il n'a jamais approché ses lèvres d'une coupe de vin: il s'est interdit le tabac, comme peu convenable à un marabout. Enfin, au temps même de sa fortune, il n'a jamais eu à la fois qu'une seule femme légitime et une seule esclave. Habile dans tous les exercices du corps, il manie un cheval avec une adresse rare, nul ne se sert mieux de l'yatagan, ne tire mieux le fusil. Ajoutons que sa bravoure était incomparable, comme sa confiance en sa destinée. Dans ses premiers combats, il affrontait le danger avec une témérité inouïe. Il lançait son cheval au milieu des boulets qui ricochaient et le faisait saluer par de gracieuses courbettes.

Abd-el-Kader est poëte comme le sont tous ces fils de l'antique Numidie.

Écoutez ses aspirations passionnées vers la vie libre du désert: « O toi, s'écrie-t-il, qui prends la défense de l'habitant des villes, et qui condamnes l'amour du Bédouin pour ses horizons sans limites, si tu savais les secrets du désert, tu penserais comme moi. Si tu t'étais éveillé au milieu du Sahara, si tes pieds avaient foulé ce tapis de sable parsemé de ses fleurs semblables à des perles, tu aurais respiré ce souffle embaumé qui double la vie, car il n'a point passé sur l'impureté des villes!... »

Tel est l'homme qui a représenté pendant seize ans la nationalité arabe; elle et lui ont fait leur temps; ils appartiennent désormais à l'histoire.

Poissy. — Typographie Arbieu.

LAMARTINE (Prat-Alphonse de), naquit à Mâcon le 21 octobre 1790 et fut élevé dans cette terre de Milly, qu'il devait illustrer plus tard comme Chateaubriand illustra Combourg. L'enfance du poëte inspiré, du tribun populaire fut toute rustique. Sa famille avait été frappée, comme tant d'autres, par une révolution qui changeait les bases de la société française. La funeste journée du 10 avril avait vu M. Prat, son père, parmi ces loyaux gentilshommes qui vinrent faire à Louis XVI un rempart de leurs corps. Il fut blessé d'un coup de feu dans le jardin des Tuileries. Le jeune Prat (car il n'emprunta que plus tard le nom de Lamartine à un parent de la ligne maternelle), était donc attaché par ses traditions de famille, par ses impressions premières à la monarchie légitime. Sa mère, petite-fille de madame Dessois, sous-gouvernante des jeunes princes d'Orléans, avait été élevée à Saint-Cloud avec celui qui fut plus tard le roi Louis-Philippe. Madame Prat, âme pieuse et tendre, fut la première institutrice de l'enfant. Elle lui donna ses premières leçons de lecture dans une Bible de Royaumont. Les années de l'enfance s'écoulèrent pour lui calmes et faciles dans cette retraite de Milly, sous l'aimable tutelle d'une jeune mère, au milieu de sœurs chéries, de domestiques dévoués. Puis, le jeune Lamartine dut quitter la vie du foyer pour aller à Belley, au collége des Pères de la Foi. Il sut se faire aimer de ces guides indulgents auxquels il disait en les quittant :

> Aimables sectateurs d'une aimable sagesse
> Bientôt je ne vous verrai plus.

C'est vers 1809 qu'il sortit du collége de Belley : il vécut quelque temps à Lyon, fit un premier voyage en Italie, et vint pour la première fois à Paris en 1812. M. de Lamartine avait alors 22 ans; ses ressources étaient bornées et il lui fallait lutter incessamment contre les goûts coûteux de sa nature aristocratique. Déjà il s'essayait à la poésie et on raconte qu'il lut à cette époque des fragments d'une tragédie de *Saul* à l'acteur Talma, qui l'admettait dans son intimité. En 1813, sa santé s'altéra et il dut faire un second voyage en Italie. Cette fois, le voyageur était un poëte. Il rapporta de Florence et de Naples un riche bagage de couleurs et de souvenirs. Au moment où il rentrait en France, le trône impérial s'écroulait sous l'effort de l'Europe. M. de Lamartine s'était tenu à l'écart jusqu'à la chute de Napoléon : en 1814, il entra dans une compagnie des gardes du corps. Royaliste par naissance, il admettait pourtant, comme Chateaubriand, un certain nombre d'idées libérales et il écrivit, en ce sens, une brochure politique pour laquelle il ne put trouver d'éditeur. Après les cent jours, M. de Lamartine ne rentra pas au service. C'est ici que se place un des épisodes les plus délicats de sa vie. Nous ne voulons pas lever, plus qu'il ne l'a fait lui-même, le voile diaphane qui recouvre cette passion partagée pour la femme qui prit dans ses vers le nom d'Elvire. C'est autour du petit lac de Bourget que se placent les scènes diverses de cet amour, qui finit par la mort de l'amante et par le retour à Dieu de l'amant après les longues douleurs d'une maladie cruelle.

C'étaient là les épreuves du poëte et comme son initiation. Il mit dans ses vers cet amour, ces souffrances, ces luttes, ce triomphe religieux et il en composa les *Méditations poétiques*. Un libraire, qui se crut imprudent, édita ces poésies d'un jeune inconnu refusées par tant d'autres. C'était en 1820. Le monde de l'intelligence fut remué profondément par ces beaux vers, comme il l'avait été une fois déjà dans le siècle naissant par le *Génie du Christianisme*. Ce fut une révolution nouvelle que cette poésie si large, si naturelle, que cet amour idéalisé, que ce goût élevé de la beauté immortelle. Dans les *Méditations* et dans les *Harmonies* qui en furent comme le développement, l'esprit nouveau se reconnaissait tout entier. Ce poëte, au langage plein d'onction et de richesse, émanait directement de Bernardin de Saint-Pierre et de Chateaubriand. C'est au premier qu'il empruntait ces aspects magiques de la nature, ce sentiment coloré de l'infini, ces rapports mystérieux de l'homme et de la création. C'est au second qu'il demandait les accents désolés, les anxiétés intérieures. « Levez-vous, orages désirés, qui devez emporter René, » s'écriait le maître. Et l'harmonieux disciple répondait :

> Et moi je suis semblable à la feuille flétrie...
> Emportez-moi comme elle, orageux aquilons.

Ainsi le jeune poëte unissait dans un nouveau concert les pittoresques beautés de la matière et le spiritualisme le plus fervent, la méditation solitaire et les spectacles animés de la vie, le génie de la solitude et l'amour de l'humanité.

Ce premier et éclatant succès décida de toute une vie. M. de Lamartine fut admis tout d'abord dans la carrière diplomatique, il fut attaché à la légation de Florence. La richesse, l'amour même arrivèrent avec la gloire. Un oncle lui laissa une grande fortune et il fit un mariage conforme à ses inclinations. Une jeune et riche Anglaise, séduite par sa renommée soudaine et si brillante, par la distinction de sa personne et de son esprit, lui offrit son cœur et sa main.

En 1829, M. de Lamartine quitta Florence où il était chargé d'affaires de France; il revint à Paris et publia ces *Harmonies* dont la magnificence poétique n'a pas été surpassée dans notre langue. *Novissima verba*, *L'infini dans les cieux*, *Pourquoi mon âme est-elle triste?* admirables élans, douleurs et joies sympathiques, poëme sublime de l'âme placée entre l'amour et le doute, entre le néant et Dieu. La place de M. de Lamartine était faite dans les lettres : il fut reçu, au commencement de 1830, à l'Académie française. Il faut placer encore dans cette période de sa vie poétique des œuvres à jamais célèbres, *Socrate*, *le Chant du Sacre*, etc.

Lorsqu'éclata la révolution de Juillet, il venait d'être nommé ministre en Grèce. Il apprit à l'étranger la chute des Bourbons et il se hâta d'accourir pour remettre sa démission entre les mains de M. Molé. La démission fut refusée et, après quelques hésitations, M. de Lamartine se rallia à la royauté des barricades. Si sa famille paternelle était dévouée à Louis XVI, sa famille maternelle, on l'a vu, avait été attachée avant 1789 à la maison d'Orléans. Pendant l'exil, les princes n'avaient cessé d'entretenir des rapports avec sa mère et, après la Restauration, ils lui avaient plus d'une fois prouvé leur bienveillance. Aussi, M. de Lamartine put-il dire sans ingratitude : « Il est toujours permis de prendre sa part du malheur d'autrui ; mais il ne faut pas prendre gratuitement sa part d'une faute que l'on n'a point commise. Il faut rentrer dans les rangs des citoyens, penser, parler, agir, combattre avec la famille des familles, avec le pays ! »

Un moment entraîné vers la politique, le poëte se réveilla bientôt. Quelques désappointements électoraux lui rappelèrent la muse oubliée. Le 20 mai 1832, il partit pour l'Orient : il visita la Servie, la Grèce, la Turquie, l'Asie-Mineure, la Syrie, la Turquie, la Judée, l'Egypte. Ce voyage au berceau de l'humanité lui coûta sa fille unique, Julia, morte à Beyrouth. Après une course de seize mois, M. de Lamartine revint en France et publia ses notes de voyage. Déjà il avait écrit en prose un discours de réception à l'Académie française, une brochure *de la Politique rationnelle*, un charmant morceau sur *les Devoirs civils du Curé*, un discours à l'Académie de Mâcon où la justesse du sens s'unissait à l'ampleur harmonieuse de la forme. On pouvait donc s'attendre à un beau livre inspiré par la patrie même de la poésie. Il n'en fut pas ainsi. Dans une préface assez leste, M. de Lamartine faisait bon marché de son œuvre, « de ces feuilles éparses soumises à regret au public. » On crut à la modestie ; mais des impressions vagues et contradictoires, des jugements précipités, une poésie banale et un style plus que négligé détrompèrent tous les lecteurs. On s'étonna de voir que cette excursion byronienne, faite avec quelque fracas, restât si loin de l'*Itinéraire*.

Pendant que M. de Lamartine parcourait l'Orient, Dunkerque lui donnait enfin le mandat législatif : c'était là le rêve de sa vie, conduire les hommes par la parole. Toutes ces qualités brillantes qui lui ont été départies, il les croit destinées à guider l'humanité dans sa route. Il fait bon marché du poëte ; mais il se considère avant tout comme un homme politique. M. de Lamartine parut, pour la première fois, à la tribune le 4 janvier 1834, dans la discussion de l'adresse. Il fut ce qu'il a toujours été, harmonieux, inspiré, improvisateur abondant, facile, toujours ouvert aux pensées généreuses, plus fécond en images qu'en raisons. Cherchant partout et avant tout l'effet qui saisit, le mouvement qui entraîne, on le vit rechercher la faveur de tous les partis sans donner de gages à aucun. Merveilleusement apte à s'approprier les idées des autres, à les colorer, il promenait au-dessus des sectes politiques sa parole souvent vide, toujours pompeuse. Attiré par toutes les idées grandes, même par les plus opposées, il allait des splendeurs traditionnelles de la monarchie aux simplicités vigoureuses de la république. Son ambition eût été de jouer le rôle d'arbitre des partis : il eût voulu planer au-dessus de la politique comme un conciliateur suprême. Aussi, M. de Lamartine put-il ne pas se croire suffisamment apprécié et, insensiblement, il inclina vers l'opposition.

Toutefois, le poëte n'était pas mort. Il avait publié, tour à tour, les *Recueillements poétiques*, *Jocelyn*, *La chute d'un ange*, ébauches magnifiques, recueils de fragments harmonieux, épisodes d'une richesse exubérante mais mal réglée. La veine poétique y est toujours large et féconde, mais la confusion des sentiments et des pensées, l'incorrection du style y voilent des beautés de premier ordre. On y trouve des cœurs qui *germent l'amour*, des larmes *écoulées* du cœur, des chefs-d'œuvres humains.

Ce n'était pas par des productions purement littéraires que M. de Lamartine pouvait conquérir sur les esprits cette influence qui est un besoin de sa nature. Dans la chambre, il avait pour rivaux d'éloquence des hommes pratiques, nourris d'études historiques sérieuses. Il voulut les imiter et peser sur son époque par une puissante étude de la révolution. Il choisit l'épisode des *Girondins*. Mais l'écrivain abondant et facile trouva bientôt qu'il était trop long d'approfondir la vérité. Il préféra donner aux faits l'empreinte de son imagination. L'histoire devint pour lui un drame qui s'ouvre au lit de mort de Mirabeau et finit à l'échafaud de Robespierre. Huit volumes jaillissent en dix-huit mois de sa plume et le travail se ressent de ces impatiences. Après une lecture hâtive des Mémoires du temps, il identifie la révolution à un parti périssable, oubliant au reste à la fin de son étude historique le but qu'il s'était proposé. Entraîné par les faits, ouvert à toutes les impressions, il conclut contre ceux qu'il a déifiés; il juge de deux manières opposées le même homme, les mêmes choses, il change à tout moment de héros et de dossier. Le fils de Prat le royaliste, le poëte du *Chant du Sacre* flétrit la reine Marie-Antoinette. Surprises de style, portraits vivement tracés mais qui usurpent la place de l'histoire, émotions cherchées dans des récits outrés, flatteries adressées aux passions les plus mauvaises, tous ces brillants défauts firent la fortune du livre et le livre fit la fortune d'une révolution nouvelle.

L'Histoire des Girondins fut un des signes avant-coureurs de la chute d'une monarchie. Bientôt s'ouvrit, en 1847, la campagne des Banquets. M. de Lamartine s'y associa de loin par le discours de Mâcon. Le 20 février 1848, une réunion de députés de l'opposition eut lieu chez un restaurateur de la Madeleine. On y arrêta le programme d'une manifestation populaire. Quelques-uns, M. Berryer entre autres, reculèrent devant les dangers d'un appel aux passions de la rue. M. de Lamartine, lui, conseilla la violence et évoqua l'inconnu. C'était là une recrue trop importante pour que la conspiration ne s'en emparât pas. Un ami de M. Hetzel fut chargé de s'entendre secrètement avec ce nouvel allié qui s'offrait : M. de Lamartine étonna cet envoyé par son enthousiasme républicain. L'émeute fit son œuvre, et, le 24, lorsque retentissaient les derniers coups de fusil, M. de Lamartine se dirigea vers la Chambre des députés. Là, il était attendu par MM. Bastide, Hetzel, Marrast et Bocage ; interrogé sur sa conduite future, il parut se consulter solennellement, et il se décida pour la république. Dans une impuissante apologie, l'*Histoire de la révolution de 1848*, M. de Lamartine a outré à plaisir sa part de responsabilité dans ce grand événement. Il semble à l'entendre que la révolution n'eût pu se faire sans lui, et qu'il lui ait été donné de jouer sur un coup de dé la vie de la France. Ces exagérations de personnalité se réduisent au rôle joué par lui dans cette séance du 24 février où on vit la duchesse d'Orléans et ses deux fils demandant protection et ne pouvant l'obtenir. Le chevaleresque écrivain s'élance à la tribune. Il propose que la Chambre ne continue sa délibération qu'après le départ de la famille royale. Il repousse la régence : « Je demande, s'écrie-t-il, du droit de la paix publique, du droit du sang qui coule, du droit de ce peuple affamé par le *glorieux* travail qu'il accomplit depuis trois jours, je demande qu'on institue un gouvernement provisoire! » Et il réserve les droits de la nation qui doit être consultée.

On sait ce qui arriva : la République fut proclamée sans *la ratification du peuple réuni en assemblées primaires* qu'avait promise le premier manifeste du gouvernement provisoire. M. de Lamartine était déjà dépassé. Déjà se faisait sentir à côté de lui une puissance occulte appuyée sur de terribles auxiliaires. Un pas de plus, on rétrogradait jusqu'à 93. Ce pas, ce sera l'éternel honneur de M. de Lamartine, il empêcha la populace armée de le faire. Une foule ivre de victoire et de sinistres espérances entourait l'hôtel de ville, le 26 février, en réclamant le drapeau rouge. M. de Lamartine, épuisé par des veilles successives, par des efforts prolongés pour résister au désordre, retrouva toute son énergie. Il s'avança au-devant des fusils qui menaçaient lui et les siens et il s'écria :

« Hier, vous me demandiez d'usurper, au nom du peuple de Paris, sur les droits de 35 millions d'hommes... Aujourd'hui, vous demandez le drapeau rouge à la place du drapeau tricolore. Citoyens! pour ma part le drapeau rouge, je ne l'adopterai jamais, et je vais vous dire dans un seul mot pourquoi je m'y oppose de toute la force de mon patriotisme. C'est que le drapeau tricolore a fait le tour du monde avec la République et l'Empire, avec vos libertés et vos gloires, et que le drapeau rouge n'a fait que le tour du Champ de Mars, traîné dans les flots de sang du peuple. »

M. de Lamartine avait contribué à créer le péril : au moins sut-il le conjurer en partie. Il décida la situation par ces entraînantes paroles et fit sortir du chaos de l'hôtel de ville la République modérée. Puis vinrent ces alternatives de concessions, de répressions, de faiblesses qui furent toute la vie du gouvernement provisoire et de la commission exécutive. M. de Lamartine, en même temps qu'il rassurait l'Europe dans un magnifique langage, flattait Cabet, caressait Blanqui, conspirait avec les factions *comme le paratonnerre avec la foudre*. Quelques-uns pensèrent en voyant ce jeu périlleux que M. de Lamartine était peut-être plus mauvais politique que poëte en cette occasion. Il aurait voulu se rendre nécessaire en s'entourant de gens dont il fût l'unique palliatif, en s'associant des instruments dont personne autre que lui ne pût prévenir les dangers. Nous ne croyons guère à ce machiavélisme. Ce qu'il y a de vrai, sans doute, c'est que l'imagination peu pratique de M. de Lamartine se plaisait involontairement à provoquer les tempêtes pour s'admirer lui-même prononçant le *Quos ego* qui calme les vents et aplanit les vagues. Cherchez la raison d'un acte, le mot d'une pensée de M. de Lamartine et vous vous tromperez à coup sûr si vous n'allez droit au grand, au seul mobile : l'adoration du moi.

Au bout de quatre mois, la France s'était réfugiée dans la dictature d'un soldat. La société s'était sauvée elle-même. M. de Lamartine avait perdu une de ces occasions qui ne se retrouvent pas. Un moment l'idole et l'espoir de la France, il se vit abandonné par l'opinion publique, et celui dont le nom avait entraîné, en 1848, des centaines de mille suffrages, ne put, aux élections du 18 mai 1849, réunir la moitié des voix obtenues par le dernier des socialistes.

Alors, une fois encore, M. de Lamartine se ressouvint qu'il avait été poëte, qu'il l'était encore ; il l'avait peut-être été partout et toujours ! Il revint aux sources de sa popularité ternie et demanda aux lettres ces victoires que lui refusait une autre scène. Il voulut raconter la monarchie comme il avait raconté la république. *L'Histoire de la Restauration*, comme tous les livres faits à la hâte et sans l'unité d'une conception forte et mûre, manque de proportions. Quelques épisodes, celui de Murat, par exemple, y tiennent une place injustifiable. Ici encore, les mêmes faits, les mêmes hommes sont jugés à quelque distance de deux manières opposées et l'unité de pensée fait défaut comme l'unité de composition. Les portraits abondent, car l'imagination chez l'historien est plus riche que la science. Et il est juste de reconnaître que quelques-uns de ces portraits sont largement ou finement touchés. Enfin, critique grave, les emprunts faits par l'écrivain à des études consciencieuses sont nombreux et peu déguisés. Malgré tout, ce livre qui s'achève en ce moment est plein de mouvement et d'émotion. Si ce n'est pas même de l'histoire dramatisée, c'est au moins un beau drame historique.

En même temps, M. de Lamartine livrait au public les *Confidences* et *Raphaël*, pages de la vingtième année. Et ici, chose triste à dire, le métier prenait la place de l'inspiration. Les difficultés de la vie avaient forcé le poëte à vendre les souvenirs de son cœur. Pour sauver cette terre de Milly qui l'avait vu grandir, qui avait vu mourir sa mère, il déflorait, il amplifiait les chastes amours de sa jeunesse. Dans Raphaël, dans l'épisode de Graziella, on retrouve quelques traces charmantes de cette poésie vague mais naturelle des Harmonies ; il y a là des pages gracieuses et passionnées. Mais la personnalité du vieillard domine les impressions du jeune homme. Il s'admire à distance avec un orgueil si naïf qu'on ne saurait imaginer une égolâtrie plus complète.

Nous laissons de côté nombre d'ouvrages arrachés par la spéculation à la plume trop féconde de l'écrivain. *Toussaint-Louverture*, essai malheureux, drame où l'indigence des pensées se cache à grand peine sous la profusion des couleurs ; le *Tailleur de Pierre de Saint-Point*, roman populaire qui devait, disait-on, faire une révolution dans les lettres démocratiques.

M. de Lamartine n'avait pas toutefois abandonné l'espérance de remonter sur le pavois politique. La présidence de la République française, ce but une fois manqué, son œil le poursuivait toujours. Une fois déjà, quand trois départements à la fois proclamèrent le nom magique de Napoléon, un seul homme osa demander du haut de la tribune nationale que l'Assemblée refusât d'admettre dans son sein le prince Louis-Napoléon Bonaparte. Et cet homme disait avoir fait la République pour introniser le suffrage universel, la volonté du peuple ! Et cet homme était M. de Lamartine ! Il ne comprenait pas qu'exclure le représentant du peuple, c'était constituer immédiatement le prétendant impérial. Ce qu'il y avait de personnel dans l'inquiétude de M. de Lamartine n'échappa pas aux hommes politiques, et on fit justice de ces terreurs exclusives. Aussi, il fut facile de comprendre ce que voulait M. de Lamartine quand on le vit, d'abord dans le *Bien public* de Mâcon, puis dans le *Conseiller du peuple*, puis dans le *Pays*, reprendre la théorie de la république modérée au point où l'avait laissée la chute de la commission exécutive. C'était toujours la même illusion : repousser le socialisme et les partis monarchiques, chercher un milieu entre des situations tranchées, et se placer assez en dehors des partis pour abdiquer toute influence sur leur marche.

Depuis la solution énergique de Décembre, M. de Lamartine a abdiqué la politique. Malgré les souffrances que lui cause un rhumatisme articulaire, il ne cesse d'écrire. Tantôt dans un journal, un peu prétentieusement intitulé le *Civilisateur*, M. de Lamartine esquisse à grands traits, à trop grands traits, les figures des hommes célèbres de l'humanité, les biographies mille fois dessinées de Jeanne-d'Arc, d'Homère, de Bernard de Palissy, de Cicéron. Rien de nouveau dans ces études peu sérieuses, pas même les phrases. Tantôt, forçat illustre attaché au banc de la publication, le poëte tombé raconte dans un langage souvent douteux, à grand renfort d'érudition suspecte, quelques épisodes de l'histoire turque dans un feuilleton du *Pays* intitulé, pour l'effet : *Nouveau voyage en Orient*. Le rêve de M. de Lamartine, c'est de finir ses jours dans cet Orient qu'il a décrit. Le sultan Abdul-Medjid a fait à M. de Lamartine une concession considérable de territoire en Asie Mineure, dans le bassin de l'ancienne et fertile Lydie, sur les bords du fleuve Caïstre, à quatre heures de Smyrne. Le 21 juin 1850, M. de Lamartine est parti pour prendre possession de cette colonie, et pour remercier le sultan. Aujourd'hui, sans doute, il voudrait tirer de ce don impérial l'aisance de ses vieux jours. Espérons que ce désir sera exaucé et que nous verrons le plus grand poëte de la France moderne échapper aux serres de la spéculation qui flétrit par ses exigences la couronne si pure et si brillante de sa jeunesse!

BEECHER STOWE (mistriss HARRIET), est l'auteur de ce roman aujourd'hui populaire dans l'ancien et dans le nouveau Monde, *la Case de l'oncle Tom* (*uncle Tom's Cabin*). Singulière fortune que celle de ce petit livre, hier inconnu, à l'heure qu'il est traduit dans plusieurs langues, tiré à plus d'un million d'exemplaires. Sans préparation, sans secours de réclame, ses quelques pages ont fait frémir et pleurer l'Amérique tout entière. Et cela se comprend. Il s'est trouvé à point nommé pour donner un corps à des doctrines depuis longtemps triomphantes dans le vieil hémisphère, mais qui ont encore à lutter dans le nouveau. Qui ne se rappelle le succès universel des comédies de Beaumarchais, des petits romans de Voltaire. A quoi tint la vogue immense de ces pamphlets illustres? A ceci seulement, qu'ils parlaient aux cœurs, aux imaginations, qu'ils mettaient en relief, qu'ils incarnaient, pour ainsi parler, des maximes philosophiques, impuissantes à remuer les masses sous leur vieux vêtement de logique. La mémoire du siècle a consacré ces gloires d'autrefois, mais seulement parce que les hautes qualités d'esprit et de style de nos deux grands écrivains révolutionnaires ont survécu à la vogue du moment. Mais cette vogue, l'esprit et le style ne l'avaient pas faite. Elle avait jailli de l'à-propos. L'esprit même du temps s'était reconnu dans ces œuvres et leur avait fait une subite fortune.

Ça été là le bonheur de mistriss Harriet Beecher Stowe. Elle a traduit en quelques scènes, qui ne sont pas même un roman, les instincts actuels de l'Amérique. Elle a donné un corps aux sentiments de cette partie de la nation qui repousse l'institution de l'esclavage. Elle n'a pas discuté les doctrines : elle les a fait marcher, vivre sous les yeux de ses lecteurs. Et l'esclavage, condamné hier par la raison humaine, est repoussé aujourd'hui par le cœur même de l'humanité. La question a fait un pas immense. Elle a passé du domaine du jugement dans celui de la conscience.

Ouvrons-le donc ce livre étrange, qui a su remuer jusqu'à la vieille Europe, désintéressée dans la question.

Et d'abord, c'est l'œuvre d'un chrétien. Le protestantisme attardé comprend à son tour cette haute vérité depuis si longtemps mise en lumière par le catholicisme, l'égalité des hommes et des races. Tout le petit livre est imprégné de la morale de l'Évangile : « Bienheureux ceux qui pleurent, parce qu'ils seront consolés. Bienheureux ceux qui souffrent persécution pour la justice. Aimez vos ennemis, faites du bien à ceux qui vous haïssent, priez pour ceux qui vous persécutent. » Ces divines paroles, qui consolèrent autrefois les martyrs dans la ville éternelle, cette fois c'est un esclave, c'est un noir qui les prononce, qui les pratique. *Uncle Tom*, le pauvre nègre, passant de main en main, de marché en marché, de douleur en douleur, épèle d'un œil inhabile le livre saint où est racontée la vie de celui qui est venu racheter tous les hommes. Il ne sait rien, il n'est pas grand clerc comme nos prétendus martyrs de sociétés secrètes. Ce n'est qu'un humble nègre, humble de cœur, grand seulement par son humilité. Au début du roman, Uncle Tom est heureux autant que peut l'être un esclave. Un bon maître, M. Shelby, une maîtresse adorée de tous ceux qui la connaissent lui rendent la vie douce et facile. Mais M. Shelby a des dettes et il lui faut vendre ses noirs. Il traite de Tom avec un certain Haley, maquignon philanthrope par calcul, soignant sa marchandise vivante pour ne la pas détériorer. Tom souffre, mais il se résigne. Une quarteronne, enfant gâté de la maison, se voit enlever son fils. Elle s'enfuit avec l'enfant et, pourchassée comme une bête fauve, traverse l'Ohio sur des glaçons emportés par le courant. Et combien d'autres figures fortement accusées, Georges Harris, l'esclave intelligent et révolté; et Saint-Claire le spirituel et paresseux créole, noble nature corrompue par les vices brillants du monde; et la puritaine Ophélie, philanthrope par principes, non par charité. La plupart de ces types sont nettement et finement étudiés. Le héros du livre, Tom, meurt à la peine malgré son courage évangélique, et succombe aux mauvais traitements d'un maître barbare.

Et maintenant, si nous voulions critiquer cette esquisse, nous pourrions dire qu'il n'y a là qu'une succession de scènes, sans intrigue ni lien. Nous pourrions signaler en souriant l'inexpérience de la composition, et ce dénoûment maladroit qui rassemble tous les personnages comme le couplet final d'un vaudeville. Nous pourrions dire que la blonde jeune fille, Ève, cette hermine immaculée qui meurt des souillures qu'elle ne peut faire disparaître autour d'elle, est d'un romanesque un peu bien passé. Quoi encore? que le dernier maître de Tom est le tyran de notre vieux mélodrame et qu'on cherche sur son collet la queue du bonnet de renard dont la scène française affublait inévitablement ses terribles geôliers. Peut-être bien Tom lui-même, et plus encore Georges Harris, sont-ils des nègres de convention, idéalisés jusqu'à l'impossible. Mais enfin tout cela est touchant, vrai d'une honnête vérité. Il y a par tout l'ouvrage un parfum de loyauté, de vertu simple et convaincue; et aussi la philanthropie de l'auteur est loin d'être exclusive. Miss Ophélie représente avec bonheur la vertu régulière, hautaine, la philanthropie prêcheuse de l'habitant du nord, charitable sans amour, abolitioniste sans sympathie.

Tel est ce petit livre, éloquent plaidoyer qui hâtera, nous l'espérons, la disparition de cette anomalie criminelle qu'on appelle l'esclavage.

Un mot maintenant sur l'écrivain. Sa vie nous expliquera son œuvre.

Mistriss Beecher Stowe appartient à une famille presbytérienne de Boston. Son père, le révérend Lyman Beecher, docteur en théologie (*of divinity*) ancien président du *Lane-Seminary*, est pasteur de l'église presbytérienne de Cincinnati, dans l'Ohio. De ses onze enfants, un seul était vraiment connu avant la publication d'*Uncle Tom's Cabin*: c'est miss Catherine Beecher, infatigable auteur de petits livres d'éducation, à qui les États de l'Union doivent la seule association puissante destinée à doter les provinces de l'ouest d'habiles institutrices. Les autres sœurs de mistriss Harriet, mistriss Pezkins et mistriss Hooker, ne sont connues par aucun écrit. Quant aux sept frères, dont six vivent encore, à l'exception de M. James Beecher, négociant à Boston, ils ont tous suivi la carrière paternelle. Ils ont été ou sont pasteurs dans l'Ohio, le Massachusetts, le New-York et le New-Jersey. Le père, controversiste vigoureux, a publié un volume de *sermons pratiques* et *six sermons sur la tempérance*. Le révérend Henry-Ward Beecher est auteur de *Douze lectures* aux jeunes gens. Le révérend Edward Beecher a donné quelques articles sur la littérature biblique. Mais ces productions ne se distinguent que par la solidité de la discussion théologique, sans prétendre aux séductions de la forme. Seul, le révérend Charles Beecher a composé une œuvre d'imagination, *la Vierge et son Fils*, avec une introduction de mistriss Stowe. La sœur de notre écrivain, miss Catherine, s'est acquis une réputation étendue par des contes et un essai sur l'*Économie domestique*. Quant à l'auteur d'*Uncle Tom's Cabin*, on ne connaissait guère d'elle, avant son dernier ouvrage, qu'un petit conte, *la Fleur de mai*.

On le voit, cette famille apostolique est spécialement douée du côté de l'intelligence et de l'activité. Éducation, économie, politique chrétienne, moralité publique, telles ont été ses études de tous les instants.

Voyons maintenant quelles circonstances spéciales ont déterminé dans l'esprit de mistriss Stowe la direction qui a donné naissance à son pamphlet célèbre.

Le docteur Lyman Beecher, aujourd'hui âgé de 78 ans, avait reçu cette forte éducation pratique qui est la meilleure épreuve des bons esprits. Fils d'un forgeron, il ne quitta l'enclume que dans la maturité de la vie. Il fit ses études au collége de Yale, à Newhaven. Pasteur à Litchfield, il se fit une réputation de sermonnaire, et resta, jusqu'en 1832, à la tête de l'église la plus influente de Boston. Cette portion de l'église presbytérienne à qui sa piété éclairée et ses tendances libérales avaient valu le nom de *Nouvelle-École*, devint, à cette époque, le centre d'une nouvelle fondation importante, le *Lane theological and literary seminary*, destiné à former à peu de frais de jeunes ministres de l'Évangile. Le docteur Beecher dirigea cette institution jusqu'en 1850. Mais le séminaire était depuis longtemps menacé dans sa propriété par le contre-coup des luttes qu'a fait naître aux États-Unis la question brûlante de l'esclavage. La philanthropie du nord attaquait sans repos ni trêve ce honteux trafic et une colonie de noirs libres avait été fondée, après 1830, à Libéria, sur la côte d'Afrique. Le *Lane seminary* devint le centre d'une propagande active contre l'esclavage. Les intérêts commerciaux de Cincinnati prirent l'alarme : on ameuta la populace et le séminaire succomba.

Mistriss Harriet Beecher s'était trouvée mêlée personnellement à ces événements. Née à Litchfield en 1812, elle avait reçu à Boston une éducation distinguée, dirigée spécialement vers l'enseignement public. Elle tenait, avec sa sœur Catherine, une florissante école à Cincinnati. Elle épousa dans cette ville le révérend Calvin Stowe, professeur de littérature biblique dans le séminaire. Ce mariage avait été heureux et les époux avaient eu de nombreux enfants dont cinq vivent encore. Le bonheur calme du ménage pastoral fut profondément troublé par les désordres qu'excita la propagande du séminaire. Des bandes ameutées menacèrent de brûler la maison du docteur Beecher et du professeur Stowe. Il leur fallut abandonner l'œuvre commencée et se réfugier dans les États de l'est. Le professeur Stowe obtint, à la fin de 1850, une chaire de littérature biblique au séminaire d'Andover, dans le Massachusetts. C'était le repos après l'orage. Ce repos, mistriss Stowe a voulu le rendre utile à la grande question qui a rempli toute sa vie. Elle a retracé, en plus d'un endroit de son livre, les scènes horribles ou touchantes dans lesquelles elle a été témoin ou acteur. Ces massacres, ces fuites d'esclaves poursuivis par des meutes féroces, ces femmes traquées dans la montagne et portant au sein l'enfant arraché à l'esclavage, toutes ces violences antichrétiennes, elle les a vues, elle les a subies pour sa part et c'est ce qui a donné tant de vérité humaine, tant de pitié puissante et sympathique à ce cri parti du cœur : *la Case de l'oncle Tom.*

Un mot encore sur le livre de mistriss Stowe, tel que, nous autres Français, nous pouvons le connaître. Huit traductions ou imitations en ont paru à cette heure. Les unes, comme celle de M. Léon Pilatte, ont la prétention de reproduire exactement le texte; d'autres, comme celle de M. de la Bedollière, rognent, coupent, expliquent avec une singulière aisance. Celles de MM. Romey et de Wailly, celle de M. Enault, sont plus littéraires et donnent au moins une idée des passages les plus brillants et sont comme un écho affaibli de la verve et de la sensibilité originales; mais c'est surtout pour des livres de cette nature qu'il faut dire avec le proverbe italien : *Traduttore, traditore.* Comment traduire, en effet, comment faire passer d'une langue dans une autre toutes ces finesses naïves, toutes ces grossièretés pleines de séve de l'argot nègre et du dialecte yankie. Cela est si intraduisible, que le titre lui-même n'a pu être traduit. *La case de Tom, la cabine du père Tom, la hutte de l'oncle Tom*, tous ces titres ne rendent pas un seul mot du titre original. Tom nous donne l'idée d'un domestique anglais, non celle du Thomas dont il s'agit ici. Oncle, père, sont impuissants à remplacer le familier *uncle*, qui fait naître l'idée de bonhomme, d'homme simple de cœur et d'esprit, quelque chose comme le vieux *Jacques* de la France, comme le *pitermann* des Allemands. Mais ce qui a plus perdu encore à la translation, c'est la poésie simple, sans apprêt; c'est le langage vrai, composé d'une première altération américaine et d'une seconde altération nègre. Les ficelles de l'art français, les artifices de notre langage ont remplacé l'humour grossier, la verve native. Les contre-sens abondent; et cependant, ce sera notre dernier éloge, tout cela n'a pu nuire au succès.

CAVAIGNAC (Louis-Eugène), né à Paris, le 15 octobre 1802, est le deuxième fils de Jean-Baptiste Cavaignac qui fut successivement conventionnel, membre du conseil des Cinq-Cents et préfet sous l'Empire. Jean-Baptiste Cavaignac se distingua pendant la première république par l'ardeur de ses convictions et de ses passions politiques. Royaliste avant 1789 et employé à la perception des gabelles, il s'associa avec enthousiasme au mouvement qui entraînait la France ; il promena la terreur dans les départements du Gers et des Landes et il alla si loin dans la pratique de ses idées, qu'il était, avec Tallien, sur la liste des dix-huit que Robespierre et Saint-Just allaient envoyer à l'échafaud le 10 thermidor, s'ils n'y fussent montés eux-mêmes. Jean-Baptiste Cavaignac, comme la plupart des terroristes, se rallia à l'Empire, accepta une préfecture et, plus tard, obtint un service civil à la cour du roi Joachim Murat. Lorsque le malheureux roi de Naples se laissa entraîner à la défection, un décret royal prescrivit à tous les Français au service napolitain de se faire naturaliser sous peine de perdre leur emploi. Jean-Baptiste se conforma au décret et fit naturaliser ses deux fils Godefroy et Eugène qui furent admis dans les rangs des pages de Murat. Revenu en France après la chute de l'Empire, Jean-Baptiste Cavaignac fut exilé en février 1815, comme conventionnel *votant*. Il mourut, le 21 mars 1829, dans sa retraite de Bruxelles.

L'aîné des deux frères, Godefroy fut, on le sait, l'un des plus dangereux conspirateurs qu'ait eus à combattre la monarchie de juillet. Président de la Société des droits de l'homme, il fut socialiste avant le socialisme et rattacha, autant qu'il le put, les efforts de la démocratie nouvelle à ceux de Babeuf et des autres communistes.

Telles furent les traditions de famille que le jeune Eugène Cavaignac reçut en héritage. Il les admit sans les discuter et les considéra toujours comme un patrimoine sacré d'honneur et de devoir. Il n'avait pas dix-huit ans quand il entra à l'École polytechnique comme sous-lieutenant du génie; il en sortit, en 1824, dans le 2e régiment de cette arme. Le 1er octobre 1826, il fut nommé lieutenant en second; le 12 janvier 1827, lieutenant en premier; le 1er octobre 1829, capitaine. On le voit, à l'honneur de la Restauration, son avancement fut rapide; les souvenirs de la terreur ne retombaient pas sur une tête innocente et le jeune officier recueillit le juste prix de sa conduite irréprochable, de son intelligence et de sa loyauté dans l'accomplissement des devoirs militaires. Le serment prêté au roi légitime semblait avoir effacé tout le passé républicain que réveillait son nom.

Le capitaine Cavaignac obtint bientôt une faveur véritable : il fut choisi, sur sa demande, pour faire partie de l'expédition de Grèce et il vit le feu pour la première fois à la prise du château de Morée. Revenu en France au commencement de 1830, il était en garnison à Arras lorsque parurent les ordonnances de juillet. Les nouvelles du combat de Paris arrivaient vagues et confuses. Une partie du régiment se souleva, méconnut l'ordre de ses chefs et s'apprêta à marcher sur Paris sous le commandement en chef du capitaine Cavaignac. Heureusement la victoire du peuple arrêta ce mouvement et épargna à l'officier les dernières conséquences de cette faute, si grave pour son honneur militaire.

La chute du trône légitime délia régulièrement le capitaine Cavaignac de son serment de fidélité, et, dès lors, il se rangea, de cœur, du côté de ceux qui eussent désiré une victoire plus complète. Il appartint au parti qui ne se nommait encore que l'opposition parlementaire. Lorsqu'en 1831 parut le projet d'association nationale, il y adhéra et s'attira par cette démarche une mise en non activité. Mais la disgrâce fut courte et l'indulgence du gouvernement de juillet lui fit oublier cette faute d'un officier loyal qui n'annonçait pas, au reste, un homme politique dangereux. Dès le commencement de 1832, M. Cavaignac reprit le service actif à Metz. Mais ses allures ayant paru suspectes et sa conduite en un moment de désordres civils pouvant être douteuse, on l'envoya en Afrique.

Là, du moins, le politique mécontent allait disparaître devant le soldat. Enfermé dès l'abord dans Oran, qu'assiégeaient des hordes d'Arabes, il se distingua bientôt par son courage intelligent et froid. Le 4 juin 1833, sous les ordres du général Desmichels, il dirigea la construction d'un blockhaus et resta, tout un jour, exposé aux balles des soldats d'Abd-el-Kader. Mis à l'ordre de l'armée il fut, un mois après, nommé chevalier de la Légion d'honneur. Il prit ensuite part à l'expédition de Mascara, sous les ordres du maréchal Clausel et assista à la prise de Tlemcen, le 13 janvier 1836.

Le capitaine Cavaignac fut choisi, à cette époque, pour une mission difficile. Il s'agissait de conserver, avec cinq cents hommes, ce poste de Tlemcen, situé sur la frontière occidentale et éloigné de tout secours. Le maréchal Clausel donna à ces sentinelles perdues dans le désert trois mois de vivres et le terrain que pouvait balayer le canon de la citadelle; puis il repartit pour Oran. Abandonné à lui-même, le capitaine Cavaignac organisa son poste pour une longue résistance; il savait que les ravitaillements seraient rares, les communications ne pouvant être établies avec Oran qu'au moyen d'une forte colonne. Aussi, après avoir fait le compte de ses ressources, il les ménagea avec une énergique prudence et réussit même à les augmenter par une série de petits coups de main heureux et habiles. Nous ne voulons pas dire, comme les enthousiastes biographes de 1848, que cette occupation de Tlemcen fût un beau fait d'armes : résister derrière un obstacle, est, on le sait, chose facile en Algérie; mais au moins est-il juste de reconnaître que le capitaine Cavaignac apporta dans ce long et ennuyeux exil une solidité patiente et une véritable intelligence administrative. Il fut récompensé dignement et par le grade de chef de bataillon au régiment des zouaves et par cette note du maréchal Bugeaud :

« Cavaignac est un officier instruit, ardent, zélé, susceptible d'un grand dévoûment, qui, joint à sa haute capacité, le rend propre aux grandes choses, et lui assure de l'avenir, si sa santé n'y met obstacle. »

En dehors du langage officiel, l'illustre capitaine reconnaissait en M. Cavaignac un des officiers les plus honorables de l'armée, excellent surtout pour la résistance, mais peu propre à l'initiative, peu fécond en inspirations brillantes.

La santé de M. Cavaignac s'était altérée, on vient de le voir, et il s'apprêtait à solliciter un congé de convalescence, lorsque Godefroy Cavaignac s'évada de la prison où il était détenu pour avoir conspiré contre le gouvernement de juillet. Par un honorable scrupule, le chef de bataillon Cavaignac porta sa démission à son colonel. Pourquoi, lui dit celui-ci, vouloir, à votre âge, briser une carrière si pleine d'avenir ? Le commandant répondit qu'il craignait de se voir, par suite de l'évasion de son frère, placé dans une fausse position ; son avancement pourrait être compromis, et on lui refuserait sans doute le congé de trois mois nécessaire pour rétablir sa santé et pour régler en France des intérêts sérieux. Le colonel, c'était celui qui fut plus tard le général Rulhières, le rassura avec une bonté toute paternelle, refusa d'envoyer la démission au ministre de la guerre, et obtint du maréchal Vallée, alors gouverneur général d'Algérie, le congé demandé. Cette conduite honorable du jeune officier trouvait, il faut l'avouer, de dignes appréciateurs et des cœurs pleins d'une impartiale bienveillance parmi les représentants de la monarchie. C'est pendant son court séjour en France que M. Cavaignac fit paraître un ouvrage peu connu, intitulé *de la Régence d'Alger*. La rupture du traité de la Tafna l'arracha bientôt à Paris et à sa mère : il retourna en Afrique en 1839. Nommé commandant du 2e bataillon d'infanterie légère d'Afrique, il concourut à la défense de Cherchell, et fut honorablement blessé dans une sortie. Le 21 juin 1840, il succéda à M. de Lamoricière dans le commandement du régiment des zouaves, avec le grade de lieutenant-colonel. Le ravitaillement de Médeah ; en mai 1841, par le général Changarnier, lui fournit l'occasion de se distinguer de nouveau ; il soutint la retraite à l'arrière-garde avec une bravoure calme, et il fut blessé au pied après avoir eu son cheval tué sous lui. Cette action lui valut le grade de colonel. Enfin, de 1844 à 1847, élevé au grade de maréchal de camp il exerça le commandement de la subdivision de Tlemcen. Entre 1845 et la fin de 1847, à côté d'un échec dans le pays montagneux des Traras et du déplorable épisode d'Aïn-Temouchen, où deux cents malades détachés par lui furent massacrés avec leur chef, M. de Montagnac, se placent des combats plus heureux et une utile expédition dans le Sahara, à 90 lieues au sud de Tlemcen.

Le 6 janvier 1848, M. Cavaignac avait été investi du commandement par intérim de la division d'Oran pendant l'absence du général de Lamoricière. Le 2 mars, un navire étranger apporta à Oran la nouvelle inattendue de la proclamation de la République. M. Cavaignac reçut, en même temps, sa nomination au grade de général de division et le titre de gouverneur général de l'Algérie.

Ici commence pour lui une carrière nouvelle. Jusque-là, il n'avait été qu'un officier estimé, honorablement placé au second ordre. Il se trouvait tout à coup chargé d'une responsabilité immense et comme le représentant d'un pouvoir inconnu. Il y eut dans la proclamation qu'il adressa aux habitants de la colonie quelque chose de terne, d'étonné, d'effacé tout ensemble et d'exclusif. Il sembla parler au nom d'un parti et de souvenirs personnels assez peu familiers à la nation.

« Le gouvernement de la République m'a désigné pour le représenter en Algérie ; vos intérêts sont devenus les miens, et je m'y dévoue, parce que l'honneur du pays s'y attache... Ce que je croirai utile, je le proposerai au gouvernement ; le gouvernement, au nom du peuple, réglera votre présent, préparera votre avenir.

« Habitants de l'Algérie, ma pensée est droite, mon intention est pure ; ce que je crois bon, je vous le dirai ; ce que je croirai mauvais n'aura pas mon appui. La nation seule est puissante ; c'est elle qui ordonne, c'est à elle qu'on obéit, c'est à elle qu'il est glorieux et doux d'obéir.....

« Habitants de l'Algérie, vous aurez compris, comme moi, que *la mémoire de mon noble frère* est vivante parmi les grands citoyens qui m'ont choisi pour présider à ses affaires. En me désignant, ils ont voulu faire comprendre que la nation entend que le gouvernement de cette colonie soit établi sur des bases dignes de la République. »

A l'armée, il avait dit : « En me désignant, le gouvernement provisoire a voulu honorer la *mémoire d'un citoyen vertueux, d'un martyr de la liberté.* »

Par ces paroles étranges, le général Cavaignac se faisait l'instrument d'une faction triomphante et s'inféodait à un parti. Il ne savait pas quelles répulsions exciteraient bientôt ces souvenirs dont il s'entourait comme d'une auréole. Quelques jours après, un commissaire du gouvernement arrivait à Alger et faisait arborer le bonnet rouge au haut d'un arbre de la liberté ; le gouverneur général ne fit enlever ce hideux emblème que lorsqu'il y fut forcé par l'indignation des habitants. Il eut même la pensée de faire descendre de son socle la statue du duc d'Orléans : il fallut que la population s'émût pour qu'il laissât à d'autres la triste responsabilité de cet acte. On se tromperait étrangement si, sur ces faits, on se hâtait de voir en M. Cavaignac un terroriste. Non : la République n'éveillait en lui que les idées dont sa jeunesse avait été nourrie. Les conspirations, les violences populaires, les attributs de la terreur, c'étaient pour lui, d'ailleurs bienveillant et doux par nature, comme les signes extérieurs d'une religion à laquelle il croyait la France entière convertie.

Cependant, le gouvernement républicain marchait à travers des difficultés sans cesse renaissantes. Les différents partis, qui s'étaient révélés dès le premier jour, se disputaient le pouvoir. Celui qui avait élevé M. Cavaignac au gouvernement de l'Algérie, voulut avoir à sa disposition l'instrument qu'il avait choisi. Une double élection dans les départements de la Seine et du Lot fut un prétexte pour faire revenir à Paris le général. Il arriva à temps pour assister à la première défaite des républicains extrêmes et ses amis du *National* le placèrent, le 17 mai, au ministère de la guerre. Le choix était bon. A une grande réputation d'énergie commune à tous les officiers d'Afrique, le général joignait des convictions sincères, même un peu naïves, une honnêteté qu'on ne pouvait soupçonner. Placé devant ceux qui conduiraient son bras, il les aiderait de ses qualités sérieuses sans les inquiéter par une ambition incompatible avec sa probité sévère. C'est ainsi que M. Cavaignac se trouva l'héritier apparent de la commission exécutive, le jour où, de faiblesses en faiblesses, elle trébucha sur les barricades des ateliers nationaux. Pendant un jour tout entier les intrigues qui se croisaient, les défiances mutuelles paralysèrent la résistance à l'émeute. On a fait au général un crime de ses temporisations pendant la journée du 23 juin. Ce crime fut celui de la situation elle-même. L'unité dans le pouvoir donne seule l'unité, la fermeté dans l'action.

Enfin, le 24 juin, à dix heures du matin, sur la proposition de M. Pascal Duprat, l'Assemblée vota la mise en état de siége de Paris et la concentration de tous les pouvoirs entre les mains du général Cavaignac. A partir de ce moment on sentit l'entière liberté d'action dans le commandement et l'unité de la volonté pour diriger contre la révolte un bras que rien ne paralysait. Le général se mit, par trois proclamations énergiques, en rapport avec l'armée, avec la garde nationale, avec les ouvriers. La répression, jusqu'alors abandonnée au hasard, devint systématique. Paris commença à espérer.

On sait le reste, et cette victoire néfaste et les mesures de répression qui la suivirent. Onze journaux suspendus ou supprimés, des milliers d'hommes arrêtés et transportés sans jugement, l'état de siége devenu la vie même de la capitale, telle fut la liberté qui sortit pour la France de quatre mois de république. Il est triste d'avoir à le dire, si la plupart de ces mesures furent impérieusement commandées par le salut de la société, il en est qui eurent un fâcheux caractère de rivalité triomphante, de rancune assouvie. Le 28 juin, le général monta à la tribune pour déposer le pouvoir dictatorial que la Chambre lui avait confié au fort du danger. Mais la Chambre lui déféra immédiatement le nouveau pouvoir exécutif avec le droit de composer un ministère. Il suffit bientôt de voir de quels hommes s'entoura le chef nouveau du pouvoir exécutif pour comprendre que sa politique sans issue était à jamais casernée dans une secte impuissante. La constitution nouvelle fut faite en vue d'interdire le pouvoir à tout autre qu'à l'instrument de la coterie régnante. Comme dernière ressource, il fut décidé que le candidat à la présidence devrait, pour être élu directement par le peuple, réunir plus de la moitié des suffrages exprimés. On pensait ainsi faire revenir à l'assemblée le choix du chef futur de la République. C'est par de semblables manœuvres que le gouvernement républicain s'aliénait insensiblement la nation mise en état de suspicion continuelle. Le général, de son côté, froissait sans le savoir, sans le vouloir, les traditions nationales en rejetant avec une abnégation un peu bruyante la dignité de maréchal derrière laquelle il se refusait à voir le grade. Il regardait le maréchalat comme une prérogative incompatible avec l'esprit des institutions républicaines. Ces théories de fausse égalité détournaient de lui beaucoup de ceux qu'avait attirés la haute loyauté de son caractère et la grandeur du service rendu. Ainsi le général manquait sa voie. Après la victoire, il pouvait fonder une république modérée qui eût été acceptée de tous. Il ne fut que le dictateur d'un parti. Celui là, à coup sûr, n'était pas un homme politique qui, républicain de cœur et de sang, se refusait à être l'élu direct du peuple et consentait à devenir la créature d'une faction.

Cependant il avait fallu rassurer le pays en fixant pour l'élection du Président un terme rapproché. Le général Cavaignac, sans annoncer officiellement sa candidature, la posa d'abord d'une façon détournée dans une circulaire adressée aux fonctionnaires civils à propos de la promulgation de la Constitution. La politique de l'honorable général était, dans cette pièce, étrangement tiraillée entre l'expérience, qui commençait à l'éclairer, et les illusions sympathiques qui le retenaient en arrière. Son langage, honnêtement terne, y restait empreint d'un respect un peu naïf pour le fait brutal de février. Au lieu d'adopter hautement la république de droit du 5 mai, il s'inclinait timidement devant cette république, « objet des espérances et du culte ancien d'un petit nombre de citoyens. »

La candidature du général fut combattue avec passion par tous ceux que la République avait froissés ou effrayés. Aux partisans tous les jours plus nombreux du grand nom de Napoléon, se joignirent pour écarter le candidat du *National* ceux que le parti du *National* avait renversés ou persécutés. D'odieuses calomnies furent propagées : on accusa le général d'avoir favorisé par ses temporisations calculées le développement d'une insurrection qui renfermait sa dictature. Le 25 novembre, M. Cavaignac monta à la tribune pour défendre son honneur attaqué. Ce jour-là, celui dont la parole avait été jusqu'alors terne, embarrassée, ou rude et cassante, trouva, pour discuter sa conduite, une habileté, une éloquence inconnues. Il puisa un talent tout nouveau dans sa conscience révoltée. Pendant huit heures, il repoussa une à une les accusations venimeuses qui partaient des bancs occupés par ses anciens amis. Puis, quand l'avocat eut justifié l'homme politique, le soldat se redressa et jeta à ses accusateurs ce défi magnifique : « Je voudrais savoir enfin quelle signification vous donnez à vos allégations! Dites-le. Alors ce ne sera plus l'avocat qui plaidera, ce sera le soldat qui vous répondra, et vous l'entendrez. »

Ce fut là en même temps un triomphe pour l'orateur et pour l'honnête homme. L'Assemblée électrisée renouvela son vote de reconnaissance du 28 juin et déclara, une fois de plus, que le général avait bien mérité de la patrie.

Mais si l'honnête homme était hors de cause, le candidat n'en voyait pas moins ses chances diminuer de jour en jour. En vain avait-il fait à l'opinion publique une concession tardive en appelant autour de lui des conseils pris dans le parti modéré; en vain M. Dufaure, ministre de l'intérieur, patrona-t-il hautement la candidature du Président du conseil. Ce certificat d'une forme insolite délivré au républicain de la veille par le républicain du lendemain ne fit que refroidir encore les sympathies. En vain des pamphlets nombreux exaltèrent le héros de juin et traînèrent dans la boue le nom du prince Louis-Napoléon Bonaparte; des fautes nouvelles, la triste affaire des récompenses nationales et le retard des malles-postes chargées de justifier le gouvernement diminuèrent encore les chances du général. Il n'y eut pas jusqu'à la mission de M. de Corcelles et la nouvelle, qui se trouva fausse, du débarquement du Saint-Père à Marseille qui ne fussent considérées comme des manœuvres électorales. Le choix de la nation était fait. Le républicain exclusif fut écarté par le scrutin populaire. M. Cavaignac obtint 1,448,302 suffrages. Et encore que représentaient la plupart de ces bulletins? Des hommes qui, sans enthousiasme pour la forme nouvelle du gouvernement, entouraient de leur reconnaissance le soldat loyal qui avait rassuré la France.

Le général quitta le pouvoir simplement et noblement. A partir de ce jour, qu'il le reconnût ou non, son rôle était fini. Élevé par les circonstances, il retombait avec elles. Mais il avait su être supérieur à sa fortune par le caractère. Depuis ce temps, M. Cavaignac a représenté dans l'Assemblée législative les espérances du parti républicain. Chaque jour, à mesure que des fautes nouvelles engageaient les diverses nuances du parti modéré dans une politique plus dangereuse, M. Cavaignac se trouvait porté, sans le vouloir, à la tête des républicains extrêmes. Assiégé par les prévenances inaccoutumées, par les caresses inattendues de la Montagne, il témoignait par la tristesse de son attitude, par les plis de son front soucieux, de ses anxiétés intérieures. L'honnête homme se révoltait en lui. Il sentait bien qu'on cherchait à exploiter son nom pour un but qui n'était pas le sien; son instinct de loyauté lui faisait comprendre que ne pas se séparer des démagogues, c'était se rendre complice de leurs excitations insensées. Et cependant il s'associait à leur marche par des théories monstrueuses : il plaçait hautement la république avant le suffrage universel lui-même; il reconnaissait, lui aussi, un droit divin.

Un instant vint où M. Cavaignac se trouva le chef naturel d'une coalition formidable contre le Président de la République. C'était en janvier 1851 : M. Thiers prononçait ces paroles célèbres *L'Empire est fait*. M. Cavaignac apporta au scrutin les voix de la Montagne, tout en traitant avec sévérité les espérances secrètes de ses alliés inattendus. Mais bientôt ces derniers efforts des partis vinrent se briser contre le coup d'État de décembre. M. Cavaignac fut arrêté préventivement dans la matinée du 2 décembre. Il sut accepter sa fortune nouvelle avec une calme résignation. Un seul mot lui échappa qui révélait une dernière et regrettable illusion : « Ah ! s'écria-t-il, quand j'étais au pouvoir, si j'avais usé de semblables moyens ! » Conduit d'abord à Mazas, puis dans cette vieille bastille féodale de Ham, dont les murs avaient si longtemps enfermé celui qui triomphait à son tour, le général fut mis en liberté au bout de quinze jours. Sa captivité n'avait duré qu'autant de temps qu'on pouvait craindre de voir les partis s'emparer de son nom comme d'un drapeau.

Au moment où avait éclaté le coup d'État, M. Cavaignac allait épouser mademoiselle James Odier. Une lettre respectueuse de M. de Morny, ministre de l'intérieur, annonça au général sa délivrance, hâtée par le gouvernement pour ne pas retarder ce mariage. La réponse de M. Cavaignac fut amère : on comprit et on excusa l'attitude d'un honnête homme qui ne pouvait se laisser croire pardonné. Le 23 décembre, M. Cavaignac épousa mademoiselle James Odier, protestante et fille du banquier de ce nom. Le mariage fut béni successivement par Monseigneur l'archevêque de Paris et par M. le pasteur Coquerel.

Les élections du 4 mars 1852 pour le Corps législatif donnèrent au général la majorité dans la troisième circonscription du département de la Seine. Il obtint 14,471 suffrages, sur 28,297 votants; c'était le testament de l'opposition parisienne. Le 29 mars, uni à MM. Carnot et Hénon dans une protestation commune, M. Cavaignac adressa au président du Corps législatif une lettre dans laquelle il remerciait les électeurs de votes qui « protestaient d'eux-mêmes contre la destruction des libertés politiques et les rigueurs de l'arbitraire. » Mais, n'admettant pas « la théorie immorale des réticences et des arrière-pensées » il refusait le serment. Il fut donc, ainsi que ses deux collègues, déclaré démissionnaire.

Ce fut là son dernier acte politique. Mis en non activité, sur sa demande expresse et par suite du refus de serment au chef acclamé par la France, le général Cavaignac est rentré dans la vie privée. Espérons que le loyal soldat ne refusera pas, au jour du danger pour la France, de mettre son épée au service du pays et de s'incliner devant la seule souveraineté qu'il reconnaisse, la souveraineté du peuple légalement déléguée.

Le général Cavaignac a aujourd'hui cinquante ans. Ses traits mâles et heurtés, les plans brusques de sa figure et je ne sais quoi d'indécis et de confus dans sa physionomie révèlent tout l'homme intérieur. On y lit la loyale brusquerie, l'austère probité, l'inflexibilité d'une intelligence un peu courte, l'absence d'initiative. Ses sauvages ennemis d'Afrique, avec leur finesse d'instinct, avaient admirablement deviné, sous la rudesse énergique des formes, cette nature au fond hésitante, ce « roseau peint en fer. » Modeste jusqu'à l'excès, M. Cavaignac a douté de lui-même dans ces occasions qui décident de la place d'un homme. Il a été, sans le savoir, l'instrument d'intelligences plus déliées et moins solides que la sienne. A défaut de supériorité politique, l'histoire lui reconnaîtra une qualité bien rare, l'entière dignité du caractère. Il aura été un Washington, moins le génie.

DOM PEDRO II DE ALCANTARA (Jean-Charles-Léopold-Salvador-Bibiano-Francisco-Xavièr da Paula-Leocadio-Michel-Gabriel-Raphael-Gonzaga), empereur du Brésil, est né le 2 décembre 1825. C'est à peine si notre Europe sait quelque chose de cet empire immense qui s'étend le long de l'Océan sur un développement de neuf cents lieues de côtes, qui renferme les fleuves les plus majestueux, la végétation la plus luxuriante : elle en sait moins encore sur le chef puissant et honoré de ce pays qu'on peut considérer, à bon droit, comme le point central de la civilisation dans l'Amérique du Sud.

Le Brésil est la seule des anciennes colonies espagnoles et portugaises qui, en déclarant son indépendance, se soit constituée en monarchie sous la forme représentative. Érigé en royaume le 16 décembre 1815 et en empire le 12 octobre 1822, il a reçu, en 1825, une constitution, la plus vieille du monde aujourd'hui, après la constitution aristocratique de l'Angleterre et la constitution fédérale des États-Unis d'Amérique. C'est cette charte qui, en posant un principe de stabilité, a sauvé le Brésil de l'anarchie qui dévore peu à peu les autres Etats de l'Amérique du Sud. Asile de la famille royale portugaise, fuyant devant l'invasion française, le Brésil a été le sol vierge sur lequel a poussé une tige nouvelle de la maison de Bragance.

L'empereur actuel du Brésil, Dom Pedro II, est fils de Dom Pedro Ier de Alcantara, auquel il a succédé sous tutelle en vertu de l'acte d'abdication publié par son père le 7 avril 1831. Déclaré majeur le 23 juillet 1840, et couronné le 18 juillet 1841, il a épousé, le 30 mai 1843, la princesse Thérèse-Christine-Marie, née le 14 mars 1822 et fille de feu François Ier, roi des Deux-Siciles. De ce mariage, l'empereur a eu deux filles, dont l'aînée, Isabelle-Christine-Léopoldine-Augusta-Michaële-Gabrielle-Raphaelle-Gonzaga, née le 29 juillet 1846, a le titre de princesse impériale comme héritière présomptive de la couronne.

Il est peu de nations dont le progrès ait été plus rapide et plus marqué que celui du Brésil; il en est peu aussi dont la marche progressive soit plus évidemment liée à la destinée même du souverain. Les commencements du règne de Dom Pedro II ont été difficiles; mais plus l'anarchie et la confusion se remarquent pendant ces premières années de l'histoire brésilienne, plus l'état florissant de l'empire actuel doit être considéré comme l'ouvrage de son monarque.

A la suite de la révolution d'avril 1831, le gouvernement constitutionnel fut organisé avec un empereur, des ministres d'Etat responsables, une chambre des députés, un sénat dont les membres, élus à vie, sont présentés au choix du souverain.

Le jeune monarque, à peine âgé de quinze ans, était d'une santé délicate et d'une apparence maladive. Une excessive timidité apportait dans son maintien une roideur et une gêne singulières. Le genre de vie dont on lui avait donné l'habitude expliquait ce défaut d'abandon. Il voyait peu de monde, devait s'interdire toute parole dans les présentations solennelles; il sortait peu et montait rarement à cheval. aussi était-il doué d'un précoce embonpoint. Ses traits, ainsi amollis par le repos, rappelaient ceux de son grand-père, l'indolent et faible Juan VI. Les rigoureuses prescriptions de l'ancienne étiquette portugaise le tenaient comme enchaîné dans son palais.

Les premières difficultés apparurent en 1840. C'est le 23 juillet que le conseil de régence dut abdiquer sa souveraineté. La majorité de Dom Pedro II ayant été proclamée avant l'époque légale, une certaine agitation s'en suivit dans l'empire, fomentée par des ambitieux de toute sorte. L'opposition avait triomphé dans les élections de 1840, et le ministère, se trouvant en face de chambres hostiles, se résolut à les dissoudre avant leur convocation. Alors l'opposition parlementaire fit appel aux passions les plus mauvaises : les chefs du parti prétendu libéral appelèrent à eux tous les intrigants, tous les Catilinas de Rio-Janeiro. On réussit à soulever deux provinces, celle de San-Paulo et celle de Minas-Geraës. Dans la première, les troubles furent de courte durée. L'empereur envoya le baron Caxias, général en chef de ses troupes, qui, après avoir rétabli l'ordre dans San-Paulo, marcha contre Minas-Geraës. Là, l'insurrection était plus grave. Un homme faible, mais ambitieux, le sénateur José Feliciano, y servait d'instrument aux rebelles. Au mois de juillet 1842, José Feliciano avait réuni environ six mille rebelles, mal armés, plus disposés à piller qu'à se battre. Malheureusement, l'armée impériale était si déplorablement organisée, que la lutte dura plus de trois mois. On s'évitait de part et d'autre, on se tirait des coups de fusil à distance, et, après les engagements les plus vifs, c'est à peine s'il y avait dix blessés de part et d'autre. La lâcheté seule des insurgés les empêcha de s'emparer d'Ouropreto, chef-lieu de la province, ville ouverte, qu'eussent livrée sans combat les défenseurs de l'empire. Si nous insistons sur ces affligeants détails, ce n'est pas pour en tirer une conclusion humiliante pour le Brésil; c'est, au contraire, pour montrer quels progrès immenses a fait ce pays en dix ans. Enfin, une bataille véritable dans laquelle le baron Caxias mit en déroute, à San-Lucia, le principal corps d'insurgés, mit fin à la révolte.

Le rêve d'une république fédérative avait mis les armes à la main de ceux qui n'étaient pas poussés à l'insurrection par des passions honteuses. Ce rêve, qui n'aboutirait qu'à une dissolution de l'empire, ne trouverait pas dans les provinces des éléments capables de constituer leur indépendance.

Tel fut le seul désordre grave qui menaça un moment la couronne brésilienne. Depuis cette époque, le progrès a été continu, la souveraineté du monarque a été incontestée. Quelques troubles dans les provinces n'ayant guère pour cause que des vanités particulières ou des préjugés nationaux, par exemple la haine des étrangers, quelques engagements sans importance avec les Indiens sauvages, premiers possesseurs du sol, tels ont été les seuls incidents remarquables du règne jusqu'au jour où le développement de la prospérité commerciale du Brésil a inquiété l'Angleterre. La digne et ferme attitude de la politique brésilienne, en présence des prétentions excessives de la Grande-Bretagne, n'a pas peu contribué à assurer définitivement la prépondérance du Brésil dans l'Amérique du Sud.

C'est la traite des noirs qui a servi de prétexte aux menaces intéressées du ministère britannique. En vain le cabinet impérial avait-il, par une loi du 4 septembre 1850, supprimé définitivement le commerce des noirs au Brésil. Cette loyale et honorable mesure, qui enlevait au pays un moyen puissant de travail agricole, dérangeait les plans de lord Palmerston en lui enlevant un prétexte de vexations. Le brouillon diplomate n'en tint compte, et le malencontreux vicomte ordonna à l'escadre anglaise, stationnant dans ces parages, de saisir tous les bâtiments soupçonnés de traite jusque dans les ports du Brésil. Il fallut faire feu sur des vaisseaux anglais qui s'établissaient en maîtres devant la forteresse de Paranagua. Enfin, comme il était devenu évident que les persécutions britanniques s'adressaient au commerce brésilien, le cabinet impérial prit une mesure vigoureuse. Il obtint des chambres l'autorisation de placer ce commerce, menacé par un agresseur trop fort, sous le drapeau d'une autre nation, capable de le défendre contre l'Angleterre. Cette nation, dont on taisait le nom, c'était l'Union américaine.

C'est là qu'en était la querelle lorsque lord Palmerston tomba du ministère. Avec lui disparaissait, entre autres difficultés, cette difficulté brésilienne créée par le chef tracassier du foreign-office.

Le Brésil vient d'entrer hautement dans la politique extérieure par son intervention armée dans la Plata. C'est aux ressources matérielles et à l'aide puissante de l'empire qu'Urquiza a dû cette victoire de Monte-Caseros, qui a chassé du sol argentin ce dictateur qui, depuis vingt ans, personnifiait la Confédération, ce Rosas qui semblait se jouer de tous les efforts de la politique européenne. Le Brésil a gagné à cette chute, outre une influence durable, un traité de délimitation avec le gouvernement montévidéen et les avantages, communs aux autres peuples, de l'ouverture d'une des plus grandes artères commerciales du monde.

La famille impériale est alliée aux deux familles qui ont gouverné récemment ou gouvernent encore la France. Des trois sœurs de Dom Pedro II, filles du premier lit de Dom Pedro Ier, l'une, dona Françoise, née le 2 août 1824, a épousé, le 1er mai 1843, le prince François d'Orléans, prince de Joinville. La seconde femme de Dom Pedro Ier, belle-mère de l'empereur régnant, l'impératrice Amélie-Auguste-Eugénie-Napoléone, duchesse de Bragance, née le 31 juillet 1812, est fille de feu le prince Eugène, duc de Leuchtenberg, fils adoptif de l'empereur Napoléon Ier.

Poissy. — Typographie Arbieu.

FÉLIX (ELIZA-RACHEL), née en 1820. La grande tragédienne qui devait illustrer ce prénom biblique de Rachel, dut le jour à une pauvre famille israélite de Lyon. Le père était colporteur, la mère était revendeuse à la toilette. Un jour arriva où la vie devint si difficile, qu'il fallut partir pour Paris : là, du moins, il y a tant de métiers possibles, qu'on y pourrait subsister. La famille Félix était nombreuse : tous, jusqu'aux plus jeunes, durent travailler pour le pain de la journée. C'était quelques mois après la révolution de 1830. Pendant que le père courait de boutique en boutique, de maison en maison, achetant et revendant, la mère parcourait les rues avec ses enfants, chantant des chansons et sollicitant la pitié publique. L'aîné des frères ou la plus forte des sœurs traînait une petite voiture dans laquelle était placé le dernier né. C'est au milieu de cette misère aventureuse que grandit la jeune Rachel. Déjà, à cette époque, une dignité naturelle, une supériorité native la distinguaient de ses compagnes. Déjà se révélait chez elle cet instinct du beau et du simple qui dénonce l'artiste. Un jour, elle chantait la fameuse complainte du Juif errant : de ce récit naïf, elle composa un petit drame dans lequel se détachaient la narration et les rôles divers, distingués par des inflexions différentes. La complainte fit fortune dans les cafés et sur les carrefours et bientôt la jeune artiste fut connue des désœuvrés du boulevard Saint-

Martin sous le nom de la *Petite Georges*. L'instinct populaire avait rapproché dans ce sobriquet la tragédienne célèbre et la chanteuse nomade. Un jour d'hiver, la pauvre enfant grelottait en chantant quand vint à passer un artiste plein de cœur, Choron, l'illustre musicien. Il emmena l'enfant, dont il avait deviné l'avenir, et lui donna place dans cette école de chant de la rue de Monsigny d'où sont sortis Duprez et tant d'autres chanteurs distingués. La petite Félix y fit des progrès marqués et Choron lui prédisait un bel avenir musical, quand la mort emporta le maître et fit fermer l'école.

Rendue à sa famille, à la pauvreté, Rachel n'avait même plus la ressource des premières années. Sa taille, ses traits s'étaient développés ; ce n'était déjà plus une enfant. Elle avait acquis quelque instruction : elle se sentait supérieure à la triste situation de ses parents. Un hasard heureux lui montra sa route. Un jour de mauvais temps, elle emprunta à un voisin, marchand de vieux habits, un livre pour passer la journée : ce livre était un premier volume de Racine, de l'édition in-8° de Proult (1760). Rachel l'ouvre et lit Andromaque. Sa vocation éclate à cette lecture. Un acteur retraité de la comédie française lui donna la première leçon, puis elle s'adressa à Sainte Aulaire qui fut pour elle un père en même temps qu'un maître. Il la fit débuter à la salle Molière et paraître bientôt sur la scène aristocratique de l'hôtel Castellane. Ce jour-là, une femme célèbre s'approcha de la jeune artiste et lui dit : « Quand on joue comme vous, mon enfant, on est appelée à régénérer la scène française. » Cette femme était la duchesse d'Abrantès.

Mais il fallait passer par la redoutable épreuve du Conservatoire. Le classique jury écouta cette petite fille, trouva qu'elle ne scandait pas mal les vers, qu'elle pourrait un jour jouer les confidentes : « si le goût lui venait et surtout le soupçon des convenances dramatiques. » On lui fit entrevoir l'espérance de jouer *Flipotte*, dans Tartuffe. *Flipotte*, quand on aspirait à représenter Hermione ! La pauvre Rachel avait le cœur brisé quand un spectateur s'approche d'elle. C'était Monval, régisseur du théâtre du Gymnase, chargé par M. Poirson de recruter des sujets à bon marché. Monval offrit un engagement : Rachel, désespérant d'arriver rue Richelieu, prit le chemin du boulevard Bonne-Nouvelle.

Le 24 avril 1837, Rachel Félix débuta dans la *Vendéenne* de Paul Duport. C'était un rôle à sa taille, celui d'une jeune fille presque enfant. Elle y apporta des qualités singulières, quelque chose de brusque, de hardi, de sauvage. Rien qui ressemblât à de la coquetterie dans la passion de la jeune fille pour celui qu'elle vient sauver. Une grande conscience, une grande exactitude; une recherche toute nouvelle de la vérité, de la simplicité dans le costume. Tout cela ne passa pas inaperçu. M. Jules Janin signala ce talent jeune et sincère. Quelques habitués comparèrent, *proh pudor!* ce début à celui de Léontine Fay. La Vendéenne tint plus de trois mois l'affiche : puis la jeune artiste joua dans le *Mariage de raison* et son nom disparut. Voici ce qui s'était passé. M. Poirson avait compris la valeur de ce vigoureux talent ; il rompit l'engagement de l'actrice, lui continua ses appointements et la recommanda aux soins de Samson, l'éminent acteur.

Enfin, le 12 juin 1838 (et non le 7 avril, comme le disent plusieurs biographies), l'affiche de la comédie française annonça *les Horaces*, pour les débuts de mademoiselle Rachel. Pendant les premières semaines, ces débuts furent peu remarqués; la salle était presque déserte, les applaudissements, rares et timides, étaient dûs surtout aux parents, aux amis, aux coreligionnaires de la débutante. Mais bientôt on vint voir, on vint entendre ; beaucoup passèrent par-dessus l'horreur de bon ton que tout homme intelligent professait encore, à cette époque, pour Corneille, Racine et Voltaire.

Petite, maigre, faible, plus jeune que son âge et elle n'avait pas dix-sept ans, il semblait qu'elle dût difficilement s'imposer à un public méfiant, à une action tragique. Ses premiers sons, rauques et voilés, entretenaient le doute : mais, tout à coup, ses yeux brillaient d'un feu singulier, la justesse de ses intonations, la mesure de ses gestes, l'élégance native de ses poses saisissaient l'admiration. Elle ajoutait à la pensée des vers, ou plutôt elle dépouillait cette pensée de ses voiles. Elle vivait dans son rôle sur cette scène qu'elle remplissait, elle chétive ; sa taille grandissait aux yeux, on ne voyait plus l'enfant, on oubliait même la tragédienne : il n'y avait plus là que Camille ou Émilie, Ériphile, Aménaïde ou Hermione.

Ses premiers essais furent, en effet, *les Horaces*,

Cinna, *Iphigénie*, *Andromaque* et *Tancrède*. C'est en interprétant ces chefs-d'œuvre qu'elle conquit sa renommée, qu'elle restaura la tragédie française. Avec elle disparut la monotone routine de l'acteur tragique, cette science notée, aux effets connus, cette voix d'emprunt prise sur les planches et qu'on quittait avec la toge. Mademoiselle Rachel rappela le public et l'art même à la nature. Un jugement plus sûr, plus fin, plus exigeant, naquit de ces leçons inattendues, et il fut bientôt impossible de laisser, à côté de la jeune artiste, les David ou les autres héritiers des défauts de Lafont. Beauvallet, Joanny, purent seuls occuper dignement la scène avec elle et profitèrent de son exemple.

Le maître de mademoiselle Rachel, nous l'avons dit, ne fut pas un tragédien émérite : ce fut Samson, le Boileau du débit et du geste, l'Horace de la mesure et de la sobriété théâtrale; Samson, ce savant analyste, dont la vieille expérience fait si bien saisir à l'élève les rapports de la scène à la salle, les nuances d'un rôle, son importance dans la composition générale. Le premier qui constata le succès de la tragédienne fut encore M. Jules Janin. Il est curieux, aujourd'hui, de relire ce que disait le célèbre critique de cette enfant précoce qu'il patronnait assez dédaigneusement, malgré une admiration sincère : « Quelle chose étrange! une petite fille ignorante, sans art, sans apprêt, qui tombe tout d'un coup au milieu de la vieille tragédie, qui souffle vigoureusement sur ces augustes cendres et qui en fait jaillir la flamme. Et notez que cette enfant est petite, *assez laide, point de poitrine, l'air vulgaire. la parole triviale*. Je la rencontre l'autre jour, et elle me dit : « *C'est moi que j'étai t'au Gymnase.* » A quoi j'ai dû répondre : « Je le savions. » Il est inutile de dire que cette petite histoire reste toute entière au compte de l'écrivain qui aura trouvé piquant de faire patoiser le petit génie sauvage déterré par lui sur les planches. Il ajoutait : « C'est bien la plus étonnante petite fille que la génération présente ait vue monter sur un théâtre. » Outre ses éminentes qualités, mademoiselle Rachel eut ce rare avantage d'ignorer les sentiers frayés, la tradition tragique. Les erreurs étaient bien à elle, mais aussi ses inspirations vraies atteignaient aisément le sublime. Mais qu'on ne croie pas que cette conquête du public se fit sans luttes et sans dangers. Un jour, mademoiselle Rachel fut sifflée dans Mithridate. On sifflait alors au Théâtre-Français. Le surlendemain, la rage au cœur, la bouche fière et dédaigneuse, elle triomphait des transports du parterre. Elle eut aussi à lutter contre ses camarades. « Il ne faudra, disaient ses rivales, que quelques soirées pour nous *désencombrer de Flipotte.* » Joanny, le vieux et bon comédien, l'honnête homme, protégea l'enfant contre ces haines naissantes, contre ces médiocrités jeunes ou décrépites.

C'est ainsi que la grande tragédienne a pu s'emparer définitivement de sa place. Nous avons insisté sur ces commencements pénibles : c'est la partie la plus curieuse de la vie de notre Siddons. Nous n'avons plus qu'à rappeler en peu de mots ce que l'Europe entière sait comme nous; il nous reste à montrer les côtés divers de ce talent si rare.

C'est surtout dans le personnage de *Phèdre*, si rempli du souffle puissant de la poésie païenne, que mademoiselle Rachel a résumé son admirable instinct de l'art antique. S'élevant au-dessus des formes périssables de la poésie du XVIIe siècle, elle a deviné tout ce que Racine avait senti, tout ce qu'il n'a pu dire. Elle est allée par l'intuition du génie dramatique jusqu'à l'*Hippolyte* d'Euripide. L'interprétation, à ce degré, se rapproche de la création elle-même. C'est la poésie grecque de Chénier rajeunie par sa séve originale, prise au tronc même de l'antiquité. Pâle, enveloppée de ce long manteau de pourpre, de ces voiles flottants qui pèsent à son corps brûlé des feux de la Vénus impudique, elle rappelle, par la pureté de ses attitudes, par la sobriété de ses gestes et de sa démarche les fresques florentines ou les métopes du Parthénon. Qui ne se rappelle le frisson d'admiration qui parcourut les veines du public, quand, pour la première fois, parut sur la scène française ce fantôme évoqué du Ténare païen. Dignité perdue, jalousie, fureur d'un amour incestueux qui se maudit lui-même, jusqu'aux élans de la tendresse maternelle, tous les sentiments de ce cœur déchiré par la fatalité semblaient, pour la première fois, compris, exprimés. Ce fut une révélation. Et, ce qui prouvait l'étendue véritable, la profondeur de son inspiration, c'est que la jeune artiste avait su déjà peindre avec la même puissance le sentiment chrétien dans *Polyeucte*. Le « je crois » de Corneille; le « j'aime » de Racine, ces deux cris de l'âme, éternellement sublimes, différaient dans sa bouche de toute la différence des deux religions.

Nous voulons dire cependant, ce qu'on a trop méconnu, que mademoiselle Rachel ne trouve pas seulement la vérité dans les sentiments farouches, dans l'amour funeste, dans la vengeance, dans l'implacable jalousie. La grâce un peu savante de Racine prend dans sa voix, tout à l'heure vibrante et métallique, ou sourde et puissante, des modulations pleines de charme. La tendre *Ariane*, avec sa démarche légère, sa douce et plaintive mélancolie, est, sous ses traits, une figure toute nouvelle, aussi charmante que Phèdre était terrible.

On peut dire que mademoiselle Rachel a rendu à l'ancien répertoire plus qu'elle n'en avait reçu elle-même. Ainsi des chefs-d'œuvre oubliés lui ont dû une restitution éclatante. En 1844, elle nous a fait voir une sœur inconnue de Pauline et de Chimène, l'Isabelle de *Don Sanche d'Aragon*, arrangé par M. Mégalbe. Ce rôle, tout empreint de délicatesse et de grâce, a été rendu par elle avec une justesse et une perfection de nuances, avec une gradation harmonieuse de sentiments qui n'ont rien laissé à désirer, si ce n'est peut-être dans l'expression de la passion qui se trahit et s'échappe. Le dessin de cette figure demandait une pointe d'ironie enjouée, de raillerie innocente que l'artiste a fait sentir avec une finesse charmante. Enfin, mademoiselle Rachel a voulu donner au drame moderne un peu de cette grandeur et de cette simplicité qu'elle prodiguait à nos chefs-d'œuvre classiques. Nous l'avons vue tour à tour prêter aux figures un peu effacées d'*Adrienne Lecouvreur* ou de *Diane* sa fierté habituelle, et aussi peut-être une sensibilité noble et douce qu'on lui connaissait moins. Nous l'avons vue, dans le drame de MM. Jules Lacroix et Maquet, tantôt imposante et triste *Valeria*, tantôt enjouée et provoquante *Lycisca* essayer de plier successivement ses traits aux émotions instinctives de son âme ou aux sentiments moins naïfs que lui imposait ce double rôle. Nous l'avons même entendue, malheureux essai, qui nous fit sourire en nous rappelant les leçons de Choron, chanter d'une voix rauque et voilée, sur un air passablement lugubre, la chanson de la courtisane. Enfin, pour que rien ne manquât à ses ardentes recherches, mademoiselle Rachel a revêtu la coiffe et le tablier de Marton. Mais, partout et toujours elle est restée la grande tragédienne. C'est là sa gloire, gloire européenne, mais surtout française. Mademoiselle Rachel a fait applaudir nos grands poëtes sur les théâtres de Londres, de Vienne, de Berlin : mais nulle part, mieux qu'à Paris, elle n'est vraiment comprise; nulle part plus qu'à Paris il ne lui est permis d'apporter dans sa diction, dans son geste, cette sobriété majestueuse, ces finesses d'intention, ces délicatesses d'analyse que peut seul goûter un public d'élite.

Trop souvent, il faut bien le dire, les plaisirs du parterre et la fortune du théâtre reposent sur ces deux bases chancelantes, la santé et l'humeur de mademoiselle Rachel. L'une est malheureusement faible et, il faut le déplorer, l'autre est un peu variable; et pourquoi craindrait-on de s'en plaindre?

Les caprices de l'illustre artiste sont d'autant plus à déplorer qu'elle finit toujours par avoir raison malgré ses torts. Elle est, elle le sait, nécessaire. La tragédie, sans elle, n'a plus de raison d'être. Phénomène isolé, étoile brillante et solitaire, elle peut soutenir de sa présence et vivifier par sa personnalité éclatante un ensemble tragique. Mais qu'elle se retire et les satellites de la planète disparaissent dans le néant.

DUMAS (ALEXANDRE DAVY de la PAILETERIE). Cet écrivain, l'un des plus populaires de la France, auteur dramatique et romancier célèbre à des titres assez divers, est né à Villers-Cotterets (Aisne), le 5 thermidor an x (24 juillet 1802), à deux lieues de la Ferté-Milon où naquit Racine, à sept lieues de Château-Thierry, patrie de Lafontaine, et dans la chambre même où était mort, deux ans auparavant, l'auteur dameret des *Lettres à Émilie*, Desmoustiers, le Watteau de la littérature en vertugadin. Dumas, petit-fils d'un colon de Saint-Domingue dont la terre fut érigée en marquisat, en 1707, était fils de ce géant mulâtre, le général Thomas Davy de la Pailleterie, connu sous le nom de sa mère, Dumas, et qui, en 1793, commanda en chef l'armée des Pyrénées occidentales. Après un commandement sans importance à l'armée des Alpes et quelques mois de prison à Naples, le général Thomas Dumas donna sa démission en 1795, et se retira à Villers-Cotterets, où il épousa Marie-Louise-Élisabeth Labouret, fille d'un aubergiste, ancien maître d'hôtel de Louis-Philippe d'Orléans, le père de Philippe-Égalité.

Le père de M. Alexandre Dumas mourut en 1806, laissant à sa femme et à son jeune fils quelques arpents de terre pour tout bien; car il n'avait pas atteint l'âge nécessaire pour la retraite. La sœur du jeune Dumas fut mise en pension à Paris : c'était tout ce que pouvait faire la pauvre veuve, et le fils dut se contenter de l'école de Villers-Cotterets. Un bureau de tabac, obtenu par la protection de M. Violaine, parent de la famille et conservateur des forêts du duc d'Orléans, augmenta un peu le bien-être de la veuve. L'enfant grandissait cependant, plutôt en taille qu'en science : le latin avait pour lui peu de charmes, et le braconnage était assez souvent son école buissonnière. Un jour, sa mère, après avoir payé quelques dettes, se trouva posséder douze couverts d'argent et 253 francs. M. Dumas avait vingt ans, une santé de fer, il rêvait Paris, ses plaisirs, le succès; il prit les 53 francs, embrassa sa mère et partit, emportant, comme espérance, une recommandation pour le général Foy. « Que savez-vous, lui dit l'illustre patriote? un peu de mathématiques? — Non, général. — Du latin, du grec, alors? — Un peu, mais bien peu. — Avez-vous de quoi vivre? — Rien. » Le général pensa à placer le jeune homme comme commis chez Laffitte. Mais tout à coup, comme M. Alexandre Dumas écrivait son adresse : — Nous sommes sauvés, s'écria le général ; vous avez une belle écriture. Le jeune chercheur de succès qui, avec Adolphe de Leuven, avait déjà construit son château en Espagne de gloire dramatique, retombait de ses rêves dans un fauteuil d'expéditionnaire. Le jour même, il présentait au duc d'Orléans une magnifique pétition en cursive moulée qu'apostillait une phrase du général Foy. Le lendemain, il commençait son surnumérariat au Palais-Royal : trois mois après, il était secrétaire aux appointements de 1,200 francs.

1,200 francs! une fortune. Tout fier de tant gagner, M. Alexandre Dumas écrivit à sa mère de vendre ses meubles et de partir; et tous deux s'établirent dans un modeste logement du faubourg Saint-Denis.

« Alors, dit-il lui-même, commença cette lutte obstinée de ma volonté, lutte d'autant plus bizarre qu'elle n'avait aucun but fixe, d'autant plus persévérante que j'avais tout à apprendre. Occupé huit heures par jour à mon bureau, forcé d'y revenir chaque soir de sept à dix heures, mes nuits seules étaient à moi. Ce fut pendant ces veilles fiévreuses que je pris l'habitude, conservée toujours, de ce travail nocturne qui rend la confection de mon œuvre incompréhensible à mes amis mêmes, car ils ne peuvent deviner ni à quelle heure, ni dans quel temps je l'accomplis. »

C'était une rude vie que la sienne. Il embrassait tout avec une ardeur mal réglée : cours de physiologie, d'anatomie comparée, livres d'histoire, romans bien ou mal choisis, il suivait tout, il dévorait tout pendant les heures dérobées au travail du secrétariat. Pendant trois ans, il vécut ainsi, sans rien écrire, sinon les lettres officielles qui réclamaient chez le prince son admirable écriture. « Il possède une fort belle main et ne manque pas d'intelligence, » disait de lui le directeur général en le recommandant au prince qui porta ses appointements à 1,500 francs.

Il ne lui était pas venu à l'idée une seule fois de produire quoi que ce fût, depuis le jour où il s'était mis à entasser pêle-mêle, dans sa robuste mémoire, tous les livres d'un cabinet de lecture. Mais un jour, c'était en 1820, des acteurs anglais arrivèrent à Paris. Macready annonça qu'il jouerait l'*Hamlet* de Shakespeare. M. Dumas, qui ne connaissait encore que la traduction de Ducis, eut la curiosité d'entendre ou plutôt de voir l'original. Ce fut pour lui une révélation. Il avait trouvé sa voie. C'était bien là ce qu'il cherchait, cette réalité brutale et vigoureuse qui lui semblait manquer au théâtre de Corneille et de Racine. Dès lors, il dévora *Othello*, *Machbeth*, *Roméo et Juliette*. De là, il passa au théâtre espagnol : un pas de plus, il était en Allemagne et s'imprégnait de Goëthe, de Schiller! Il avait tout à apprendre : c'était là la situation d'esprit la plus désirable au commencement d'une révolution littéraire. Il se mit à l'œuvre, charpentant des pièces, échafaudant des scènes, polissant des alexandrins.

La première œuvre produite fut, non pas, comme on pourrait le penser, un drame shakespearien, mais un vaudeville fait en collaboration avec MM. de Leuven et Rousseau. La chose avait pour titre *La Chasse et l'Amour*. M. Dumas vit jouer ce chef-d'œuvre à l'Ambigu-Comique, avec ces palpitations de cœur de l'auteur représenté pour la première fois. Il toucha, pour sa part, 4 francs de droit par soirée.

Puis on aborda le théâtre de la Porte-Saint-Martin, scène plus littéraire. *La Noce et l'Enterrement*, en collaboration avec MM. Lassagne et Vulpian, eut un véritable succès, un peu oublié aujourd'hui. Et combien d'essais mort-nés, de tragédies informes, des *Gracques*, un *Fiesque* dont le feu ne tarda pas à faire justice !

Tout à coup éclate un coup de foudre : la préface de *Cromwell*. C'est le manifeste orgueilleux, insultant d'une littérature nouvelle ; c'est une révolution qui commence. M. Dumas reconnut là son drapeau d'instinct et s'apprêta à combattre pour sa propre main. Il écrivit *Christine* qui fut reçue par acclamations au Théâtre-Français, mais dont la représentation fut indéfiniment ajournée. M. le baron Taylor protégeait le jeune oseur ; mais Picard lui disait : Croyez-moi, jeune homme, faites des expéditions. Ses chefs de bureau lui donnaient le conseil, puisqu'il avait la rage de faire du théâtre, de faire du moins du Casimir Delavigne.

Le cœur gros de ces retards, de ces malveillances, M. Alexandre Dumas ne se décourageait cependant pas. Un jour, il tomba sur les *Mémoires du sieur de l'Estoile*, et vit, dans une phrase, le canevas d'un drame. Il écrivit *Henri III*. La pièce fut reçue et enfin jouée le 11 février 1829. Ce fut un succès inouï. Le duc d'Orléans avait voulu assister au triomphe de son commis ; Malibran pleurait et applaudissait dans une loge. La salle vibrait sous les bravos. C'était la consécration de la révolution littéraire et du drame historique. *Henri III* fut un événement, plus encore qu'*Hernani*. Tout le vieux bagage de la tragédie, tous les oripeaux de la scène fossile avaient disparu : costume, dialogue, tout était changé, tout était pimpant, jeune, audacieux.

C'était un succès décisif : 6,000 francs pour le manuscrit, la place d'employé convertie en sinécure, une entrée dans le monde, tels furent les résultats de *Henri III*. L'habile et spirituel Harel, alors directeur de l'Odéon, s'empressa de monter cette *Christine* que le Théâtre-Français avait reçue pour ne la pas jouer. *Christine* fut représentée le 30 mars 1830. C'était, relativement, une œuvre de jeunesse, une tragédie régulière, mais où déjà étincelaient quelques beautés de cœur et de passion, quelques essais d'audace et de caprice.

Quelques jours après, la révolution de juillet éclatait : M. Alexandre Dumas y prit part et obtint la croix de juillet à défaut de la croix d'honneur, en vain sollicitée auprès de la monarchie tombée. Il serait injuste de blâmer l'écrivain pour son dévouement d'alors aux intérêts d'un roi nouveau auquel il devait tant. M. Alexandre Dumas fut, à cette époque, chargé par Lafayette d'une mission sans importance dans la Vendée. Il en rapporta au moins des impressions locales utilisées depuis dans ses *Lettres sur la Vendée*. Le vent était alors aux drames militaires et patriotiques. Harel obtint de M. Dumas un drame gigantesque de circonstance, *Napoléon*. Puis vint *Charles VII*, œuvre à peu près classique, dont le style fait à peu près tout le mérite. *Charles VII* tombé, le dramaturge se releva par un succès célèbre, *Antony*. C'était l'apothéose de l'adultère, l'emphatique glorification de la révolte contre la société, avec un bâtard pour héros et des déclamations vivement applaudies contre l'esprit de famille. Plus de situations dans cette pièce qui n'est qu'une thèse violente et puérile. Le nœud de l'action, c'est un viol, et un viol inutile. Et cependant il y a là un grand souffle dramatique, une incontestable verve. Une actrice inimitable, madame Dorval, fit en grande partie le succès de l'œuvre. *Theresa* vint ensuite : c'était toujours la même thèse, avec la poésie de moins. La collaboration de M. Anicet Bourgeois avait laissé dans le drame nouveau des traces évidentes d'un talent moins vigoureux, plus bourgeois. Un peu auparavant avait paru *Richard d'Arlington*, avec M. Dinaux, drame robuste et bien charpenté, mais déjà empreint du caractère superficiel des pièces de métier. A cette série se rapporte *Angèle*, l'ambition moderne. L'immoralité du théâtre nouveau s'y établit tout à l'aise. A qui s'en prendre? A l'auteur sans doute, mais aussi peut-être aux tendances de son siècle. Puis, *La Tour de Nesle*, grand succès, mais aussi grand scandale littéraire, enfant contesté par-devant le tribunal de commerce entre MM. Dumas et Gaillardet. Le procès est jugé, sans doute, et la touche de l'auteur d'*Henri III* est partout évidente dans cette pièce. Il est reconnu aujourd'hui que M. Dumas n'avait emprunté à l'ébauche indigeste de M. Gaillardet, que l'orgie à la Tour et la scène du bohémien à la cour de Marguerite. Mais enfin il y avait eu dans cet emprunt une légèreté réelle, et on pouvait déjà regretter dans l'écrivain l'une des deux qualités réclamées par le poëte :

L'accord d'un beau talent et d'un grand caractère.

Après *la Tour de Nesle*, représentée le 29 mai 1832, à la Porte-Saint-Martin, M. Alexandre Dumas garda un silence de vingt mois ; il voyageait en Suisse et en Italie. A son retour, il donna successivement *Mademoiselle de Belle-Isle*, comédie pleine d'entrain, de verve facile et légère. C'était une autre veine. Après les sombres déclamations, les grands coups d'épée, les théories hasardées, les situations violentes, une poésie mondaine, un peu graveleuse, un certain jargon de la régence, spirituellement inventé ou restauré, le scabreux élégant, et un grain de mélodrame pour assaisonner le tout. La représentation de *Mademoiselle de Belle-Isle* est une date : c'est l'invasion de la nouvelle école dans la comédie française.

Finissons-en avec le théâtre. *Don Juan de Marana, Caligula, Catherine Howard, Le Mari de la veuve, Kean, Le Laird de Dumbicky, Halifax*, continuent, en l'amoindrissant, la veine mélodramatique : *Louise Bernard, Piquillo, Les Demoiselles de Saint-Cyr, Un Mariage sous Louis XV, Une Fille du Régent*, sont la suite de l'essai de comédies pimpantes et spirituellement licencieuses. On n'attend pas de nous, sans doute, un catalogue qui rappelle et commente ces œuvres multiples, œuvres d'un jour, brillants éphémères qui voltigent au soleil du matin et qui tombent avec la rosée du soir. Le succès, ou, pour nous servir d'un mot plus juste, la vogue avait accueilli ces faciles productions d'une source intarissable. Désormais, le nom de M. Alexandre Dumas était une bannière, un mot d'ordre ; il soulevait les passions les plus violentes de la haine et de l'amour littéraires : il représentait un genre, une école.

On reconnaissait bien, il est vrai, que le novateur, roi désormais parmi les rois, abusait un peu de son droit de battre monnaie : on eût désiré qu'il fût plus avare de son empreinte. Cette empreinte même, on l'eût voulu plus variée. Le héros était toujours un peu cet être fatal, doué d'une sorte de fascination amoureuse, irrésistible. Et puis ce monde dramatique n'avait guère de rapports avec la société prosaïque et régulière. La plupart des personnages étaient toujours renfermés dans une situation équivoque et paradoxale. La déclamation y était patente, seulement elle avait changé de nom ; ce n'était plus la *tirade* classique, c'était la *description* romantique. Enfin la moralité des héroïnes devenait par trop légère et on eût peuplé un hospice avec les enfants trouvés du théâtre de M. Dumas.

Pendant sa promenade en Suisse et en Italie, l'écrivain déjà célèbre avait, au courant de la plume, improvisé des *Impressions de voyage*. Ce fut un nouveau genre, un nouveau succès. M. Alexandre Dumas s'y moquait spirituellement un peu de lui-même, beaucoup de ses lecteurs. Des traits d'une vanité amusante, une observation superficielle et sceptique, une science contestable, empruntée sans trop de patience à des livres mal digérés, des causeries charmantes, des énormités bouffonnes, tel fut ce livre qui rapporta 80,000 francs à l'heureux éditeur, et permit à l'auteur de commencer à vivre de cette vie de luxe assez mal réglé, de fantaisies bruyantes et coûteuses qui dévore et nécessite incessamment le succès. La veine trouvée, il l'épuisa. Ce furent des *Excursions aux bords du Rhin, Quinze jours au Sinaï, Un voyage en Espagne, Le Véloce* et une foule de nouvelles dans ce genre mixte, mi-partie de causerie et de voyage, de drame et de gouailleries, *Une année à Florence, Le Maître d'armes, Le Speronare, Le Corricolo, Le Capitaine Pamphile*, charge d'atelier, plaisanterie marseillaise dans la manière de M. Méry, dont les héros sont un singe, un ours, une grenouille et une tortue.

Avec cet incroyable esprit d'assimilation qu'on lui connaît, avec ce travail puissant et rapide, M. Alexandre Dumas ne pouvait manquer d'exploiter une mine féconde, l'histoire. Au temps des quatrains, il eût mis l'histoire en quatrains ; il la mit en feuilletons. Il se livra à des pastiches superficiels d'une science nouvelle, la science philosophique et positive des Thierry, des Herder. Il fit les *Chroniques, Gaule et France*. Le sens critique y manquait absolument ; le système d'exposition, plus dramatique et plus spécieux que vrai, s'accordait trop bien avec un style à effets cherchés, à mouvements lyriques ; style de pièces et de morceaux, se ressentant des influences diverses de lectures mal digérées. Si l'on cherchait une théorie religieuse et politique sous ces récits superficiels, on trouvait une sorte de christianisme républicain, associant à la légère, dans une admiration commune, Louis XI, Richelieu et Robespierre.

En 1839, on put remarquer un changement nouveau dans ce Protée littéraire : il eut alors comme un renouveau de verve gasconne et de vigueur productive. C'était l'époque où le feuilleton commençait à tuer le livre. Il fallait alimenter tous les jours douze immenses colonnes au rez-de-chaussée de chaque journal un peu répandu. Les romanciers en vogue se disputaient la fourniture de ces fabriques littéraires, et chacun des grands noms aspirait au titre de maréchal dans cette nouvelle armée de travailleurs. La fécondité était la première qualité exigée du producteur. Le succès inouï obtenu par un journal, *Le Siècle*, fut dû, on le sait, à la publication de ses romans-feuilletons. Or, parmi les œuvres qui contribuèrent à cette vogue fameuse, on trouve un roman fort court de M. Dumas, *Le Capitaine Paul*. Cette nouvelle, aux allures pimpantes et dramatiques, procura à l'heureux journal cinq mille abonnés en moins de trois mois.

Mais ce n'était là qu'une bouchée pour l'insatiable faim de tant de milliers de lecteurs. Il fallait des œuvres de plus longue haleine, des romans élastiques et de longue portée. M. Dumas fut le premier qui comprit vraiment cette situation nouvelle, et il y appliqua le grand et fécond principe de la division du travail. Il s'adjoignit un homme d'esprit, de science, d'imagination toute neuve, M. Auguste Maquet, et, de cette union encore peu connue alors, naquirent coup sur coup *Le Chevalier d'Harmental*, *Sylvandire*, et ce célèbre roman des *Trois Mousquetaires* et *Vingt ans après*.

La vogue obtenue par cet immense roman de cape et d'épée fut inouïe. Manteaux retroussés, panaches flottants, coups d'épée homériques, toutes ces folles et spirituelles chimères passionnèrent des milliers de lecteurs, et surtout de lectrices. Puis vinrent *Monte-Cristo*, *La Guerre des Femmes*, *La Reine Margot*, *Le Chevalier de Maison-Rouge*, *La Dame de Montsoreau*, *Les Quarante-Cinq*, *Le Bâtard de Mauléon*, *Le Vicomte de Bragelonne*, *Joseph Balsamo*. Puisque la fécondité était devenue un titre littéraire, M. Dumas était incontestablement le premier écrivain français ; il semblait qu'il écrivît des deux mains.

Il y avait à ce système de fabrication un inconvénient assez grave : la douteuse moralité des moyens. *Les Mémoires du chevalier d'Artagnan*, *Les Mémoires de Benvenuto-Cellini*, *Les Archives secrètes de la police*, et tant d'autres livres connus ou inconnus venaient, comme autant de sources fécondes, alimenter cette mer toujours remplie, toujours desséchée.

Qui voudrait consulter *Les supercheries littéraires dévoilées*, cet impitoyable catalogue de M. Quérard, serait bien étonné, sans doute, de voir ce que le roman-feuilleton peut devoir de succès, d'émotion ou de curiosité aux littératures étrangères. Il serait ébahi en constatant ce qui peut entrer d'imitations, d'emprunts, de traductions dans un seul roman ou dans un drame. M. Dumas occupe seul presque tout un volume qui n'est pas le moins curieux de la collection.

M. Dumas traite la langue française avec un laisser-aller qui serait réjouissant, si l'on ne se rappelait avec chagrin que ces productions populaires sont, pour beaucoup, une autorité en fait de langage. C'est bien écrit, a-t-on l'habitude de dire. Certes, un romancier aujourd'hui n'est pas tenu d'être un puriste ; mais enfin, il devrait au moins parler français aussi bien que ses lecteurs. Est-ce être éplucheur de mots que de signaler des énormités de ce genre ? « Il se laissa aller sur son fauteuil *dont* il s'était levé. » « Il demanda sa voiture *pour dans* deux heures. » « Ce que nous pouvons, c'est sinon *de* le renier, *mais de* jeter un voile dessus. » Cela est peut-être écrit en belge ou en suisse, mais cela n'est certes pas écrit en français. Or, c'est là le fond commun du style de M. Dumas. *Et nunc erudimini !*

Depuis 1848, tout en publiant des Histoires de Louis XVI et de Louis-Philippe, conçues dans ce système superficiel que nous avons déjà signalé, M. Dumas a commencé la publication de ses *Mémoires*. Ici l'indiscrétion, la légèreté, la vanité amusante dépassent toutes les limites connues.

Enfin, il y a quelques mois, M. Dumas annonçait avec fracas un livre, œuvre de toute sa vie, résumé de toutes ses études, *Isaac Laquedem*. Ce nouveau Juif errant, type commode pour un feuilleton interminable, a vu sa marche arrêtée dès les premiers pas. M. Alexandre Dumas avait imaginé d'y mettre en feuilletons, non-seulement l'histoire, mais encore les saintes Écritures.

Tel est cet esprit varié, fécond, originalement bien doué, mais gâté par le succès et par les nécessités de l'industrialisme.

PIERCE (Franklin), général de la milice américaine, avocat distingué et président élu des États-Unis pour l'année 1853, est né, en 1804, dans le New-Hampshire. Complétement inconnu en Europe jusqu'au jour de sa fortune nouvelle, M. Pierce jouissait, il est vrai, par ses talents de jurisconsulte, surtout par la dignité de son caractère, d'une haute estime parmi ses concitoyens. Mais il n'avait pas été considéré jusqu'ici comme un homme politique. On savait seulement qu'il appartenait, par ses traditions de famille, par ses convictions personnelles, au parti démocratique, et ça été là, jusqu'à présent, son plus grand titre à la popularité.

Un mot sur ces antécédents obscurs mais honorables.

Le père du général Pierce, Benjamin Pierce, originaire du Massachussetts, était tout simplement un laboureur, devenu général, au même titre que son fils, et attaché, comme lui, au parti démocratique. Élevé dans les rudes pratiques de la vie austère des anciens Américains du nord, il avait, en 1775, quitté la charrue pour l'épée, avait fait ses premières armes à Bunker-Hill et, l'indépendance conquise, avait repris à Hillsborough, la vie patiente et laborieuse du *settler*. Mort en 1839, après avoir été plusieurs fois député et gouverneur du New-Hampshire, le vieux soldat laboureur avait laissé un nom honoré, une réputation de modeste patriotisme, dont a su hériter le nouveau président des États-Unis.

Le général Franklin a eu, de plus que son

père, l'avantage d'une instruction solide. Élevé à *Bourdoin-College* dans la ville de Brunswick, État du Maine, il s'y fit remarquer par cette laborieuse obstination qui, chez beaucoup d'Américains, remplace des qualités d'esprit plus brillantes. Cette ténacité native, qui n'a rien de la fougue européenne, devait le pousser vers les affaires. En 1827, M. Pierce fut reçu membre du barreau d'Hillsborough et débuta par un insuccès. Mais il se roidit contre les difficultés que lui opposait une intelligence lente, lourde, mais solide. Aujourd'hui, il est, non pas un des plus brillants, mais des plus estimés parmi les avocats du New-Hampshire.

Démocrate, comme son père, il soutint avec ardeur la candidature à la présidence du général Jackson, et fut deux ans président de la législature du New-Hampshire, puis représentant au congrès. Là, il parla peu, réservant ses études pour les travaux de comités. Pendant la présidence de Quincy Adams, il s'éleva avec force contre les théories nouvelles de centralisation qui voulaient mettre à la charge du trésor public les frais des grands travaux d'utilité générale. Dans la question de l'esclavage, il pensait que la sécurité de l'Union devait passer avant la philanthropie.

M. Pierce fut élu membre du Sénat en 1837 et, le parti démocratique ayant été vaincu à partir de l'élection de Van Buren à la présidence, il donna en 1842 sa démission de sénateur et se confina dans la vie du barreau et de la famille. M. Pierce est marié, mais il a eu le malheur de perdre ses deux enfants, dont le dernier vient de périr dans un accident terrible de chemin de fer qui a failli causer la mort de M. Pierce lui-même.

On sait dans quelles circonstances s'est faite l'élection de M. Pierce. En 1848, le général Taylor, ce vieux et rude soldat du Mexique, avait été choisi surtout à cause de ses récents succès dans la dernière guerre. Il personnifiait la gloire militaire de l'Union. Mort avant l'expiration du terme de sa présidence, le général Taylor dut être provisoirement remplacé par le vice-président élu en même temps que lui, M. Millard Fillmore qui, aujourd'hui encore, occupe le siége de la présidence.

Mais, dans l'intervalle de trois ans, la situation politique était singulièrement changée dans l'Union. Elle ressentait profondément le contre-coup des agitations qui venaient de bouleverser l'Europe, et les doctrines incendiaires qui venaient de compromettre la paix du vieux monde, trouvaient à la fois asile et sympathie dans le nouveau. Des théories, jusqu'ici sagement repoussées par les successeurs de Washington, s'emparaient chaque jour davantage d'une nation dont l'émigration européenne a modifié profondément les éléments primitifs. Au sage principe d'isolement pratiqué par les États-Unis depuis la déclaration d'indépendance, se substituaient peu à peu des velléités d'intervention dans les affaires de l'Europe. En même temps, l'esprit de conquête possédait les partisans du droit nouveau. Après avoir dévoré en quelques années l'Orégon, le Texas, la Californie, les démocrates aspiraient à s'emparer du Mexique, organisaient, à deux reprises différentes, des expéditions de boucaniers contre la possession espagnole de Cuba. Une des théories les plus étranges de ce parti, c'est celle qu'inventa autrefois Monroë : c'est celle qui veut que le drapeau européen disparaisse du nouveau monde, et que l'Amérique, colonisée tout entière par la grande république du Nord, devienne la propriété exclusive des Américains. Cette doctrine envahissante n'est, au reste, que l'expression du danger créé par l'introduction légale de l'esclavage dans la constitution d'une moitié de l'Union. Chaque nouvel État annexé dérange l'équilibre longtemps conservé entre les États libres et les États à esclaves. Aussi ces derniers cherchent-ils, par tous les moyens, à augmenter leurs forces, et l'annexion de Cuba leur donnerait environ quatre États de plus pour lutter contre les États libres.

C'est dans ces circonstances qu'est intervenue l'élection récente du président des États-Unis. Comme aux termes de la constitution, mais plus encore d'après les traditions américaines, l'opinion personnelle et la volonté du président de l'Union, exercent une grande influence sur les actes de la politique extérieure, comme c'est le président qui décide en fait de la paix ou de la guerre, le choix du successeur de M. Fillmore avait une importance extrême. Si un nouveau Jackson sortait de l'urne du scrutin, qui pourrait empêcher les ultra-démocrates d'accomplir, sur Cuba, leurs desseins spoliateurs ?

C'est ce qui est arrivé, et ce résultat, auquel on devait s'attendre, n'en a pas moins ému l'opinion dans le monde entier. Pour mieux faire comprendre l'importance de la manifestation populaire qui vient de porter M. Pierce à la première magistrature des États-Unis, quelques détails sont indispensables.

On sait peu généralement comment se passe une élection présidentielle aux États-Unis. Là, le vote n'est pas direct; il est à deux degrés. Le vote du peuple désigne dans chaque État des électeurs primaires, nommés électeurs présidentiels, en nombre égal à celui des députés de l'État aux deux Chambres du congrès. Chaque citoyen vote pour la liste de son parti. Les électeurs présidentiels de tous les États sont, actuellement, au nombre de deux cent quatre-vingt-quinze, et forment ce qu'on appelle le collége électoral. Dans chaque État, ils se réunissent isolément dans leurs capitales respectives, et là, formulent un vote. Puis, chaque groupe délègue à Washington quelques électeurs porteurs des duplicata cachetés des votes, qui sont déposés au département des États-Unis, pour être officiellement ouverts et formellement promulgués. Sur quinze États à esclaves ayant cent dix-neuf voix, et seize États libres en ayant deux cent soixante-seize, il faut, pour être élu, obtenir une majorité absolue de cent quarante-huit voix. On comprend, du reste, que, dans un pareil système, les résultats de l'élection soient connus longtemps à l'avance.

Les deux grands partis qui divisaient l'Union avaient, dans le courant du mois d'octobre 1852, choisi pour candidats : le parti whig, MM. Scott et Graham; le parti démocratique, MM. Pierce et King. M. Scott, général distingué, célèbre par des succès récents dans la guerre du Mexique, se présentait avec des qualités qui le rendaient digne de succéder au général Taylor. Mais le vent n'était plus aux candidats militaires. M. Pierce, général de la milice, c'est-à-dire d'une sorte de garde nationale mobile, n'avait, il faut l'avouer, apporté de la guerre du Mexique aucune illustration guerrière. Excellent citoyen, il s'était montré détestable cavalier, soldat courageux mais chef inexpérimenté. Il avait fait la guerre en avocat. Mais il représentait à merveille les instincts nouveaux de la démocratie, sans effrayer par des exagérations inquiétantes ceux qui attachaient encore quelque prix à la paix du monde. D'autre part, le parti whig s'était maladroitement divisé. Au général Scott, quelques-uns opposaient un homme d'État distingué, M. Daniel Webster. Mais en vain ce dernier, mal conseillé par son ambition, descendit jusqu'à flatter les plus mauvais instincts populaires; en vain, sous le manteau complaisant de M. Fillmore, chercha-t-il à assurer son élection par des violences diplomatiques capables de séduire l'esprit aventureux des démocrates eux-mêmes; il ne réussit qu'à enlever encore quelques chances à la candidature du général Scott.

Le 2 novembre, le vote eut lieu dans l'Union tout entière. M. Pierce eut la majorité dans vingt-neuf États, et réunit cent quatre-vingt-seize mille deux cents voix populaires, et deux cent soixante-dix-huit voix d'électeurs. M. Scott n'eut la majorité que dans les deux États de Massachussetts et de Vermont, réunissant en tout dix-sept mille trois cents voix populaires et dix-huit votes électoraux. C'était donc, pour le candidat démocrate, une majorité définitive de vingt-sept États, de cent soixante-dix-huit mille neuf cents voix populaires et de deux cent soixante voix du second degré.

Majorité inouïe aux États-Unis, et d'autant plus remarquable que, pendant que M. Scott faisait agir les mille ressorts ordinaires de la publicité, M. Pierce, retiré de la vie publique, concentré dans ses occupations d'avocat, s'abstenait de toute démarche.

L'élection du général Pierce à la présidence des États-Unis, paraît devoir entraîner la politique de l'Union dans une nouvelle sphère d'action et d'influence. Bien qu'on se plaise à reconnaître la sagesse et la modération du nouveau président, il est difficile de croire que son parti ne le poussera pas à des entreprises dangereuses. La situation d'un président démocrate paraît devoir être assez grave en présence des tentatives nouvelles d'envahissement qui s'apprêtent dans les bas-fonds de son parti. Avec le général Pierce triomphera aussi probablement la doctrine du libre-échange, qui peut ouvrir aux États-Unis des débouchés tout pacifiques.

Un autre résultat de cette élection, c'est la disparition prochaine du parti whig et une fusion des anciens éléments politiques semblable à celle dont l'Angleterre nous offre aujourd'hui le spectacle. M. Webster, à son lit de mort, a compris l'avenir en voyant acclamer le candidat de la partie la plus remuante et la plus hardie de l'Union. Quelques heures avant d'expirer, il disait à M. Choate, son ami, jurisconsulte éminent : « Allez dire de ma part au futur président que, depuis le 2 novembre, le parti whig est mort, et bien mort ailleurs que dans l'histoire. C'est mon dernier message. »

Encore quelques jours, et la politique nouvelle va se dessiner par l'adjonction d'un ministère aux deux noms présidentiels de MM. Pierce et William King. Le président et le vice-président, choisis le 2 novembre 1852, entrent en exercice le 4 mars 1853.

HUMBOLDT (Frédéric-Henri-Alexandre, baron de) est né à Berlin le 14 septembre 1769. Citer le nom de ce savant, c'est rappeler la gloire scientifique la plus vaste et la plus complète des temps modernes ; il semble qu'il n'y ait pas une branche des connaissances humaines qui ait échappé à ses recherches : géographie, géologie, physique, chimie, astronomie, botanique, philosophie, morale, économie politique, il a tout étudié, il a appliqué à tout son esprit puissant, il a tout fécondé, et, aujourd'hui, ce vieillard vénérable, qui, à un si merveilleux savoir, joint l'autorité et l'expérience d'un grand âge, est encore comme le foyer d'où rayonne et auquel revient toute science ; sa tête est une encyclopédie vivante, et on peut sans hésiter le comparer parmi nous, à ce que fut Aristote dans les temps anciens ; plus heureux même que le naturaliste et le philosophe Grec, notre contemporain a eu dans le monde actuel un champ plus étendu pour ses investigations et ses expériences.

La famille de M. de Humboldt était l'une des plus nobles, des plus riches et des plus considérées de Berlin : un homme connu dans la science et qui plus tard parvint au fauteuil académique et fut conseiller d'État, M. Kunth fut chargé de sa première éducation ; chez lui se réunissaient souvent les savants les plus distingués de Berlin avec lesquels il entretenait de fréquentes relations ; ceux-ci, frappés de l'intelligence et des dispositions extraordinaires que montrait le jeune A. de Humboldt, se plurent à l'encourager et à lui donner des leçons. En même temps, l'enfant suivait, avec un frère plus âgé que lui de deux ans et qui depuis, ministre d'État et chambellan du roi de Prusse, a fait dans la politique une haute fortune, les cours des écoles publiques de Berlin ; il se rendit ensuite à Gœttingue et à Francfort-sur-l'Oder, et enfin, étudia à l'école du commerce de Busching à Hambourg. Le goût des sciences naturelle et des voyages s'éveilla de bonne heure dans l'imagination du jeune homme ; l'illustration de sa famille, le crédit de ses parents et de ses amis lui ouvraient la carrière des honneurs publics et même tels étaient les vœux et les projets qu'autour de lui on avait formés pour son avenir, mais sa vocation se trouvait ailleurs, il voulait voir les régions lointaines et peu explorées, et, comme il le dit dans un de ses livres (*Voyage aux régions équinoxiales du nouveau continent*), par cela même qu'il habitait les montagnes et un pays peu en communication avec la mer, il sentait naître en lui la passion des longues navigations. Dès l'âge de dix-huit ans il médita un vaste voyage et ses premières excursions en Hollande, en Angleterre, en France, des herborisations, l'étude de la géologie, le confirmèrent dans l'intention de parcourir le nouveau monde. « Ce n'était plus le dé- « sir de l'agitation et de la vie errante, c'était celui de « voir de plus près une nature sauvage, majestueuse « et variée dans ses productions ; c'était l'espoir de re- « chercher quelques faits utiles aux sciences, qui « appelaient sans cesse mes vœux vers ces belles « régions situées sous la zône torride. Ma position in- « dividuelle ne me permettant pas d'exécuter alors « des projets qui occupaient si vivement mon esprit, « j'eus le loisir de me préparer pendant six ans aux « observations que je devais faire dans le nouveau « continent et de parcourir différentes parties de « l'Europe. »

Cette période de six années fut employée à des expériences et à des travaux préparatoires ; ses voyages en France, en Angleterre et en Hollande, avaient été effectués de concert avec le célèbre Georges Forster qui avait accompagné le capitaine Cook dans sa seconde navigation autour du globe M. de Humboldt parcourut les deux rives du Rhin avec le savant Genk, et, à la suite de cette exploration, donna son premier ouvrage sous le titre d'*observations sur les basaltes du Rhin* 1790 ; il n'avait alors guère plus de vingt ans. Cet ouvrage eut un succès légitime ; l'Allemagne comprit dès ce moment qu'elle comptait un savant de plus. M. de Humboldt ne crut cependant pas devoir interrompre le cours des fortes études dont il continuait à se pénétrer : il se rendit à Freyberg pour prendre les leçons du célèbre minéralogiste Werner ; là, tout en étudiant les fossiles, il eut l'idée d'observer la végétation qui s'opère dans les cavités où ne pénètre pas le jour, ce fut l'objet de son second ouvrage, publié en latin : *Specimen floræ subterraneæ Freibergensis* (Examen de la flore souterraine de Freyberg). Cette fois M. de Humboldt signalait aux botanistes une partie presqu'inconnue de leur science; sa découverte avait un vif intérêt, et le désignait à la reconnaissance publique ; la réputation du jeune auteur lui valut la place d'assesseur du conseil des mines à Berlin, puis celle de directeur général des mines des principautés d'Anspach et de Bayreuth où il forma plusieurs établissements utiles. Ses nouvelles fonctions le mirent en rapport avec le chancelier de Prusse, le prince de Hardenberg, spécialement chargé des affaires de ces principautés. Le ministre ne tarda pas à apprécier le savant, et une estime mutuelle amena entre eux une vive amitié. Malgré les liens de toute sorte qui paraissaient l'attacher à sa brillante position, M. de Humboldt sacrifia sa fortune à la science; il donna sa démission pour être plus libre et s'adonner entièrement à sa vocation. L'un des premiers parmi les savants de l'Europe il s'occupa de la découverte du magnétisme animal, et se passionna pour l'étude des phénomènes alors contestés qu'avait signalés Galvani, au point que, non content de répéter les expériences de l'inventeur, il les étendit, s'y soumit lui-même, expérimenta sur son corps, et contracta dans ces douloureuses épreuves des affections nerveuses dont il se ressent encore aujourd'hui.

En 1796, ses observations donnèrent lieu à un ouvrage *sur le galvanisme et l'irritation nerveuse et musculaire des animaux*; le premier volume de ce savant ouvrage fut traduit en français en 1799, par Jadelot. A cette époque et pendant le cours même de sa publication, M de Humboldt suivait assidument à Iena les leçons d'anatomie du célèbre professeur Loder.

Son ouvrage était à peine livré au public, que, impatient de nouvelles découvertes et curieux de surprendre en quelque sorte la nature sur le fait, l'auteur parcourait déjà l'Italie, la Sicile, la Suisse et s'apprêtait à gravir les Alpes pour les soumettre à ses observations. De retour à Vienne en 1797, il y fit un long séjour, coordonnant ses expériences et ses travaux, et se préparant directement à son grand voyage par l'étude d'une riche collection de plantes exotiques. En compagnie d'un savant géologue, il fit quelques excursions dans les pays agrestes de Saltzbourg et dans la Styrie, il était sur le point de passer par les Alpes dans le Tyrol quand la guerre le força de rétrogader. L'expédition de Bonaparte en Egypte l'empêcha, à cette époque, de mettre à exécution un projet d'exploration dans la haute Egypte.

Le gouvernement français avait l'intention de faire exécuter, sous le commandement du capitaine Baudin, une grande expédition de circumnavigation; M. de Humboldt, plus que jamais possédé du désir des voyages et infatigable dans ses démarches, se rendit à Paris, où déjà il avait fait un premier voyage en 1790, et sollicita l'honneur de participer à l'expédition; l'autorisation lui avait été accordée et il allait toucher au but de ses vœux, quand le renouvellement des hostilités fit ajourner le projet; mais cette fois, le savant ne voulut plus tenter le hasard et attendre une occasion qui toujours semblait fuir devant lui, il résolut de faire à ses frais le voyage d'Amérique.

Pendant son séjour à Paris, duquel datent ces bonnes relations qui unissent M. de Humboldt à la France et font de Paris comme sa seconde patrie, le naturaliste allemand s'était lié d'amitié avec un jeune botaniste distingué, M. Aimé de Bompland, qu'il engagea à se joindre à lui, et, comme le Français n'était pas riche, M. de Humboldt se chargea de tous les frais du voyage. Il se rendit en Espagne, obtint du roi une audience, reçut un passe-port, des lettres de recommandation pour les autorités du nouveau monde, et, muni de bons instruments de physique et d'astronomie, il s'embarqua le 5 juin 1799, avec son ami qui était venu à Cadix le rejoindre. Quinze jours après ils étaient aux Canaries, après avoir plusieurs fois échappé au danger d'être pris en mer par les Anglais.

Les deux savants mirent à profit un court séjour dans ces îles pour escalader et explorer l'intérieur et l'extérieur du pic de Ténériffe. De là, ils se rendirent dans l'Amérique du Sud à Cumana et consacrèrent plusieurs mois à visiter la côte de Paria, les missions des Indiens-Chaymas, les provinces de la Nouvelle-Andalousie, de la Nouvelle-Barcelone, de Venezuela et de la Guyane espagnole.

Après avoir enrichi leur collection botanique et déterminé un grand nombre de lieux géographiques et astronomiques, les voyageurs se dirigèrent en février 1800, de Caracas vers les vallées d'Aragua.

Arrivés aux rivages de la mer des Antilles, ils descendirent de Porto-Cabello jusqu'à l'équateur, à travers les plaines de Calabozo d'Apura et des Llanos; là, ils s'embarquèrent dans un canot sur l'Orénoque et revinrent à Barcelone et à Cumana, d'où ils visitèrent Cuba et la Jamaïque. Puis, dans la fausse espérance de retrouver l'expédition du capitaine Baudin, que les journaux américains disaient se diriger vers l'Amérique, ils se rendirent à Quito, et, là seulement apprirent qu'elle était circonscrite à l'Afrique.

Un riche habitant de Quito, le marquis de Salva-Aligre, enthousiasmé pour les intrépides voyageurs les accueillit, leur donna la plus généreuse hospitalité, et leur fournit tous les moyens d'explorer la province, tout en se remettant des fatigues de leur immense excursion de l'un à l'autre littoral de l'Amérique du Sud. Quand, en juin 1802, ils voulurent repartir, le jeune Salva-Aligre, plein d'admiration pour eux, sollicita la faveur de les accompagner, et s'associa à leur courageuse entreprise. Il y avait cinq ans qu'un affreux tremblement de terre avait bouleversé tout le pays, et renversé les villes, entre autres celle de Rio-Bamba, avec environ quarante mille habitants; pendant quinze jours, M. de Humboldt et ses deux compagnons parcoururent ces ruines encore fumantes, et affrontèrent d'imminents dangers. Dans cette expédition ce furent les accidents volcaniques du sol qui fixèrent leur attention; ils visitèrent le Toungouragua, et parvinrent après d'incroyables efforts au point appelé le Nevado del Chimborazo. Ils mettent leur honneur à escalader cette montagne, déjà explorée en 1745 par La Condamine; un froid intense, la rareté de l'air, les précipices, rien ne ralentit leur ardeur, ils marchent et montent toujours, ils l'escaladent après mille efforts, et, parvenus à dix-neuf mille cinq cents pieds au-dessus du niveau de la mer, à trois mille quatre cent quatre-vingt-cinq au-dessus du point où s'était arrêté La Condamine, ils s'installent avec leurs instruments dans ce lieu où l'air avait perdu la moitié de sa densité ordinaire, et ne quittent ces régions inhospitalières qu'après avoir rigoureusement déterminé les hauteurs inabordables du Chimborazo et fait toutes leurs observations.

Les trois règnes de la nature, les phénomènes célestes, l'humanité dans ses diverses conditions sauvage ou civilisée, tels furent les objets constants de son observation, et il y avait six ans qu'il était parti de France lorsqu'il songea à retourner dans cette Europe qu'il allait enrichir de faits nouveaux, de riches découvertes, et de la collection végétale la plus complète du monde.

Les deux savants, compagnons inséparables dans cette longue exploration, s'embarquèrent pour la France et descendirent au Havre en 1805. Aussitôt M. de Humboldt se rendit à Paris et commença de coordonner ses observations pour les publier.

Le travail immense auquel elles ont donné lieu a paru en sept parties successives rédigées par M. de Humboldt lui-même ou par d'habiles collaborateurs sous sa direction. Les autres parties de l'ouvrage sont : une relation historique du voyage avec un atlas géographique, géologique et physique; un *Atlas pittoresque ou vues des Cordilières et monuments des peuples indigènes du nouveau continent*; *Zoologie* ou *Anatomie comparée*; *Essai politique sur la Nouvelle-Espagne*. Dans cette partie est traitée toute l'histoire du Mexique, antiquités, traditions, monuments, mœurs, caractères, ressources naturelles et politiques. C'est un traité complet de ce qui concerne cette nation et son avenir. Ensuite viennent dans le plan de l'ouvrage général, *l'Astronomie* ou *Recueil d'observations astronomiques* renfermant toutes les observations faites par M. de Humboldt du 12° de latitude australe au 41° de latitude boréale, plus un tableau de près de sept cents positions géographiques dont deux cent trente-cinq ont été déterminées pour la première fois par M. de Humboldt. Pour la rédaction et les calculs de cette partie, l'auteur s'adjoignit M. Oltmans, astronome prussien fort estimé. La sixième partie intitulée : *Physique générale et Géographie des plantes*, parut d'abord sous le titre d'*Essai sur la Géographie des plantes*.

Tous ces travaux et quelques recherches savantes retinrent M. de Humboldt à Paris jusqu'en 1826; une excursion en Italie de concert avec l'illustre Gay-Lussac, un grand nombre d'expériences magnétiques, la vérification de la théorie de M. Biot sur la position de l'équateur magnétique, augmentèrent dans cet intervalle les titres scientifiques, si nombreux déjà, de M. de Humboldt. En 1817, il avait présenté à l'Académie des sciences une carte nouvelle du cours de l'Orénoque; en 1818 il fut appelé à Londres par un congrès des puissances qui voulaient avoir son opinion sur l'état politique des peuples de l'Amérique du Sud.

En 1822 fut publié à Paris un *Essai géognostique sur le gisement des roches dans les deux hémisphères*. A cette époque, M. de Humboldt médita un voyage dans la haute Asie qui devait compléter ses observations générales sur l'aspect des diverses productions terrestres et établir une comparaison attentive entre l'ancien et le nouveau continent; mais cette expédition scientifique ne put pas encore avoir lieu, bien que le roi de Prusse eut mis à sa disposition un subside annuel de 12,000 thalers. En 1826 M. de Humboldt céda aux sollicitations de ses compatriotes et retourna en Prusse où il reçut un accueil enthousiaste. Tout l'hiver de 1827 fut consacré à des leçons sur la géographie physique du globe; un concours immense d'auditeurs au nombre desquels se trouvèrent le roi et toute la famille royale s'empressa aux leçons du savant et célèbre professeur. Dans le cours de l'année suivante M. de Humboldt fit de nombreuses expériences sur la température de l'air dans les mines de la Prusse.

L'illustre voyageur avait soixante ans en 1829, et tout autre eût cru avoir assez fait pour la science et pour sa propre gloire, lorsqu'il entreprit enfin son voyage en Asie. Ce ne furent pas les riches régions de l'Inde et l'Himalaya qu'il eut à comparer au Chimborazo, ce fut en Sibérie, dans un climat aussi glacé qu'avaient été brûlantes les contrées équatoriales qu'il avait visitées vingt ans auparavant, que le savant dévoué dirigea cette expédition, entreprise sous les auspices de la Russie. Il franchit l'Oural, entra dans Tobolsk, traversa le pays des Mongols, les steppes des Kirghis, le pays des Kalmouks, s'arrêta à Astrakan, revint par le territoire des Cosaques du Don à Moscou, puis à St-Pétersbourg le 13 novembre 1829, après avoir, en moins d'un an, parcouru 2,142 lieues. Un ouvrage publié à Paris en 1831 sous le titre de *Fragments de géologie et de climatologie asiatique*, expose les résultats principaux de ce voyage, et a été complété par un second travail intitulé : *Voyage dans l'Oural.*

A tous ces travaux, si l'on ajoute un nombre considérable de mémoires présentés à l'Institut, et les deux plus importants ouvrages de M. de Humboldt dont nous allons rendre compte, on aura une idée de l'activité inépuisable de cette vie laborieuse qui, malgré tant de courses et de fatigues, atteint déjà un long âge et promet encore à la science de fructueuses années.

Vers 1840 a été publié sous le titre d'*Examen critique de l'histoire de la géographie du nouveau continent, et des progrès de l'Astronomie nautique aux* XVe *et* XVIe *siècles*, un ouvrage d'expérience et d'érudition dédié à M. Arago, où l'auteur, puisant à la source des archives espagnoles, et revoyant tous les documents publiés jusqu'à ce jour, examine les causes qui ont amené la découverte du nouveau monde; grâce à sa raison puissante, à sa critique heureuse, et à sa sagesse impartiale, le Génois qui découvrit le continent nouveau n'est plus simplement un hardi et heureux navigateur, c'est un génie profond et bien supérieur à son siècle, un observateur à qui remonte la découverte de la déclinaison magnétique et des variations de l'aiguille aimantée. Ainsi M. de Humboldt a fait une œuvre doublement méritante, il a rendu justice à un homme d'un grand génie, trop modeste et trop peu apprécié, en même temps qu'il a écrit un livre cher, non-seulement aux savants, mais à tous les lecteurs instruits.

En 1843 et 1844 furent écrits deux volumes que les traductions de MM. Faye et Galuski ont rendus français, mais que leur sujet fait plus qu'européens, le *Cosmos*, qui résume un cours en soixante leçons professé à Berlin par M. de Humboldt avant son départ pour la haute Asie. Le *Cosmos*, dit lui-même l'auteur dans sa préface est *une Description physique du monde*; cette étude l'a occupé pendant un demi-siècle, et, souvent abandonnée, toujours reprise, elle offre comme un résumé des travaux et des connaissances immenses de son esprit. — Les deux volumes du *Cosmos* traitent chacun une matière distincte : le plus important est un tableau de la nature qui présente l'ensemble des phénomènes de l'univers depuis les nébuleuses planétaires jusqu'à la géographie des plantes et des animaux, en terminant par les races d'hommes. Ce tableau est précédé de considérations sur les différents degrés de jouissance qu'offrent l'étude de la nature et la connaissance de ses lois. Des notes à la fin du volume contiennent le détail des observations particulières et de ce qui est relatif aux souvenirs de l'antiquité classique. Le second volume intitulé : *Reflet du monde extérieur sur l'imagination de l'homme*, traite toutes les questions littéraires ou historiques qui se rattachent à son sujet. L'auteur y cherche la trace du sentiment de la nature chez les poëtes, chez les peintres et chez les voyageurs. Le livre est terminé par un récit et une appréciation des efforts tentés par les modernes pour s'élever à l'idée du Cosmos, et il présente une revue de tous les événements qui ont pu avoir des conséquences pour le progrès des sciences physiques et pour l'étude générale de la nature.

Le succès qu'obtint le *Cosmos* en France, dans les années 1847 et 1848 où il y parut est justifié par la clarté et la précision de l'ensemble unies au choix et à l'exactitude des détails; en avril 1845, époque à laquelle l'ouvrage fut publié en Allemagne, il fut considéré comme l'expression fidèle de l'état des sciences physiques ; depuis, de brillantes découvertes astronomiques ont été faites, mais elles ne changent rien à la véracité des assertions de M. de Humboldt, et son livre est le monument à la fois le plus simple et le plus clair de la connaissance de la nature à notre époque.

Ce monument élevé à la science, les labeurs qui l'avaient précédé, une sollicitude et un zèle que rien ne ralentit pour tout ce qui communique une impulsion et fait faire un pas aux sciences, n'ont pas, depuis 1848, empêché M. de Humboldt de se livrer à de nouveaux travaux : l'an passé a paru en France une seconde édition des *Tableaux de la nature*, ouvrage publié pour la première fois en allemand dans l'année 1808 et où un coloris, un charme de style digne du sujet se révèlent à chaque page : en parcourant cette série de tableaux, le lecteur attentif et charmé croit errer lui-même à travers ces régions enchantées ou sauvages auxquelles la nature a départi ses dons les plus luxuriants ; paisible voyageur il parcourt les steppes et les déserts, il entrevoit les vastes forêts et les grands fleuves de l'Amérique, et, laissant à l'auteur le souvenir de toutes les fatigues et de tous les dangers, il assiste aux phénomènes les plus curieux ; tour à tour aux cataractes de Maypures et à la bifurcation de l'Orénoque et dans les hautes montagnes et sur le pic de Guangamarca d'où il découvre le vaste horizon des mers du Sud.

En dehors de sa vie scientifique M. de Humboldt a rendu à ses contemporains de grands services; les plus illustres ministres de son temps, Hardemberg, Canning, Talleyrand lui accordèrent leur confiance, le consultèrent et plus d'une fois eurent à se louer d'avoir suivi ses conseils. En 1826 le roi de Prusse voulut faire en Italie un voyage sous sa direction. Lorsque Napoléon était entré vainqueur dans Berlin, le savant avait su, par son crédit, adoucir envers ses confrères et ses amis les rigueurs de sa victoire; puis en 1815, par une noble impartialité, il empêcha Blücher et les Prussiens de faire sauter le pont d'Iena. En 1830 il apporta au gouvernement du roi Louis-Philippe l'acquiescement de la Prusse au nouvel état de choses. Généreux et désintéressé M. de Humboldt, a distribué entre ses amis, ses livres, ses collections, ses instruments de travail ; aussi lorsqu'il venait assidument à Paris autrefois, tous les cabinets, tous les laboratoires, toutes les bibliothèques lui étaient ouverts; il s'y enfermait des semaines entières, et pour ainsi dire sans domicile fixe; il pratiquait chez l'un, chez l'autre, ces expériences fécondes dont toute la science attendait avec impatience le résultat. Bien souvent aussi, le savant a discrètement couru au-devant des infortunes et secouru de sa bourse des amis ou des confrères ; rien n'a égalé sa sollicitude pour son ami Aimé de Bompland. Quand il apprit ses malheurs et sa captivité, il s'adressa à tous les gouvernements et quand il fut convaincu de l'impossibilité de rendre la liberté à son ancien compagnon, il lui fit du moins passer par les Anglais des secours pécuniaires, dans les États du docteur Francia. M. de Humboldt appartient à toutes les compagnies savantes, et est honoré de toutes les décorations. Son extérieur porte l'empreinte de la douceur et de la bonté, il est de moyenne taille, son front chauve est entouré de cheveux blancs, son regard est vif et perçant et non sans quelque malignité; rien, dit-on, n'égale le charme et l'entrain de sa conversation à la fois riche des faits et des images qui meublent sa mémoire, et attrayante par une certaine causticité fine et railleuse. — Aujourd'hui M. de Humboldt est l'un des premiers et des meilleurs conseillers de la cour de Prusse; il jouit de toute la confiance des hommes d'État qui gouvernent ce pays et la science; ses compatriotes, et tout ce qu'il y a d'éclairé dans l'Europe entière forment des vœux pour la longue conservation de ce vénérable vieillard en qui se résume ce qu'a de plus grand et de plus complet la science moderne.

Poissy. — Typographie Arbieu.

DONA MARIA EUGENIA DE GUZMAN Y PORTO CARRERO, comtesse de Teba, par son mariage Impératrice des Français, est née à Grenade, en l'année 1828, du comte de Montijo, grand d'Espagne, et de doña Maria-Manuela Kirkpatrick de Closeburn, comtesse douairière de Montijo, de Miranda, Baños et Mora, duchesse de Peñaranda. Sa mère, née comme elle en Andalousie, appartient à une ancienne et noble famille jacobite, fixée en Espagne depuis l'exil des Stuarts.

Les Montijo descendent de l'illustre maison de Guzman, dont l'origine remonte aux premiers temps de la monarchie espagnole. On connaît les branches de cette famille qui ont joué un rôle considérable dans l'histoire : ce sont celles des ducs de Médina de las Torres, de Médina-Sidonia, d'Olivares, enfin celle des comtes de Montijo, de Teba ou Teva et de Villaverde, marquis de Ardales, de la Algara, etc.

Ce n'est pas la première fois que la maison de Guzman fait monter une de ses filles sur un trône. En 1633, doña Luiza-Francisca de Guzman, fille de Juan Perez de Guzman, huitième duc de Medina-Sidonia, épousa le roi de Portugal don Juan IV de Bragance.

Les comtes de Montijo ont les mêmes armes que les ducs de Medina-Sidonia, leurs proches parents, et portent le même nom de Guzman.

Le père de l'Impératrice était le second fils du

comte de Montijo, grand d'Espagne et diplomate distingué, dont la maison à Madrid était le rendez-vous de toutes les célébrités de la cour de Charles III. Lorsque Napoléon parut dans la Péninsule à la tête d'une armée, le second fils du comte de Montijo, alors comte de Teba, prit avec ardeur parti pour la France dans la guerre d'Espagne. Il servit dans l'armée française comme colonel d'artillerie, perdit un œil à la bataille de Salamanque et eut une jambe entièrement fracassée. Lorsque Ferdinand VII fut rétabli sur le trône, le comte de Teba quitta l'Espagne et vint reprendre du service dans les rangs de l'armée française. Il fit avec distinction la campagne de 1814 et fut décoré de la main de l'Empereur. Lors de la défense de Paris, Napoléon lui confia le tracé des fortifications de la capitale, et le mit à la tête des élèves de l'école polytechnique pour défendre la position des buttes Saint-Chaumont où il eut l'honneur de tirer les derniers coups de canon pour la défense de la France. Rentré dans sa patrie, couvert de blessures, à la paix qui suivit l'abdication de l'Empereur, le comte de Teba fut d'abord en butte aux soupçons et aux persécutions par suite de son attachement connu pour la France et de ses opinions libérales. Il fut plus d'une fois emprisonné comme *negro*. Un jour même il ne dut la vie qu'à l'énergique dévouement de sa femme qui lui ménagea la sortie de Grenade et lui trouva un asile chez de pauvres fermiers des Alpujarres. Adoré des paysans qu'il comblait de bienfaits, le comte ne trouva pas un seul traître parmi eux. Les passions politiques une fois calmées, il siégea plusieurs années dans le Sénat, où il compta toujours parmi les membres les plus influents. Héritier, par la mort de son frère aîné, du titre de comte de Montijo et de biens considérables, il faisait le plus noble emploi de son crédit et de sa fortune. Les entreprises patriotiques, les améliorations utiles, les associations bienfaisantes trouvaient en lui un protecteur aussi zélé que généreux. Il est mort, à Madrid, en 1839, estimé de tous les partis, chéri de tous ceux qui avaient l'honneur d'être admis dans son intimité. On conserve encore au Musée d'artillerie de Madrid, comme de précieuses reliques, ses armes et son uniforme.

Le comte, en mourant, laissait deux filles. L'aînée, doña Francisca de Sales, comtesse de Montijo et duchesse de Peñaranda, a épousé, en 1845, le duc de Berwick et d'Albe, héritier du dernier des Stuarts et du fameux duc d'Albe, ce terrible lieutenant de Philippe II.

La seconde a eu cette fortune imprévue, éclatante, mais assurément méritée par ses grandes qualités, de monter sur le trône impérial de France. Le 22 janvier 1853, S. M. Napoléon III a annoncé ce mariage aux trois grands corps de l'État. Dans cette solennelle communication, l'Empereur, rompant avec les traditions de l'ancienne politique, renonçait à « ces alliances royales, qui créent de fausses sécurités et substituent souvent l'intérêt de famille à l'intérêt national. »

Avouant hautement son origine populaire, il adoptait le titre et la position d'un souverain *parvenu*; par là, il conservait l'entière indépendance de son caractère et proclamait son entier affranchissement des traditions ordinaires.

L'Empereur ajoutait :

« Celle qui est devenue l'objet de ma préférence est d'une naissance élevée. Française par le cœur, par l'éducation, par le souvenir du sang que versa son père pour la cause de l'Empire, elle a, comme Espagnole, l'avantage de ne pas avoir en France de famille à laquelle il me faille donner honneurs et dignités. Douée de toutes les qualités de l'âme, elle sera l'ornement du trône, comme, au jour du danger, elle deviendrait un de ses courageux appuis. Catholique et pieuse, elle adressera au ciel les mêmes prières que moi pour le bonheur de la France! gracieuse et bonne, elle fera revivre, dans la même position, j'en ai le ferme espoir, les vertus de l'Impératrice Joséphine. »

Heureuse inspiration que celle de rattacher le nom de l'Impératrice nouvelle au nom de celle qu'on nommait jadis l'ange de l'Empire, de cette femme « qui seule a semblé porter bonheur et vivre plus que les autres dans le souvenir du peuple. »

Déjà, en effet, le peuple qui connaît bien vite ceux qui l'aiment, sait de la nouvelle Impératrice mille traits de sympathique générosité. Il n'y a pas longtemps, n'étant encore que comtesse, elle passait en voiture dans la nouvelle rue de Rivoli prolongée. Un ouvrier tombe d'un échafaudage : aussitôt la jeune et belle duchesse s'écrie, fait arrêter la voiture, en descend et s'élance auprès du pauvre travailleur, dont la blessure n'était heureusement que légère. Elle lui prodigua ses consolations et lui laissa un secours.

Un autre jour, c'était près de la barrière de l'Étoile : une pauvre femme, mal couverte de quelques haillons, et portant sur ses deux bras deux enfants qui grelottaient de faim et de froid, attire ses regards. Elle s'arrête, s'informe, fait prendre dans sa calèche une chaude couverture dont elle enveloppe les pauvres petits et vide sa bourse dans les mains de la mère.

Jusqu'ici l'Impératrice Eugénie n'a dû à la France, que les grâces de son éducation, et pourtant elle connaît mieux la nation sur laquelle elle est appelée à régner qu'une princesse obtenue de quelque principauté allemande. Elle réunit dans ses veines le sang espagnol et le sang écossais, et ses moindres actions décèlent l'énergie de ces deux races.

Rien n'égale la hardiesse et l'élégante solidité qu'elle déploie à cheval. Ceux qui ont suivi les dernières chasses de Compiègne se rappelleront toujours la charmante amazone qui, dans sa course intrépide, laissait derrière elle les écuyers les plus renommés de France et d'Angleterre.

Un jour, aux Eaux-Bonnes, où l'appelait une légère affection de larynx, dans une cavalcade dont le but était un des sommets les plus élevés des Pyrénées, elle arriva la première sur la cime neigeuse et avec une animation d'enfant, fit honte à un Espagnol qui arrivait le dernier. Elle lui reprochait avec une gracieuse indignation de déshonorer l'Espagne.

On a fait de l'Impératrice Eugénie plus d'un portrait de fantaisie. Mais depuis le 30 janvier, jour qui a vu le couple impérial uni solennellement dans la vieille basilique parisienne, depuis ce jour où Napoléon III a présenté sa femme au peuple et à l'armée, quatre cent mille témoins redisent la majestueuse et sympathique beauté de l'Impératrice Eugénie. Sa taille est souple et élevée, ses épaules magnifiques, et ses cheveux de ce blond doré qu'on admire dans les tableaux du Vecelli et du Véronèse, accusent le sang écossais, révélé d'ailleurs par un teint d'une blancheur éclatante et par des yeux d'un bleu profond ; la finesse aristocratique des extrémités, la majesté de la démarche décèlent le sang espagnol, aussi bien que l'énergie toute méridionale du caractère et l'aimable vivacité de l'esprit. La bouche est admirablement meublée et l'arc un peu élevé des sourcils ajoute à la grandeur de l'ensemble.

Les femmes de France et du monde entier ont été les premières à applaudir à ce choix fondé sur la sympathie mutuelle et sur une juste fierté. Il y a quelque chose qui ne saurait manquer de plaire au beau sexe dans ce chevaleresque défi jeté du haut d'un trône aux errements de la politique matrimoniale en usage dans les cours. Il y a aussi dans l'acte politique une liberté d'action et une franchise qui s'accordent bien avec le légitime orgueil du pays.

Déjà l'Impératrice Eugénie a fait preuve d'une délicatesse pleine de goût et d'un véritable esprit de bienfaisance, en refusant, par la lettre suivante, la parure de diamants que lui offrait la ville de Paris. Les femmes seules pourront comprendre ce qu'il faut d'héroïsme charitable pour refuser un collier de 600,000 francs.

« Monsieur le Préfet,

« Je suis bien touchée d'apprendre la généreuse décision du conseil municipal de Paris, qui manifeste ainsi son adhésion sympathique à l'union que l'Empereur contracte. J'éprouve néanmoins un sentiment pénible, en pensant que le premier acte public qui s'attache à mon nom, au moment de mon mariage, soit une dépense considérable pour la ville de Paris.

« Permettez-moi donc de ne point accepter votre don, quelque flatteur qu'il soit pour moi ; vous me rendrez plus heureuse en employant en charités la somme que vous aviez fixée pour l'achat de la parure que le conseil municipal voulait m'offrir. Je désire que mon mariage ne soit l'occasion d'aucune charge nouvelle pour le pays auquel j'appartiens désormais ; et la seule chose que j'ambitionne, c'est de partager avec l'Empereur l'amour et l'estime du peuple français.

« Je vous prie, monsieur le préfet, d'exprimer à votre conseil toute ma reconnaissance, et de recevoir, pour vous, l'assurance de mes sentiments distingués,

« Eugénie, comtesse de Teba. »

Pour se conformer à ces nobles intentions, si délicatement exprimées, le conseil municipal a affecté les 600,000 francs, destinés à l'achat d'une parure, à la fondation d'un établissement, où de jeunes filles pauvres recevront une éducation professionnelle, et d'où elles ne sortiront que convenablement placées. Cet établissement portera le nom et sera placé sous la protection de l'Impératrice.

La maison de la nouvelle Impératrice, constituée par décret du 25 janvier, est ainsi composée : Grande maîtresse, madame la princesse d'Esling; dame d'honneur, madame la duchesse de Bassano; dames du palais, mesdames la comtesse Gustave de Montebello, Feray, la vicomtesse Lezay-Marnezia, la baronne de Pierres, la baronne de Malaret, la baronne de Las-Marismas; Grand maître M. le comte Tascher de la Pagerie, sénateur; premier chambellan, M. le comte Charles Tascher de la Pagerie; chambellan, M. le comte Lezay-Marnezia; écuyer, M. le baron de Pierres.

GUIZOT (François-Pierre-Guillaume) naquit à Nîmes, le 4 octobre 1787, d'une famille protestante. A l'âge de sept ans, la Terreur lui enleva son père, avocat distingué mort sur l'échafaud révolutionnaire. Sa mère (Elisabeth-Sophie Bonicel), restée veuve avec deux enfants, quitta la France et alla chercher un asile à Genève auprès de sa famille. Le jeune Guizot fut placé au Gymnase, où il se distingua également par ses progrès dans les lettres, dans les langues modernes, dans l'histoire et dans la philosophie. La raison avait été précoce en lui comme le malheur : il n'eut pas d'enfance. Ses seuls plaisirs furent ces études embrassées avec passion, avec une application obstinée, ses seuls jeux furent ces combats de logique dont la vieille capitale du calvinisme avait conservé les traditions. On retrouvera plus tard dans l'esprit de l'historien et de l'homme politique les traces de cette éducation première, forte à la fois et savamment pédante.

M. Guizot vint à Paris en 1805. Pauvre et isolé dans sa fierté, il commença ses études de droit. L'année suivante, il entra comme précepteur chez M. Stapfer, ancien diplomate suisse, qui l'introduisit à son tour chez M. Suard. C'est chez ce dernier que M. Guizot rencontra mademoiselle Pauline de Meulan, jeune personne de l'esprit le plus fin et le plus délicat, et qui à cette époque rédigeait en partie *le Publiciste*. Mademoiselle Pauline de Meulan étant tombée malade, M. Guizot continua sous son nom une publication devenue la seule ressource de l'intéressante malade. Ce service rendu avec une discrétion parfaite, devint l'origine d'un mutuel attachement et, cinq ans après, mademoiselle Pauline de Meulan épousa son collaborateur anonyme.

Avant ce mariage, M. Guizot avait, en 1809, publié un *Dictionnaire des synonymes*, des *Vies des Poëtes français*, une traduction de l'ouvrage de Rehfus, *l'Espagne en 1808*.

Le premier pas fait par M. Guizot dans l'histoire le mit en présence du XVIIIe siècle, et il conserva toujours l'empreinte de ces études premières. C'était à propos de l'édition de Gibbon qu'il publia en 1812. Il ne faut donc pas s'étonner de le voir délaisser la méthode historique d'exposition pour cette science nouvelle des Hume, des Robertson, des Gibbon, des Voltaire, pour cette recherche des causes que Vico et Herder avaient les premiers substituée à la narration pure et simple. L'histoire nouvelle amène l'esprit qui s'en occupe à l'idée d'une intervention dans la conduite des hommes et des sociétés. Elle a la prétention de formuler des lois, un code pratique de civilisation. Aussi l'historien moderne sera-t-il le plus souvent un homme politique.

M. de Fontanes était alors grand maître de l'Université. Il s'empressa d'appeler ce jeune homme, encore inconnu, à la chaire d'histoire de la Faculté et de l'Ecole normale (1812). M. Guizot porta dans ces fonctions son indépendance encore un peu roide. On lui insinuait que l'éloge de l'Empereur était attendu dans sa leçon d'ouverture. — Si c'est une condition, répondit-il, reprenez votre chaire. L'Empereur n'a rien à voir dans l'histoire des Cimbres et des Vandales.

Ces premiers cours de 1812 à 1814 n'ont pas été recueillis. Ils traitaient de la lutte du monde romain contre le monde barbare. Pour la première fois les lumineux commencements du principe chrétien furent largement exposés.

Vint la chute de l'Empire. Pour les théoriciens de liberté, c'était la chute du despotisme, c'était l'établissement du gouvernement représentatif avec ses garanties à l'anglaise. Qui pourrait s'étonner que, dans ce naufrage immense, M. Guizot ait salué comme une espérance le gouvernement nouveau qui apportait à la France et son salut et des libertés désirées? M. Guizot alla à Gand, non comme un transfuge de l'Empire, non comme un soldat de la légitimité, mais comme un représentant de la France libérale.

Arraché à sa retraite de Nîmes par la restauration de 1814, M. Guizot fut, dans le gouvernement nouveau, le représentant de la bourgeoisie et du système constitutionnel. Appelé, en 1815, au secrétariat général du ministère de la justice, il s'y trouva exposé aux défiances ultra-royalistes en même temps qu'aux haines des bonapartistes et des républicains. Il avait été à Gand pour éclairer la monarchie sur les dangers d'un retour aux anciens errements de l'absolutisme. Sa conduite fut incriminée par les deux partis contraires. Après avoir fait triompher un moment ce constitutionalisme par l'éloignement de M. de Blacas, M. Guizot se retira avec M. de Marbois, sacrifié à la majorité de la chambre introuvable.

Sous le nom de maître des requêtes et de secrétaire général, M. Guizot avait eu, depuis le premier jour de la Restauration, jusqu'au 7 mai 1816, la direction effective du ministère de la justice. Ces premières fonctions nous le montrent partisan ardent, quelquefois excessif de l'autorité royale. Mais, dans le courant nouveau d'opinion qui entourait le trône, le protestant, malgré les services rendus, avait fini par être considéré comme un étranger; le constitutionnel comme un ennemi.

Redevenu libre, M. Guizot attaqua franchement la contre-révolution dans sa célèbre brochure : *Du gouvernement représentatif et de l'état actuel de la France*. Dans un autre livre *De l'instruction publique*, 1816, il signalait le danger de l'invasion des jésuites dans l'enseignement.

A la chute de M. Decazes, M. Guizot dut quitter la place de directeur de l'administration départementale : sorti pauvre de cette fonction, il reprit sa plume et ses travaux politiques et littéraires. Aidé de son beau-frère, M. Devaines, préfet de la Nièvre destitué comme lui, de madame Guizot et de ses deux nièces, de quelques élèves intelligents, il prépara sa collection des Mémoires de la révolution anglaise, en même temps qu'il écrivait des articles remarqués dans le *Courrier Français*, dans le *Globe*, dans le *Temps*.

Econduit par les légitimistes exclusifs, le jeune publiciste se trouva naturellement porté dans l'opposition, composée de tous les esprits distingués qu'on n'avait pas su s'attacher. En dehors de toutes les opinions exclusives existait une association d'intelligences rigoureuses, armées d'une méthode plutôt que d'un principe. C'étaient les Royer-Collard, les Serre, les Joubert. M. Guizot alla à eux et s'enrôla dans ce parti de la doctrine, puissant par la valeur spéciale de ses membres plus que par leur nombre, et dont on disait encore plus tard qu'il eût tenu tout entier sur un canapé.

Quelques-uns, esprits inquiets et violents, cachaient sous des formes polies une énergie haineuse, assez rare de notre temps. Toute concession faite à ceux qui n'appartenaient pas à la coterie leur semblait une faute, presque un crime. Ils eussent dit volontiers :

Nul n'aura *de pouvoir* que nous et nos amis.

A côté de ces sombres Bothwel du parti doctrinaire, on voyait de véritables hommes du monde, dont la spirituelle insouciance, dont le génie railleur et sceptique servait habilement de masque à une ambition insatiable.

C'est soutenu par ces amitiés nouvelles que M. Guizot fit entendre une seconde fois sa voix à la Sorbonne.

Le cours de 1820 à 1822 eut à la fois un défaut et un avantage : derrière les races franques et visigothes, on put deviner l'allusion incessante aux classes de la société moderne; derrière l'histoire du développement des institutions anglaises, on put voir la leçon libérale et l'opposition s'empara de l'enseignement public. La chaire devançait le journal. Si l'histoire se ressentait de ces comparaisons sous-entendues, le succès fut d'autant plus grand que les allusions étaient plus directes. Ces leçons, déjà suivies avec une grande faveur, ont été recueillies, mais d'une façon assez infidèle, sous le titre de *Journal des Cours publics*.

La chaire était devenue une arène, la parole du maître une arme. Sans doute c'est là un singulier abus du professorat : mais on ne saurait nier que l'enseignement n'empruntât à ces passions hostiles, à ces ambitions ennemies un éclat singulier. Qui ne se rappelle, parmi les auditeurs de ce temps, la gloire, la popularité de la Sorbonne, pendant cet illustre triumvirat de MM. Guizot, Cousin et Villemain? Chacune de leurs leçons était comme une fête de l'esprit. Au zèle de la science s'ajoutait l'intérêt de parti. Écouter, applaudir ces maîtres disgrâciés, c'était faire acte d'opposition politique. On pense qu'ils ne négligeaient pas de caresser ces dispositions du public et que l'allusion ne manquait guère.

En même temps, en 1822, paraissait le livre des *Essais sur l'histoire de France*, œuvre remarquable, mais qui ne consiste encore qu'en traités isolés sur divers points de nos origines. C'était l'exposition théorique, rigoureuse de logique, de l'histoire des communes en France. M. Augustin Thierry élucidait ces origines dans les faits spéciaux et M. Michelet les dramatisait dans ses tableaux poétiques, pendant que M. Guizot les réduisait à des formules quelquefois contestables, toujours vigoureusement déduites.

Cette algèbre historique était le résumé d'immenses études : M. Guizot voulut faire connaître les sources auxquelles il avait puisé. Dès 1822, il commença la publication de la double série des *Mémoires sur la révolution d'Angleterre* et *sur l'Histoire de France*, les premiers en douze volumes terminés en 1823, les derniers en vingt-neuf, terminés en 1828. C'était, pour une partie, la collection des pièces justificatives de l'histoire de la révolution de 1648. C'était encore de l'histoire allusive et politique.

En 1827, M. Guizot éprouva son premier malheur de famille. Il perdit sa femme qui, bien que catholique, voulut mourir dans la religion de son mari. Celui-ci assista, le cœur brisé, mais l'œil sec, aux derniers moments de sa compagne de quinze ans. Il lui lut, pour l'endormir dans la mort, une oraison funèbre de Bossuet, celle de madame Henriette. Ce sont là de ces traits de stoïcisme un peu superficiel qui dépeignent au vif une nature. C'est ainsi encore que lorsque M. Guizot perdit son fils aîné, il voulut présider lui-même aux funérailles et suivre le corps jusqu'au cimetière. Et cependant, sous cette rude enveloppe, sous ces stoïques dehors, se cache trop souvent une âme irrésolue, flottante. L'énergie est chez lui plus de commande que de nature. Sa mère, et les mères ne s'y trompent pas, sa mère, femme forte et austère, disait souvent après avoir raconté à son fils quelque noble exemple des anciens réformateurs : — « Je tâche de donner de la fermeté et de l'énergie à mon pauvre François. » C'est là ce qui explique les exagérations de doctrine et de répression qui ont signalé quelques actes de l'homme politique. La faiblesse seule est violente.

Disons tout de suite qu'en 1828 M. Guizot contracta un second mariage avec mademoiselle Elisa Dillon, nièce de sa première femme. Pauline de Meulan avait elle-même, à son lit de mort, recommandé cette union.

Écarté pendant quelques années du professorat, M. Guizot fut rendu à sa chaire par la chute du ministère Villèle. Ses deux cours de 1824 à 1830 furent consacrés, le premier, à l'histoire de la civilisation en Europe, le second à l'histoire de la civilisation en France. Comme, depuis lors, M. Guizot n'a ajouté que peu de chose à ses *Études historiques*, à savoir quelques épisodes de l'histoire d'Angleterre ou d'Amérique, nous pouvons, dès à présent, juger l'historien.

Le défaut capital du publiciste, c'est de mêler incessamment la discussion à l'histoire, c'est de réduire trop souvent les faits aux proportions d'un argument, c'est de justifier plutôt que de découvrir des principes. C'est ce qui enlève à son exposition historique le sang et la vie. Son parti pris d'impartialité me fait l'effet d'un tic habile, à l'usage du diplomate en disponibilité. Écrire sans passion et sans haine, *sine ira et studio*, comme disait le haineux et passionné Tacite, c'est tout simplement impossible. Aussi les traces de bile, les rares explosions de haine et de rancune qui se font jour à travers ce sang-froid joué de l'historien, sont les passages les plus curieux, les plus intéressants de ces dissertations glacées. On sent là-dessous le cœur qui bat, l'ambition qui se gonfle, le souvenir d'un passé récent, l'espérance avide d'un avenir qui se rapproche.

Quant au style, il est à la fois entaché de sécheresse et de diffusion. Il est étroit, court et quelque peu rogue, irrégulier comme la phrase de tribune dépouillée des prestiges du débit. Souvent *fort de chose*, il n'est pas assez richement vêtu.

L'effort révolutionnaire s'augmentait cependant et on sentait s'approcher le moment d'une lutte suprême. Le professeur se vit chaque jour davantage entraîné dans l'opposition militante. On lui a reproché ses affiliations d'alors aux sociétés secrètes. On a oublié de dire quelle heureuse influence il exerça sur ces centres de conspiration armée. C'est à lui qu'on doit d'avoir vu les ventes du carbonarisme se changer en comités paisibles, publics et tolérés. Les membres de la haute vente, du conseil principal de conspiration et d'insurrection, se réunirent autour de M. Guizot, dans le comité central de la société *Aide-toi, le ciel t'aidera*. Là, ils respirèrent l'air de la doctrine, plus favorable aux combats du livre et de la tribune qu'aux luttes de la rue.

Le ministère Martignac allait céder la place au ministère du coup d'État. M. Guizot fut élu député par le collége de Lisieux, et il vota l'adresse des 221, ajoutant à son vote ces paroles nobles et sévères : « La vérité a déjà assez de peine à pénétrer jusqu'au cabinet des rois ; ne l'y envoyons pas faible et pâle ; qu'il ne soit pas plus possible de la méconnaître que de se méprendre sur la loyauté de nos sentiments. » La révolution faite, M. Guizot fut naturellement désigné pour faire partie du gouvernement nouveau. Nommé par le lieutenant général du royaume commissaire provisoire à l'instruction publique, il fut le premier ministre de l'Intérieur du roi de juillet. Le rôle était difficile à tenir. Au dedans, ce ministère nouveau avait à organiser tout une administration nouvelle. Au dehors, il lui fallait porter toute l'autorité du gouvernement français du côté de la non-intervention. La tâche fut pénible et on n'a pas su assez de gré à M. Guizot de ses efforts pour la remplir. Il fallait lutter contre la surexcitation momentanée des plus mauvais instincts révolutionnaires et aussi contre les défiances inspirées à l'Europe par un pouvoir issu d'une révolution. M. Guizot voulut établir solidement les principes de force dans le pouvoir, de vie et d'action régulière dans le mouvement des assemblées délibérantes. Mais l'élément révolutionnaire était encore trop puissant de sa récente victoire. M. Guizot succomba sous l'effort du parti qui réclamait les têtes des prisonniers de Vincennes.

Après la triste administration de M. Laffitte et les honteuses faiblesses qui permirent le sac de l'Archevêché, la France eut son premier gouvernement fort, celui de Casimir Périer. La place ainsi préparée, M. Guizot revint au pouvoir le 11 octobre 1832, mais cette fois pour quatre ans, sauf un interrègne de trois jours en novembre 1834. Cette administration nouvelle a pour caractères principaux la prise d'Anvers, l'intrigue victorieuse nouée contre la duchesse de Berry et la répression nécessaire, mais violente, de la presse et des sociétés secrètes. La lutte des partis n'est plus désormais dans la rue : elle se réfugie au sein des pouvoirs politiques.

C'est durant cette période que se dessina l'antagonisme fatal qui sépare encore aujourd'hui M. Thiers et M. Guizot. Cette lutte, qui depuis n'a pas peu contribué aux malheurs de la France, avait surtout alors un caractère oratoire. L'habitude de l'un consistait à se dérober, celle de l'autre à se montrer au grand jour, avec les fières allures du chef d'armée ; l'un avait le fanatisme de ses opinions, l'autre croyait tout juste assez en lui-même pour enrôler et compromettre des dévoûments inutiles. Tous deux historiens et publicistes, plus écrivains qu'orateurs, avaient accommodé leurs natures diverses aux nécessités de la tribune. M. Thiers y causait avec esprit, avec une lucidité pleine de négligences et de répétitions ; M. Guizot y professait avec gravité toujours, avec lourdeur quelquefois. M. Guizot se préoccupait plus volontiers de l'avenir et des principes et s'attachait à combattre à l'avance les violences de la démocratie. M. Thiers se retournait plus souvent contre le parti du droit divin. Mais là où M. Thiers, souple et fine nature, se ménageait habilement des alliances futures, M. Guizot allait au bout des choses, utile dans le danger, isolé dans le triomphe. Sa nature élevée mais un peu roide et bilieuse, repoussait trop souvent après la victoire les alliés du combat.

C'est pour cela qu'en 1834, après les troubles d'avril, qu'en 1836, lors de la question de réduction des rentes, le chef de la doctrine retomba sur lui-même, embarrassé du calme, rendu inutile par la sécurité publique.

Redescendu noblement dans la vie privée, M. Guizot reprit ses modestes habitudes dans cette maison petite et sombre de la rue Ville-l'Evêque, dont les trois étroits salons, assez pauvrement garnis, racontaient aux yeux l'honorable médiocrité du ministre tombé. Bien des accusations ont pesé sur l'homme politique, mais il en est une qui n'a pu jamais monter jusqu'à lui. On a pu, et avec raison, reprocher au ministre une triste complicité morale dans des actes de corruption impardonnables. Mais sa probité d'homme privé n'a pas même été soupçonnée. M. de Cormenin dans ses *Études sur les orateurs parlementaires* (Timon), n'a pu s'empêcher de rendre à un ennemi cette éclatante justice : « Pourquoi ne dirais-je pas, tant j'ai envie d'être impartial, que M. Guizot a des mœurs rigides et pures, et qu'il est digne, par la haute moralité de sa vie et de ses sentiments, de l'estime des gens de bien. »

Les travaux de l'homme d'État n'avaient pas fait oublier le penseur et l'écrivain. Déjà, le 8 décembre 1832, M. Guizot avait été élu membre de l'Académie des sciences morales et politiques, restituée par ses soins à l'Institut de France. Appelé ensuite dans le sein de l'Académie des Inscriptions et Belles-Lettres, il fut enfin élu, le 28 avril 1836, pour succéder à M. Destutt de Tracy, à l'Académie française. D'autres honneurs réservés aux citoyens illustres ne lui avaient pas manqué. Le 4 avril 1835, il avait été nommé grand officier de la Légion d'honneur, et plusieurs décorations étrangères ornaient sa poitrine.

Cependant la lutte continuait entre le ministère de la veille et le ministère du lendemain.

A la suite de la dissolution de la chambre des députés, le 2 février 1839, des élections nouvelles ayant donné une majorité plus forte à la coalition composée d'éléments hétérogènes, le cabinet présidé par M. Molé donna sa démission le 9 mars. Alors apparurent les difficultés. Alors on put voir ce qu'il y avait de dangereux, d'immoral, de dissolvant dans ces intrigues qui réunissent provisoirement des convictions et des intérêts opposés. « J'ai eu une *aventure* avec la gauche, disait M. Guizot, mais je n'ai pas contracté d'alliance. » La crise ministérielle fut longue, et le commentaire de ces misérables jeux parlementaires fut la conspiration démagogique du 12 mai. De là l'administration hâtivement organisée et toute provisoire du maréchal Soult. M. Guizot fut choisi comme remplaçant du comte Sébastiani à l'ambassade de Londres, lors des graves complications de l'affaire d'Orient. C'était le 8 février 1840. Vingt jours après son départ, M. Guizot apprenait la formation du cabinet du 1er mars, sous la présidence de M. Thiers. Quelques mois après, le gouvernement français se voyait mis à l'écart en Europe par le traité du 15 juillet. A cet échec moral, M. Thiers ripostait par ces folies d'armement qui ne devaient pas aboutir et surexcitait vainement les velléités belliqueuses de la nation. Toute cette agitation fébrile n'enfanta que des phrases. La fin de cette équipée brouillonne fut la chute du ministère du 1er mars et, le 29 octobre 1840, une administration fut formée dans laquelle M. Guizot accepta le ministère des affaires étrangères sous la présidence du maréchal Soult. Apaiser les esprits au dedans, former un grand parti conservateur qui pût servir de bouclier contre l'esprit révolutionnaire, rendre à la France une participation honorable au mouvement général des affaires européennes, telle fut la pensée de ce ministère qui dura plus de sept ans. Né d'une réaction contre l'esprit violent et brouillon qui avait failli allumer la guerre sans oser la soutenir, le ministère dont M. Guizot fut le chef moral eut à lutter contre l'impopularité qui s'attache à la prudence.

Comme orateur, l'énergie ne manque jamais au chef moral de ce long ministère. Mais l'énergie de l'acte, l'énergie pratique n'ont jamais été en rapport chez M. Guizot avec la force de résistance et l'altière attitude de l'orateur. Lorsque vint le jour où il fallut trouver, pour défendre la monarchie, autre chose que des phrases, le doctrinaire s'abandonna et abandonna en même temps la monarchie qu'il entraîna dans sa chute. C'est que pour lui les principes n'ont jamais eu que la valeur d'expédients.

Aujourd'hui l'immense orgueil de l'homme et sa soif de pouvoir l'ont éclairé sur les causes de ces ruines amoncelées depuis plus de vingt ans. Homme de la tradition dans l'histoire, M. Guizot devait revenir à la tradition dans les faits. Oubliant ses attaques d'autrefois, ses fautes d'hier, M. Guizot s'est repris passionnément, aveuglément à la théorie monarchique et il s'est persuadé facilement qu'il était l'homme indispensable à la solution du problème nouveau. Réunir dans une action commune, la monarchie révolutionnaire et la monarchie légitime, le vainqueur et le vaincu, leur enseigner les conditions d'une alliance définitive entre l'autorité et la liberté, telle est la prétention de l'ancien ministre.

Au mois d'avril 1851, *l'Assemblée nationale* ayant été vendue à une société d'hommes politiques dont M. Guizot est resté le chef, la rédaction de ce journal a été dirigée par lui, bien que le nom de l'inspirateur se cachât sous le nom d'un rédacteur apparent, M. Charles Rabou. *L'Assemblée nationale* est devenue, à partir de ce moment, le moniteur de la fusion. Ajoutons cependant que les prétentions de ce parti ne sont autorisées ni à Claremont ni à Frohsdorff.

Le dernier mot à écrire sur l'illustre historien, sur l'homme d'État de 1840, c'est que sa carrière est définitivement fermée et que l'histoire a commencé pour lui de son vivant.

METTERNICH (Clément-Wenzeslaus), comte de Metternich-Wienneburg-Ochsenhausen, prince de l'Empire, chancelier de la maison de la Cour et de l'État (ministre des affaires étrangères) jusqu'en 1848, est né à Coblentz, le 15 mai 1773, d'une famille de vieille noblesse allemande. M. de Metternich fit ses études en France, à l'université de Strasbourg, sous le célèbre professeur de Kock, et sur les mêmes bancs que Benjamin Constant. A dix-sept ans, il achevait sa philosophie ; il compléta ses études théologiques en Allemagne et fit son apprentissage d'homme du monde dans un voyage en Hollande et en Angleterre. A vingt-trois ans il revint à Vienne et y épousa Marie-Éléonore de Kaunitz Rietberg.

Ainsi allié à une des grandes maisons princières de l'Allemagne, M. de Metternich fut naturellement destiné à la diplomatie. Il assista d'abord comme simple secrétaire au congrès de Radstadt, puis il fut attaché au comte de Stadion, ambassadeur d'Autriche à Berlin et à Saint-Pétersbourg. Lorsque le comte de Stadion fut appelé à la chancellerie de la maison de la Cour et de l'État, il envoya son ancien attaché à Paris, avec le titre d'ambassadeur.

C'était après la paix de Presbourg, en 1806. L'étoile de Napoléon était toute-puissante, et, deux fois, en Italie et à Austerlitz, l'Autriche avait payé par des défaites sa résistance aux armes impériales. La position du jeune diplomate était des plus difficiles. Il avait à représenter un souverain violemment dépouillé de cette boule et de cette couronne d'or qui, pendant six siècles, avaient été le signe visible d'une puissance incontestée sur l'Allemagne et souvent sur l'Europe tout entière.

M. de Metternich avait alors trente-trois ans. Sa figure, noble et distinguée, l'élégance aristocratique de ses manières et de son langage, son esprit fin, prompt à la répartie, sa réputation de cavalier galant et heureux lui valurent de rapides succès dans une cour qui s'essayait à l'étiquette et qui balbutiait avec quelque inexpérience la langue du grand monde. Il y eut quelques scandales qui ajoutèrent encore à la réputation naissante du jeune ambassadeur : un général de Napoléon fut, à cette époque, le héros d'une mésaventure conjugale dont on se souvient encore. Ces passe-temps un peu légers avaient, dit-on, pour accessoire une sorte de police politique habilement dissimulée sous les dehors de la galanterie.

L'Empereur goûtait fort M. de Metternich, qu'il considérait comme le représentant de la politique française en Autriche. Et, en effet, à cette époque l'alliance de la France et de l'Autriche était, pour ce dernier État, le seul moyen de conserver quelqu'influence en Europe.

Mais à Erfurt l'Autriche fut sacrifiée à la Russie et le comte de Stadion, l'archiduc Charles, l'empire tout entier aspirèrent à secouer le joug humiliant du traité de Presbourg. La résistance inattendue de l'Espagne donna l'exemple et l'Allemagne se prépara à une coalition nouvelle. Pendant qu'on s'apprêtait silencieusement à la guerre, M. de Metternich, resté à Paris, endormait la défiance de Napoléon par des protestations pacifiques. L'Empereur, une fois parti pour Madrid, la coalition leva le masque. Napoléon accourut : L'ambassadeur d'Autriche avait eu l'imprudence de rester à son poste. L'Empereur, irrité d'avoir été joué, donna à Fouché l'ordre d'enlever l'ambassadeur et de le faire conduire de brigade en brigade jusqu'à la frontière. L'astucieux ministre de la police, qui déjà ménageait l'avenir, adoucit ces rigueurs inusitées et se contenta de faire escorter M. de Metternich par un capitaine de gendarmerie.

L'ambassadeur congédié reçut de son souverain le titre de ministre d'État, et eut l'honneur de suivre le quartier général à Essling et à Wagram. La fortune de la France l'emporta encore et l'Autriche dut implorer la paix. Le comte de Stadion s'était compromis en patronant ouvertement la guerre : M. de Metternich qui, avec le comte de Bubna, s'était montré partisan de la paix, même avant la défaite, fut élevé à la chancellerie d'État et représenta son souverain aux conférences de Schoenbrünn. Il lui fallut déployer toutes les ressources de son esprit conciliateur pour apaiser la colère du vainqueur.

A trente-six ans, M. de Metternich se trouvait appelé à diriger la politique extérieure d'un État dépouillé de toute influence, épuisé d'hommes et d'argent par l'invasion et par la guerre. Il fallait donc se résigner, cette fois encore, à l'alliance française. Les négociations secrètes pour le mariage de Napoléon rendirent à l'Autriche l'influence perdue.

Bella gerant alii, tu, felix Austria, nube.

C'était la politique traditionnelle. Les premiers mots du négociateur français, le comte Louis de Narbonne, furent accueillis comme un bonheur inespéré. M. de Metternich eut l'habileté de conserver à son pays, après la conclusion de cette alliance, une position politique et militaire toute de réserve et de neutralité. Il ménageait à l'Autriche un agrandissement territorial en cas de succès de Napoléon, et il s'apprêtait à se retourner vers la Russie en cas de défaite. Pourtant, il est juste de reconnaître que, lors des désastres de la retraite de Russie, la défection de la Prusse ne fut pas imitée. M. de Metternich se posa adroitement en médiateur et prêcha l'équilibre pacifique. Le chancelier louvoya ainsi entre les partis pendant l'hiver de 1812 à 1813. L'archiduchesse était régente à Paris ; il était de bon goût et de bonne politique de s'en tenir provisoirement à la médiation armée. Lutzen et Bautzen trouvèrent l'Autriche l'arme au bras, prête à jeter son épée dans la balance. C'était un grand rôle que M. de Metternich avait réservé à l'empire. Napoléon subissait la neutralité de l'Autriche, les alliés la caressaient comme une espérance.

C'est alors, après l'armistice de Newmarck que Napoléon eut le tort de blesser profondément le diplomate qui représentait un appoint redoutable dans la grande lutte engagée. Une conférence eut lieu à Dresde entre l'empereur français et le chancelier d'Autriche : « Metternich, dit Napoléon, votre cabinet veut profiter de mes embarras. La grande question pour vous est de savoir si vous pouvez me rançonner sans combattre, ou s'il faudra vous jeter décidément au rang de mes ennemis. Eh bien! voyons, traitons. J'y consens. Que voulez-vous? » A cette question brusque, faite dans un langage insolite, M. de Metternich répondit par des formules vagues et enveloppées, parla d'influences, de garanties. Au fond, M. de Metternich avait déjà conçu cette grande idée d'une balance européenne, d'un congrès modérateur, et la prépondérance française devait s'amoindrir dans un tel système. Il réclamait pour l'Autriche, l'Illyrie et une frontière plus étendue en Italie, pour l'Europe, la reconstitution des États italiens, un nouveau partage de la Pologne, l'isolement de la confédération du Rhin et de la Suisse, l'évacuation de la Hollande et de l'Espagne.

Napoléon ne put se contenir en s'entendant dicter ces conditions : « Metternich, s'écria-t-il, combien l'Angleterre vous a-t-elle donné pour jouer ce rôle contre moi ? »

M. de Metternich se retira, emportant la douleur de cet outrage. Le congrès de Prague s'ouvrit: M. de Metternich en fut le président, comme représentant d'une puissance médiatrice. Le 10 août, le congrès fut clos et l'Autriche entrait dans l'alliance de la Prusse et de la Russie.

Pourtant, jusqu'au congrès de Châtillon, M. de Metternich ne cessa de parler de paix, tandis que l'armée autrichienne contribuait à rejeter les Français sur l'Elbe et de là sur le Rhin. Une fois l'Allemagne dégagée, M. de Metternich vit que le danger changeait de face et que la Russie devenait à craindre plus que la France. Il lutta, au congrès de Châtillon, contre l'ascendant exagéré de l'empereur Alexandre. Mais la prise de Paris décida la question sans l'Autriche.

La France impériale vaincue, car les Cent-Jours ne furent qu'un glorieux accident, M. de Metternich dévoila, par sa conduite au congrès de Vienne, ses hautes pensées politiques.

La tâche imposée à ce congrès était immense : il ne s'agissait de rien moins que de reconstruire l'édifice politique de l'Europe, bouleversée par l'épée de Napoléon. Et cette œuvre, il fallait l'improviser; car, jusque-là, la guerre incessante, acharnée, avait laissé peu de place aux méditations de la politique qui fonde et qui répare. Il fallait restaurer le principe d'autorité, tout en conservant et en ratifiant ce qui, dans le grand travail révolutionnaire, faisait désormais partie intégrante de l'histoire. Voilà pour l'Europe. En Allemagne, il y avait à établir un équilibre durable entre les deux grandes puissances rivales, la Prusse et l'Autriche, à ménager les États secondaires, à limiter d'un côté l'influence russe augmentée par l'acquisition de la Pologne; de l'autre, l'influence française restée formidable malgré sa défaite.

Mais surtout il fallait mettre obstacle aux empiétements de la Russie et de la Prusse et c'est ce qui explique l'alliance de ces trois hommes éminents, lord Castelreagh, Talleyrand et M. de Metternich.

Ce que fut ce congrès, en dehors de la politique, on se le rappelle : tous les souverains du continent, vingt-deux chefs de maisons princières, tout ce que la civilisation d'alors comptait d'hommes distingués, de diplomates, d'artistes, réuni dans un milieu étincelant de galanterie, de plaisanteries et d'intrigues. M. de Metternich avait alors quarante et un ans; il brilla au premier rang et comme homme politique et comme homme du monde.

Après l'organisation définitive de l'Europe, en 1815, la politique du chancelier est empreinte d'un grand caractère de réserve et de profondeur. Il détourne François II de reprendre le titre usé d'empereur d'Allemagne, mais il assure à son pays la présidence de la diète; il dirige la force de l'Autriche vers le midi, lui donne comme but, la souveraineté future des provinces turques du Danube et de la Méditerranée, le protectorat tout-puissant de l'Italie.

Quant à l'Autriche allemande, il établit fortement dans son sein ce système d'administration vigilante, policière, compressive, qu'on a pu diversement juger, mais qui a jeté de si profondes racines et conservé la paix dans l'empire pendant plus de trente ans.

Le premier, après le rétablissement apparent de l'ordre européen, M. de Metternich s'aperçut avec effroi des traces redoutables laissées en Allemagne, et dans l'Europe tout entière, par le passage des idées démocratiques. Le code Napoléon et la Révolution française avec ses principes d'égalité et de liberté survivaient à la chute de la République et de l'empire. L'immense mouvement d'idées créé par la guerre de l'indépendance avait imprimé aux esprits allemands je ne sais quel caractère de patriotisme turbulent, de mysticisme exalté qui prit le nom alarmant de *teutonisme*. Les volontaires de 1813, rentrés dans les universités ou dans la vie bourgeoise, s'enivraient de rêves de régénération. Le drapeau noir, rouge et or du saint empire représentait aux yeux des fanatiques le symbole de l'université germanique. Les assassinats successifs de Kotzebuë et d'Ibell révélèrent bientôt l'existence de sociétés secrètes. Le prince de Metternich appela l'attention de l'assemblée de Francfort sur cette situation inquiétante, et, le 20 septembre 1819, un congrès de ministres allemands se réunit à Carlsbad, afin d'aviser à des mesures générales contre les dangers dont l'Allemagne était menacée. Cette espèce de tribunal d'inquisition politique fonctionna jusqu'en 1828, et il en sortit des mesures répressives contre la presse.

Cette politique comprima les résistances jusqu'au moment où le vent révolutionnaire souffla, une fois encore, sur la France. De 1820 à 1830, le repos de l'Allemagne ne fut pas troublé.

Mais ce n'était là qu'un ordre apparent, qu'un calme provisoire. La violente secousse imprimée à l'Allemagne par l'éruption du volcan de 1830 remit un moment en question tout le système de la confédération germanique. Le teutonisme de 1813 avait fait peu à peu place au libéralisme et les idées françaises avaient repris le dessus. Le triomphe de la classe moyenne en France inspirait une jalousie secrète et des ambitions inconnues jusqu'alors aux avocats, aux professeurs, aux négociants. Des insurrections partielles eurent lieu, et quelques États, le grand-duché de Bade par exemple, adoptèrent avec ferveur les principes constitutionnels. Mais la chute de Varsovie mit fin à ces velléités libérales et, le 28 juin 1832, la diète renforça de nouveau l'autorité des souverains sur les assemblées représentatives. La presse et les associations furent de nouveau muselés et les arbres de la liberté tombèrent avant d'avoir jeté des racines.

Les sociétés secrètes vivaient toujours, cependant, et le prince de Metternich surveillait attentivement les efforts de l'*Arminia* et de la *Germania*.

A l'extérieur, il réalisait son plan de police européenne, faisait réprimer les cortès espagnoles par la main de la France et exécutait les plans de l'alliance contre Naples et le Piémont. Il blâma la politique imprévoyante qui, à Navarin, tuait la Porte ottomane au profit de la Russie, comme il blâma le coup d'État qui causa la perte de la monarchie légitime en France. M. de Metternich n'a jamais été l'homme de la politique bruyante et cassante : son coup d'œil est rapide, ses actes sont patients ; la légèreté n'est pas son fait, surtout quand la fermeté ne justifie pas le coup de tête.

Sans doute le chancelier autrichien ne put voir sans peine le coup que le principe d'autorité reçut en France par la substitution d'une monarchie révolutionnaire à la monarchie légitime, patronée par l'Europe. Mais il accepta la nouvelle monarchie comme le devait faire un homme politique sans enthousiasme et sans prévention. Il se hâta de reconnaître le gouvernement de 1830, tout en prenant des mesures contre la propagande suscitée en Europe par ce grand événement. Maintenir la paix générale, combattre l'esprit révolutionnaire sous toutes ses formes, tel fut, jusqu'en 1848, son invariable système.

Il sembla en ce jour que cet édifice si longuement et si habilement élevé dut s'écrouler en un instant. L'écho de la révolution de février donna à l'Allemagne tout entière le signal d'une insurrection terrible. La première éruption du volcan populaire eut lieu là où on pouvait le moins s'y attendre, à Vienne. Le 13 mars, des étudiants ameutèrent le peuple et une partie de la bourgeoisie : une foule compacte se porta d'abord sur la villa de M. de Metternich, située sur le Renweg. Cette belle propriété fut détruite en un quart d'heure. Il semblait que ces Vandales eussent compris que s'attaquer à M. de Metternich c'était frapper la monarchie elle-même.

En même temps, une autre portion de l'émeute assiégeait le palais de la Chancellerie et les premiers coups de feu étaient tirés sur la Judenplatz. C'était plus qu'une émeute : il fallut se retirer devant le flot révolutionnaire. M. de Metternich remit, le 14 mars, sa démission entre les mains de l'Empereur.

On sait ce que dura cette révolution, une fois abandonnée à elle-même. La monarchie était trop fortement constituée pour disparaître devant des hommes qui ne savaient pas même ce qu'ils voulaient. Malgré les démagogues de Vienne, malgré la guerre de l'indépendance italienne, malgré la révolte des Hongrois, l'empire s'est relevé, plus fort que jamais, sous la main d'un jeune empereur, et, aujourd'hui encore, la politique de M. de Metternich, modifiée suivant les besoins nouveaux, ne cesse de dominer l'action intérieure et extérieure de l'Autriche. L'autorité au dedans, la paix au dehors, c'est toujours là sa double devise.

M. de Metternich est encore, à l'heure qu'il est, un des plus aimables causeurs qu'on connaisse. Il a beaucoup vu, et il aime à dire ce qu'il a vu. Il emploie ses loisirs occupés à écrire de curieux mémoires dont la publication éclairera, quelque jour, d'une vive lumière bien des figures et bien des faits mal connus. Parvenu aujourd'hui à sa quatre-vingtième année, il a conservé la lucidité de sa mémoire, la ténacité de ses convictions, la froideur réfléchie de ses vues, la finesse un peu sceptique de ses jugements. Il possède encore ce don de fascination aimable qui lui a valu tant de succès. Dans l'intimité il se livre volontiers à la plaisanterie, et il a conservé de sa première jeunesse la passion innocente du calembour, de la mystification et de la littérature grivoise, ces délices de nos pères.

MEYERBEER (Giacomo), est né à Berlin en 1797, d'une riche famille bourgeoise. Les premiers instincts de l'enfant le poussèrent vers la musique : à neuf ans, il était déjà considéré comme un bon pianiste. Il avait appris les premiers principes de cet instrument d'un élève de Clément. Après avoir reçu une éducation convenable, Meyerbeer commença, à l'âge de quinze ans, ses grandes études musicales, d'abord à l'école de Bernard-Anselme de Weber, chef d'orchestre de l'opéra de Berlin ; puis sous la direction du célèbre abbé Vogler, contrepointiste, compositeur de musique sacrée et qui passait pour le plus grand théoricien de l'Allemagne. Dès cette époque, son maître prédisait que Meyerbeer serait un jour un compositeur illustre. C'est dans cette paisible et studieuse retraite de Darmstadt que Meyerbeer fit la connaissance de l'immortel auteur de *Freyschütz*, de Charles-Marie de Weber.

A dix-huit ans, Giacomo partit pour l'Italie, C'était encore en ce temps-là la patrie de la musique. L'élève de Vogler en revint avec quelques idées musicales d'un ordre nouveau qu'il fit entrer, l'année suivante, dans son premier ouvrage dramatique, *La fille de Jephté*. Cet opéra-séria représenté pour la première fois à Munich, en 1812, eut un succès assez contesté. En 1813, Meyerbeer fit jouer sur le théâtre de Vienne un autre opéra, *Les deux Califes*, repris plus tard sous le nom de *Alcimeleck ou l'Hôte et le Convive* et applaudi sur le théâtre de Prague.

Les premières habitudes du jeune compositeur se retrouvaient dans ces essais dramatiques : on y sentait la largeur, mais aussi la gravité pesante de la musique sacrée. L'année 1815 fut décisive pour Meyerbeer : il vint à Paris, y resta quelques mois, puis traversa la France et, sur le conseil de Salieri, partit pour l'Italie. Un compositeur du nom de Rossini y faisait représenter alors l'opéra de *Tancredi*. Meyerbeer l'entendit : ce fut pour lui une révélation. Il y avait là tout un art nouveau. Cette musique divine fit sur le jeune Allemand une impression si forte qu'il en oublia les vieux préjugés soigneusement nourris en Allemagne contre l'école italienne. Giacomo laissa-là les oratorios et fit des opéras italiens.

Son premier essai en ce genre fut *Romilda et Costanza*, opéra semi-séria composé pour madame Pisaroni et représenté à Padoue, en 1818, avec un succès d'enthousiasme. *Semiramide riconosciuta* à Turin en 1819, *Marguerite d'Anjou* à Milan en 1822, *l'Esule di Granada* et *Almanzor* à Rome en 1823, *Emma di Resburgo* à Venise, marquèrent pendant cinq ans sa carrière nouvelle par autant de succès. Mais son triomphe fut *il Crocciato* représenté à Venise le 26 décembre 1825.

Il Crocciato fit sortir des limites de l'Italie la réputation de Meyerbeer. Sur l'ordre de Charles X, M. Sosthènes de la Rochefoucauld invita le jeune compositeur à venir à Paris pour diriger les répétitions de son dernier opéra qu'on allait représenter sur le Théâtre Italien.

Si le profond et méditatif Allemand avait gagné au contact du génie facile de l'Italie, il trouva des qualités nouvelles à s'approprier, sinon dans la musique, au moins dans le génie propre de la France. A partir de cette époque, son style vigoureux, savant et compliqué s'empreint d'un caractère plus net, plus précis. De là les trois chefs-d'œuvre du maître, *Robert le Diable*, *les Huguenots*, *le Prophète*.

C'est le 21 novembre que fut représenté pour la

première fois *Robert le Diable* : c'est de ce jour que date, à Paris et en France, la popularité de Meyerbeer. Jamais succès ne fut plus beau, plus éclatant. Sans doute l'art des Cicéri n'avait jamais porté à un plus haut point l'illusion scénique et la richesse du décor ; sans doute la danse de mademoiselle Taglioni donnait à l'enthousiasme un prétexte de plus ; mais, enfin, on peut bien supposer que dans notre France inharmonique, la musique de Meyerbeer fut pour quelque chose dans le succès. A moins que le livret dû à MM. Scribe et Germain Delavigne ne réclame sa part pour des conceptions littéraires de la force de ce couplet célèbre :

> L'or est une chimère :
> Sachons nous en servir ;
> Il n'est rien sur la terre
> Qui vaille le plaisir.

L'or de M. Scribe et surtout l'or moins chimérique de M. Véron, patronèrent la musique, ce hors-d'œuvre des opéras français. Le modeste compositeur, connu seulement par quelques représentations du *Crocciato* aux Italiens et de *Marguerite d'Anjou* à l'Odéon, fut bientôt accepté comme un maître. L'étrangeté même de la manière fut pour le succès une source de plus. Cette immense composition manquait de cet en-tête, de ce sommaire considéré comme obligatoire, qu'on appelle une ouverture. L'absence systématique, et depuis deux fois renouvelée, de cette introduction, a fait dire à quelques-uns de nos critiques d'art que Meyerbeer serait impuissant à en écrire une. On oublie que *Marguerite d'Anjou* en a une très-largement et très-mélodieusement écrite : on oublie encore que l'ouverture jouée si souvent dans nos concerts sous le nom de la *Fausse Agnès*, n'est autre que l'ouverture de la *Semiramide riconosciuta*.

Cinq ans seulement après *Robert*, le 29 février 1836, Meyerbeer donna *les Huguenots*. Cette fois encore, M. Scribe avait semé à pleines mains sur *le poëme*, cette puissance d'imagination, cette richesse de style qu'on connaît de reste. Au fameux couplet de *Robert*, M. Scribe avait substitué cette chanson à boire :

> A table, amis, à table !
> Bonheur délectable !
> Bonheur véritable !
> Plaisir seul durable,
> Qui ne trompe pas !

C'est cette étincelante poésie que le compositeur avait eu à revêtir de ses mélodies. Heureusement le livret disparut sous la musique. Tout fut créé par Meyerbeer et, sur l'informe canevas du librettiste juré, le musicien répandit à pleines mains la science, la verve et le génie. Le célèbre choral chanté par Levasseur et imité du choral de Luther

> Eine feste Burg ist unser Gott,

notre Dieu nous est un sûr rempart, les anciennes mélodies qui le soutiennent et l'entourent, cette couleur protestante, sombre et sévère, le caractère enfin, l'unité même du sujet, tout appartient à Meyerbeer.

Ce succès fut immense, incontesté. Il prit bientôt l'allure de tous les succès en France. On avait été Italiens avec Rossini, on se fit Allemands avec Meyerbeer. Car c'est là la principale occupation, la seule originalité de la musique française, changer de modèle.

Après avoir assisté à son triomphe, Meyerbeer était, comme d'habitude, reparti pour Berlin. Il y occupe la place de maître de chapelle du roi de Prusse, sous le bénéfice d'un contrat qui n'exige sa présence dans la capitale de la Prusse que pendant quatre mois de l'année. En mai 1840, il fut appelé à Paris par un véritable malheur. La retraite si imprévue, si prématurée de mademoiselle Falcon, cette grande interprète de la musique du maître, la fin si brusque d'une si belle espérance arracha Meyerbeer à ses occupations d'outre-Rhin. Il faisait jouer alors *les Huguenots* dans les capitales des États de Brunswick et de Hanovre. Il se hâta d'accourir à Paris pour aviser à trouver quelque cantatrice à la hauteur de sa musique. On profita de sa présence pour lui arracher la promesse d'un opéra nouveau.

Terminé depuis 1843, *le Prophète*, fut enfin représenté, le 16 avril 1849, sur le théâtre de l'Opéra devenu le théâtre de la Nation. Par une singulière ironie du hasard, il semblait qu'on eût attendu les folies du socialisme contemporain pour montrer sur la scène les fureurs des socialistes luthériens du XVIe siècle. L'assez triste libretto de M. Scribe avait singulièrement effacé ces puissantes individualités du moyen âge. Une seule figure s'y trouvait assez vigoureusement dessinée, celle de Fidès, la mère de Jean de Leyde. Ici encore Meyerbeer eut à peu près tout à créer.

Telle est la puissante trilogie que Meyerbeer peut offrir dès aujourd'hui. Ces trois grandes œuvres l'ont élevé au premier rang parmi les compositeurs du XIXe siècle : elles forment, à vrai dire, sa personnification musicale. La manière, la couleur, le sentiment, la science, les résultats obtenus à force d'étude et de patience dans l'art de l'orchestration offrent dans ces trois poëmes une originalité qui frappe vivement et tranche même avec le ton des autres compositeurs allemands auxquels on pourrait le comparer. On sent à l'audition de cette musique que l'auteur connaît sans doute ses devanciers, mais qu'il s'est attaché à produire, à créer des choses nouvelles, soit comme sentiment, soit comme effet d'instrumentation. Il a eu une volonté obstinée à réaliser des conceptions personnelles, originales, et il a prouvé que la volonté, au service d'une belle organisation, peut conduire à une très-grande hauteur dans l'art. On sait qu'il a écrit depuis lors la partition de *l'Africaine*, mais l'Opéra parisien n'a pu encore obtenir ce chef-d'œuvre. Disons en passant que l'humeur quelquefois irritable et la chatouilleuse susceptibilité du maître pourraient bien être un peu coupables de ce triste résultat.

La musique de Meyerbeer emprunte un certain air de famille à celle de l'auteur du *Freyschütz*. Et, il faut bien l'avouer, cette musique, toute de tradition allemande, s'accommode mieux au génie musical de la Germanie qu'aux habitudes d'esprit françaises. Il y a un rapport évident entre les sombres paysages du Rhin, les montagnes sauvages du Harz, les solitudes mystérieuses des forêts de Thuringe et de Bohême et cette musique un peu vague et fantastique. Aussi jamais les partitions de Meyerbeer n'ont-elles été, je ne dis pas mieux exécutées, mais mieux comprises qu'en Allemagne.

On sait de quelle manière Meyerbeer entend l'orchestration et les effets qu'il sait tirer des diverses combinaisons d'instrument. Ce genre d'habileté, nous devons le dire, cache un écueil : si ingénieux qu'on soit à faire concorder tant d'éléments divers, il arrive par là qu'on impose des difficultés souvent insurmontables à l'exécution. Il faut des orchestres spéciaux pour interpréter de pareilles œuvres. Plus simple, la musique est plus facilement populaire. Ajoutons que, dans cette voie, on se laisse aller sans y penser à utiliser, sans profit pour l'art, les ressources formidables de l'instrumentation moderne, les cuivres monstrueux, les surprises musicales. On arrive ainsi sur ces limites si étroites qui séparent la musique du bruit.

Disons toutefois que le caractère principal de ces œuvres, c'est la conscience, la maturité. Meyerbeer conçoit lentement, mais sûrement. Il ne donne rien au hasard. Nuances ou effets généraux, tout chez lui est déterminé à l'avance. Peut-être pourrait-on noter dans ses mélodies un caractère de réalité un peu trop vive, quelquefois aussi une certaine recherche d'intention. Mais comment ne pas reconnaître ce souffle élevé qui préside à la création d'idées, d'individualités puissantes. Comment nier cette étude vigoureuse de la passion et cette habileté singulière à manier de grandes masses chorales et un immense orchestre. Le quatrième acte des Huguenots est l'une des grandes pages de la musique dramatique.

Sans doute il y a loin encore de cette manière fortement accentuée, studieuse et peu vocale au style lumineux et purement mélodique de l'école italienne; toutefois, ne soyons pas exclusifs en fait d'art, Soyons, comme les Allemands dont procède Meyerbeer, éclectiques en musique. Mélodies ou combinaisons musicales, la belle musique est toujours belle.

A la fin du premier acte du *Prophète*, le chœur général qui éclate, répétant le plain-chant des trois Anabaptistes, est empreint d'un singulier caractère d'énergie sauvage et passionnée. Rien de plus élevé que la scène de l'église et le compositeur y développe dans toute sa majesté, cette puissance d'expression qu'il apporte dans la peinture des passions. Ce sont de semblables morceaux, commandés par deux sujets identiques qui ont fait croire que l'inspiration du maître n'est heureuse que dans les motifs sombres et sévères. C'est là une erreur et, à ceux qui auraient oublié les délicieuses romances de *Robert le Diable*, nous rappellerons la grâce exquise des airs de danse des *Huguenots* et le charmant allegro à six-huit des patineurs du *Prophète*.

Voici les laitières
Lestes et légères.

Meyerbeer est membre de l Académie des Beaux-

Arts de Berlin, et membre associé de l'Institut de France. On connaît de lui, en fait de musique de chambre et de musique sacrée un *Stabat*, un *Te Deum*, un *Miserere*, douze *Psaumes* à doubles chœurs, huit *cantiques de Klopstock* à quatre voix sans accompagnement, *Dieu et la Nature*, une *Cantate* pour l'inauguration de la statue de Gutemberg, un *Dityrambe à Dieu*, et *le Moine*, *Rachel*, *Nepthali*, mélodies avec accompagnement de piano.

TARTAS (Emile), naquit à Mezin en 1796. Il n'avait pas encore atteint sa dix-huitième année, lorsqu'une vocation irrésistible le poussa dans la carrière des armes. Il entra, le 15 juillet 1814, dans les gardes du corps de Louis XVIII. Après six mois, il passa dans un régiment de cavalerie avec le grade de sous-lieutenant. L'éducation militaire du jeune officier fut rapide et brillante : son instruction précoce, son énergie, le talent inné du commandement qui éclatait sur ses traits expressifs, ne tardèrent pas à le faire remarquer. Il entra à l'école de cavalerie de Saumur avec le grade de capitaine instructeur. Le 25 avril 1840 il fut nommé lieutenant-colonel du 6e de hussards, et bientôt du premier régiment de chasseurs d'Afrique, et, pendant cinq ans, il prit part à toutes les expéditions importantes qui se firent en Algérie. Il ne fit pas une seule campagne sans obtenir, par sa bravoure et par l'éclat de ses talents militaires, d'être mis à l'ordre du jour de l'armée. Il était colonel du 4e régiment de chasseurs d'Afrique lors de la dernière grande insurrection qui se termina par la défaite d'Abd-el-Kader et par sa fuite dans le Maroc.

Le colonel Tartas était l'homme des charges hardies, des grandes et impétueuses manœuvres. Dans la campagne de 1845 — 1846, alors que Bou-Maza promenait la révolte parmi les Kabyles, le colonel Tartas reçut l'ordre d'observer le faux schérif et de lui reprendre, s'il était possible, le butin fait dans une razzia sur les tribus fidèles de la basse Mina. Avec deux beaux escadrons de cavalerie et la cavalerie indigène de Sidi-el-Aribi, le colonel se dirigea vers le confluent du Chéliff et de la Mina. Là était l'ennemi : les Kabyles attendaient imprudemment le choc des Français. Tremblant de voir échapper une occasion si rare, le colonel crie : Au pas! et la petite troupe marche au pas, le sabre au fourreau, à la rencontre d'une multitude de cavalerie dont les deux ailes se replient pour envelopper la colonne française. Sous les yeux de l'ennemi, le colonel commande de sa grande voix de manœuvre. Les escadrons se forment; puis le colonel commande le trot. A demi-portée de fusil : Sabre main ! s'écrie-t-il de sa voix tonnante, et deux cent cinquante sabres sont tirés à la fois. On prend le galop, et cette muraille mouvante d'hommes et de chevaux, cet ouragan de fer et de chair s'enfonce dans la cohue arabe qui s'évanouit comme une fumée. La charge terminée, cent vingt Kabyles jonchaient la terre. Le colonel, impassible, était encore à son poste de combat, près de son fanion traversé de deux balles. Ce brillant coup de main, exécuté contre des forces supérieures, à quatre lieues de tout secours en cas de défaite, coupa court à l'insurrection dans cette partie du pays.

Nommé maréchal de camp en récompense de ces brillants services, M. Tartas revint en France en 1846, et fut appelé, en qualité de général de brigade, au commandement de la subdivision du département de Lot-et-Garonne, où il fut promptement entouré de l'estime générale. Après la révolution de février, il refusa d'abord de se porter candidat à la représentation nationale; mais il fut en quelque sorte porté d'office en tête de toutes les listes, et bien qu'il n'eût point publié sa profession de foi, son nom fut le premier qui sortit de l'urne. Les élections pour l'Assemblée législative lui donnèrent, en 1849, le même nombre de suffrages que l'année précédente. Le général Tartas resta fidèle au parti modéré et concourut, dans les deux assemblées, à la répression des doctrines anarchiques.

Lorsqu'intervint le coup d'État de décembre 1851, le général Tartas, placé sous les ordres du général Korte, fit manœuvrer sur les boulevards de Paris quelques-uns de ces beaux régiments de cavalerie dont la fière attitude contint les velléités de l'émeute dans le quartier Saint-Antoine et sur le boulevard Beaumarchais. Aujourd'hui, le général Tartas, nommé général de division, exerce à Bordeaux (Gironde), un commandement supérieur. Il est, par son caractère et ses hautes qualités, l'une des espérances les plus sérieuses de l'armée française et l'un des plus beaux présents que nous ait faits cette guerre d'Afrique qui a enfanté tant de braves et d'habiles capitaines.

Poissy. — Typographie Arbieu.

www.ingramcontent.com/pod-product-compliance
Ingram Content Group UK Ltd.
Pitfield, Milton Keynes, MK11 3LW, UK
UKHW021055200726
13857UKWH00003B/923